숲이 인간에게 들려주는 이야기

식물의 인문학

박중환 지음

한길사

The Humanities of Plants

Stories for man, from the forest

by Park, Joong Hwan

Published by Hangilsa Publishing Co., Ltd., Korea, 2014

큰 나무만 사는 숲은 세상에 없습니다.

식물은 경쟁하지만 다투지 않습니다.

타협하고 상생하고 공존합니다.

인류가 새로운 5000년 문명사를 쓰려면

식물을 닮았으면 좋겠습니다.

식물이 내게 부린 마법

• 글을 시작하며

이 책은 식물학 전문서적이 아닙니다. 오히려 인문교양 서적에 더 가까울 성싶습니다. 책 제목이 말하듯이, 식물을 통해 본 사람 이야기이기 때문입니다. 어쨌든 말랑말랑하고 상큼한, 식물과 인류문명의 이야기라고 생각해주십시오.

IMF가 덮친 1998년, 저는 졸지에 실업자가 되었습니다. 창간부터 열정을 쏟았던 『시사저널』은 파산했고 주인이 바뀌었습니다. 22년의 언론 생활을 미련 없이 접고 모처럼 고향을 찾았습니다. 국립 경상대학교 원예학과 교수로 재직 중이던 형님 연구실에 인사차 들렀지요.

이때까지만 해도 저는 식물에 관한 한 문외한이었습니다. 선물로 받은 동양난도, 제법 많은 돈을 지불한 소나무 분재도 제 손에만 들어오면 죽어버렸습니다. 제 딴에는 정성 들여 물을 주었지만 두 해를 넘기지 못했지요.

형님 연구실은 녹색 별천지였습니다. 원예학 교수인 형님과 식물 문외한인 저와의 현문우답이 그 자리에서 시작되었습니다.

문외한: 원예학 교수가 키우면 이렇게 잘 자라는군요.

교　수: 식물의 생장원리를 알면 누구든 잘 키울 수 있지.

문외한: 정말?

교　수: 꽃은 왜 피지?

문외한: [자신 있게] 씨를 남겨 후손을 잇기 위해서!

교　수: 그럼, 꽃은 무엇으로 피지?

문외한: [머뭇거리다] 비료를 먹고 때가 되면 피겠지요.

교　수: [웃으며] 스트레스야.

문외한: [뜨악한 표정으로] 사람이 스트레스를 받으면 병들고 죽잖아
　　　　요. 식물은 사람과 다른가?

교　수: 식물이든 동물이든 사람이든 모든 생명체는 스트레스가 종을
　　　　남기게 하지.

문외한: 그래도 비료가 있어야 꽃이 피잖아요.

교　수: 비료가 부족하면 더 많은 꽃을 피울 수도 있어.

문외한: [혼란스럽다는 듯] 비료가 부족하면 꽃이 더 많이 핀다?

교　수: 모든 식물은 갑자기 환경이 바뀌면, 스트레스를 받게 돼. 생존
　　　　위기를 느끼게 되지. 혹시 내가 죽을지 모른다는 절박감! 이
　　　　게, 꽃대를 올리는 거야. 꽃을 피워야 열매를 맺고 후손을 남
　　　　길 수 있으니까.

문외한: [아리송한 표정으로] 그런가?

이때부터 저는 마법에 걸려들었습니다. 다음 날, 곧장 서울행 고속버
스에 몸을 실었습니다. 스트레스, 위기, 생식본능 그리고 후손 잇기. 네
단어가 조합을 이루며 머리에서 떠나지 않았습니다. 교수님이 거짓말을

할 리 없을 터이다. 더욱이 형님이. 스트레스와 위기는 실업자인 저에게 닥친 절박한 현실이기도 했습니다. 귀가하자마자 서재 책장에서, 족히 20년은 장식품으로 꽂혀 있던 J.H. 파브르의 『식물기』를 꺼내 읽었습니다. 세상에 이렇게 재미있고 놀라운 책이 있었던가! 그리스 신화의 영웅 헤라클레스와 히드라 이야기로 시작되는 이 책은, 식물학을 넘어 자연과학과 인문학을 넘나들며 흥미진진했습니다. 식물세계에서 인간세상이 보였습니다. 저는 그만 식물의 마력에 걸려들고 말았지요.

나이 쉰을 코앞에 둔 1999년 12월, 저는 원예회사를 창업하고, 2년 만에 완연한 농사꾼으로 변모했습니다. 청와대와 국회를 출입했던 옛 모습은 찾아볼 수 없었고, 친구들은 측은한 눈길을 보내기도 했습니다. 그즈음 저는 전혀 다른 나를 발견했습니다. 죽어가던 화초도, 시들한 나무도 제 손길이 닿으면 되살아나기 시작한 것입니다. 정말 놀랍더군요. "이런 게 그린섬Green-thumb이야!"

식물세계에도 권력이 있고, 경제와 경영이 있습니다. 식물의 치열한 생존 경쟁에는, 동물의 세계에선 볼 수 없는 상생의 미덕과 공존의 조화가 있습니다. 식물에 관한 제 지적 호기심도 날로 더해갔습니다. 식물서적은 대부분 대학 전공서적이 아니면 전문서적입니다. 한마디로 재미가 없었습니다. 그나마 읽을 만한 것은 외국 번역서였기에 아쉬웠습니다.

말랑말랑하고 상큼한 식물 이야기는 이렇게 쓰여졌습니다. 이 책은 이런 과정 속에서 제가 공부하고 생각한 것들을 모은 글입니다. 딱딱한 전문용어나 난해한 이론을 피하고 정치·경제·비즈니스·문학·음악·영화·의학·역사 등 다양한 이야기로 채웠습니다.

식물은 흔하디 흔한 풀과 나무입니다.

이들이 지구를 푸르게 만들었습니다.

그리고 온갖 생명이 함께하는 지구를 가꾸었습니다.

식물을 가까이 하면 여유로워집니다. 동네 뒷산의 숲처럼.

식물을 알면 삶이 풍요로워집니다. 가슴에서 떠나지 않는 동시처럼.

식물을 키우면 건강해집니다. 무순의 푸르름처럼.

감사합니다.

2014년 가을

박중환

숲이 인간에게 들려주는 이야기
식물의 인문학

꽃

- 꽃은 무엇으로 피는가
- 꽃은 무엇으로 아름다운가
- 꽃향기가 여심을 흔들다
- 꽃밭에서 낙원을 찾다
- 식물이 집 안으로 들어오다
- 만물의 영장은 식물이다

꽃은
무엇으로
피는가

복수초는 왜 혹한의 눈 속에서 노란 꽃을 피울까?

매화와 산수유는 왜 꽃샘추위에 맞서 작은 꽃망울을 터뜨릴까?

층층나무와 미선나무와 산딸나무는 왜 한여름에 함박눈을 뒤집어쓴 듯

하얀 꽃을 흐드러지게 피우는 걸까?

국화와 시클라멘은 왜 울긋불긋한 꽃으로 가을의 깊음을 더할까?

계절이 꽃을 피우는 듯하지만 아닙니다.

꽃은 스트레스가 피웁니다.

꽃은 스트레스의 산물입니다

무려 2200년 전, 중국에서 있었던 이야기입니다. 진秦제국이 흔들리고
천하가 혼란에 빠졌던 기원전 206년 여름, 한왕 유방이 형양성에 틀어
박혀 1년 가까이 초왕 항우의 공세에 시달리고 있었습니다. 형양성에는
식량이 떨어져 굶어 죽는 사람이 속출하고, 공공연히 인육까지 나눠 먹
기에 이르렀습니다. 대식가였던 유방은 날로 엉성해지는 식탁을 보며 어
처구니없는 말을 내뱉습니다.

"배가 고파 죽을 지경인데, 여자 생각이 나는 건 무슨 까닭일꼬?"

흰 꽃이 만개하면 산딸나무는 마치 눈을 뒤집어쓴 듯합니다.

곁에 있던 현자가 말했습니다.

"하늘이 그렇게 시킨 것이지요. 강남에 많이 나는 장목樟木, 녹나무은 쇠하게 되면 왕성하게 꽃을 피우고 까만 열매를 맺습니다. 다음 세대를 남기기 위해서지요."

일본 대하소설가 시바 료타로의 『초한전략』에 나오는 이야기입니다. 오늘날 식물학자들이 말하는 '스트레스 개화 이론'이지요. 고사 위기에 있는 소나무일수록 작은 솔방울이 많이 맺히는 것도 같은 이유입니다.

'꽃 중의 꽃'이라는 난蘭을 대량으로 키우는 농장에 가 보면 쉽게 이해할 수 있습니다. 배아에서 어린 싹이 나면, 농부는 화분에 옮겨 심고 온실에서 정성껏 보살핍니다. 찬바람이 불면 감기 들세라 온실의 온도를 높이고, 날씨가 더워지면 온실 문을 활짝 열고 대형 선풍기까지 동원합

한반도 남부에 흔한 자생 춘란. 난은 기품 있는 자태와 깊은 향기 덕분에 세계적으로 가장 많은 애호가를 거느린 관상식물 중 제왕입니다.

니다. 물주기와 비료주기도 제때 챙깁니다. 난은 농부의 노고에 보답이나 하듯 잎의 기세가 하늘을 찌를 듯합니다. 이런 정성은 출하를 앞둔 여름까지 계속됩니다.

늦여름 밤바람이 서늘해지면 농부는 갑자기 심술쟁이로 돌변합니다. 쌀쌀한 밤에도 온실을 활짝 열어놓고, 비료는커녕 물주기도 거르기 일쑤입니다. 애지중지하던 난에게 절박한 고통, 즉 스트레스를 줍니다. 농부가 난을 살피는 품도 예전과는 사뭇 다릅니다. 어쩌면 이렇게 속삭일 성싶습니다. "넌 머지않아 죽을지 몰라. 그러니까 이제 새끼를 남겨야 돼!"

얼마 지나지 않아 놀라운 일이 벌어집니다. 난분蘭盆마다 꽃대가 쑥쑥 오르고, 이내 꽃망울을 소담스레 맺습니다. 그리고 꽃대 사이로 새싹이 돋습니다. 난은 어렵사리 후세를 남기게 되었지만, 농부는 오로지 꽃대와 새싹의 촉이 몇 개나에 관심을 둘 뿐입니다. 농부는 바빠집니다. 이제 내다 파는 일만 남은 셈이지요.

시인은 "한 송이 국화꽃을 피우기 위해 봄부터 소쩍새는 그렇게 울었나 보다"라고 읊었습니다. 하지만 식물분자유전학자는 기온이나 햇빛

1 봄이면 전남 구례군 산동면 마을을 온통 노랗게 물들이는 산수유. 지리산 기슭에 있는 이 마을에 산수유가 만개하면 한반도의 봄은 완연해집니다.
2 여름철 산기슭에 무리지어 하얀 꽃을 피우는 구절초.
3 가을 들녘에서 흔히 볼 수 있는 코스모스.

의 변화를 감지한 식물의 생체신호시스템인 개화조절유전자ACG1/FVE 가 꽃을 피운다고 설명합니다.

집이나 사무실에서 키우는 난에서 꽃을 보기란 쉽지 않습니다. 이유는 간단합니다. 제대로 보살피지 않았거나, 아니면 너무 잘 보살핀 탓입니다. 보살피지 않은 난은 뿌리가 부실하여 꽃대를 올릴 힘이 없기 때문입니다. 잘 보살핀 난은 꽃을 피워야 할 제철인데도 편안하니 그냥 그대로 지내려는 겁니다. 여러분의 사무실 구석에 있는 난을 꽃피우게 하려면 여름까지 잘 보살피고 찬바람이 불면 그때부터 홀대하십시오. 그러면 올가을 그윽한 난향을 즐길 수 있습니다.

난뿐만 아닙니다. 모든 식물은 타고난 유전적 약점이 있습니다. 약점은 주로 기온과 햇빛의 변화에서 드러납니다. 개나리·산수유·매화·목련은 급상승하는 기온에 민감하기 때문에 이른 봄에 개화합니다. 이런 식물은 한겨울에도 날씨가 따뜻해지면 스트레스를 받고 꽃을 피웁니다. 봄부터 초여름에 꽃을 피우는 식물들은 봄볕의 강한 자외선 스트레스를 받으면 꽃을 피웁니다. 이런 식물의 꽃은 울긋불긋 화려하지요. 여름에 꽃을 피우는 식물은 햇빛을 반사하고 복사열을 줄이기 위해 주로 하얀 꽃을 피웁니다. 코스모스는 늦봄에야 싹을 내고 여름 내내 쑥쑥 자란 뒤, 밤바람이 서늘하면 스트레스를 받고 가을 들녘을 수놓습니다. 식물은 철철이 아름다운 꽃을 피워 자태를 뽐내는 듯하지만, 기실은 죽을지 모른다는 절박함으로 꽃을 피우는 것입니다.

새 생명은 위기의 산물입니다

식물의 꽃피우기는 동물이나 인간의 임신과 같으며, 열매맺기는 출산과 같습니다. 둘 다 다음 세대의 종을 남기기 위한 자연의 섭리에 따른 것이지요. 종 번식은 식물에겐 많은 에너지를, 동물과 인간에겐 엄청난 고통과 육아의 책무와 부담을 요구합니다. 그래서 인간이든 동물이든 식물이든 웬만하면 이런 위험과 부담을 피하려는 본능을 갖고 있습니다.

식물은 가능한 한 번식보다 자신의 잎과 가지를 키우는 데 에너지를 쏟으려 합니다. 인간도 다를 바 없습니다. 선진국일수록, 편안한 삶을 누리는 사회일수록 결혼과 출산을 기피하는 것도 이런 본능에서 비롯한 것입니다. 그런데 인간만은 섹스는 즐기면서 임신과 출산은 기피하니 좀 유별나긴 하지요.

독일 소설가 마르틴 발저의 장편소설 『불안의 꽃』은 패륜과 외설 논란을 일으킨 문제작입니다. 일흔 살의 부유한 늙은이가 젊은 여인에게 마지막 욕정을 쏟아내는 줄거리에 노골적인 묘사가 더해져 읽기 거북한 수준의 소설입니다. 이 책의 원제는 '앙스트블뤼테'Angstblüte인데, 식물학에서 사용하는 전문용어입니다. "이듬해 죽음을 예견한 나무가 그해 유난히 화려한 꽃을 피우는 현상"을 뜻합니다. 이런 현상은 문학의 단골 주제입니다. 노벨 문학상을 수상한 대가도 놓치지 않습니다. 소설 『설국』으로 노벨 문학상을 수상한 가와바타 야스나리의 『잠자는 미녀』도, 『백 년간의 고독』으로 같은 상을 받은 가브리엘 가르시아 마르케스의 『내 슬픈 창녀들의 추억』도 젊은 여자를 탐하는 노욕老慾을 처연하게 그렸습니다. 박범신의 소설 『은교』도 이 부류에 속합니다.

문학과는 달리 현실에서 노욕은 추태로 이어집니다. 2008년 세계의 화제가 된 IMF 전 총재 도미니크 스트로스칸의 성추행 사건은 노욕이 어떤 파탄을 낳는지를 잘 보여줍니다. 영국 정치가 윈스턴 처칠은 여든 셋에 젊은 여성 작가에게 치근거리다 망신을 당했고, 독일의 문호 괴테는 일흔둘에 열일곱 살 처녀에게 청혼했다가 퇴짜를 맞기도 했습니다.

노욕은 종족 보존을 위한 최후의 강한 본능입니다. 그렇기 때문에 한 때 세상을 호령했던 명망가도 자제하지 못할 정도로 그 본능은 강렬합니다. 호주 언론재벌 루퍼트 머독이나 할리우드 스타 알 파치노와 모건 프리드먼 같은 저명인사가 손녀뻘의 여자와 결혼한 것을 두고 노추老醜라고 비아냥대지만 이는 어쩌면 본능에 충실한 선택일 뿐입니다. 인간의 수명이 길어질수록, 노화가 늦춰질수록 노추는 심각한 사회문제가 되고 있습니다.

흔히 스트레스는 건강의 적이라고 말합니다

하지만 꼭 그렇지는 않습니다. 외부로부터 자극이나 충격을 받으면 인체의 자율신경계는 호르몬을 분비합니다. 카테콜아민이나 코티졸 같은 붉은색 단백질입니다. 이들은 혈액순환을 촉진하고, 에너지를 비상 공급하며, 세포 응고를 막아 스트레스에 대응하도록 돕습니다.

그러나 스트레스가 지속되고 심해지면 과다 분비한 호르몬은 되레 심장을 공격하고, 에너지를 바닥내 근육의 탄력성을 잃게 합니다. 흔히 과식이나 무기력증 같은 증상을 보이지만, 심할 경우 심장 쇼크에 의한 사망에 이를 수도 있습니다. 적당한 스트레스는 건강의 활력소이지만, 지나치면 만병의 근원이 됩니다.

'영웅호걸이 미인을 얻는다'는 옛말이 있습니다. 영웅호걸이기에 미인이 따르는 게 아니라, 늘 위기 속에서 사는 영웅호걸의 스트레스가 종족 유지 본능을 발동시킨 결과라고 합니다. 영웅호걸이 아니라 해도 가끔 모험과 도전을 즐기면 당신도 미인을 얻을 수 있지 않을까요.

꽃은 스트레스로 핍니다. 당신의 꽃은 어떻습니까?

꽃은
무엇으로
아름다운가

'아름답다.' 우리가 즐겨 쓰는 표현입니다.

그러면 아름다움이란 어떤 것일까요? 막상 답하려니 간단치 않지요. 아름답다는 느낌은 사람마다 다르고 시간과 장소에 따라서도 변하기 때문입니다. 그러나 보편적 기준은 있습니다. 그런 기준이 없다면 '아름답다'는 개념과 언어는 존재할 수 없을 테니까요!

아름다움이란 어떤 것일까요

아름답다는 느낌은 꽃에서 비롯했고, 그 느낌이 아름다움으로 인지되었다고 합니다. 장미처럼 붉은 입술, 백합같이 흰 피부, 튤립 같은 얼굴, 양귀비꽃 같은 자태 등. 갖가지 꽃에 비유한 예가 바로 그것입니다. 꽃을 향한 인류의 사랑과 찬미는 동물에게는 없는 원초적 본능입니다.

인류문명이 발현하기 훨씬 이전인 기원전 3만 3000년 전, 초기 현생 인류 호모 사피엔스에 속한 네안데르탈인도 꽃을 찬미했습니다. 이들의 유적에서 발견된 많은 종류의 꽃가루 흔적이 그 증거입니다. 기원전 1만 년 전, 크로마뇽인은 동굴 벽에 사냥하는 모습과 함께 꽃을 그려 놓았습니다. 흐드러지게 피고 지는 꽃과 탐스러운 열매에 대한 경외심을 벽

우아한 빛깔과 은은한 향기로 꽃꽂이에 많이 사용되는 백합. 사람은 꽃을 보면서
'아름다움'이라는 느낌을 갖습니다. 꽃이 없었다면 화가도 시인도 없었을지 모릅니다.

화로 남긴 듯합니다. 기원전 4300년 인류 최초의 문명을 일군 메소포타
미아 사람들은 집 중앙에 정원을 만들고 꽃나무를 가꾸었습니다. 이들
의 정원이 동·서로 전파되었고, 건축물에 꽃과 잎의 모양을 새겼습니다.
풀과 나무의 모양과 빛깔을 아름다움으로 구상화했고, 예술은 이렇게
탄생했지요. 만약 꽃이 없었다면 화가도 시인도 없었을지 모릅니다.

꽃을 흔히 거울 앞에서 단장하는 여인에 비유합니다

그러나 식물은 스스로 꽃을 아름답게 피우려 애쓰지 않습니다. 꽃의
아름다움은 후손을 널리 그리고 많이 남기기 위해 뚜쟁이를 꾀는 술책
일 뿐입니다. 뚜쟁이는 곤충과 새 그리고 바람입니다. 바람은 물론이고
곤충과 새도 인간처럼 아름다움을 느끼진 못합니다.

꽃의 빛깔은 주변 색깔에 돋보이도록 보색補色으로 만든 진화의 산물
입니다. 봄꽃이 울긋불긋한 것은 봄날 일조량이 적은 데다 겨우내 드러

주로 양지 바른 산 능선에 무리지어 살며 오뉴월이면 금수강산을 분홍빛으로 물들이는 철쭉.
꽃의 빛깔은 주변의 색깔에 돋보이도록 보색으로 만든 진화의 산물입니다.

낸 대지의 흙 색깔이 어둡기에 화려한 원색으로 치장해 뚜쟁이에게 돋보이기 위해 선택한 것이지요. 반면 여름 꽃은 대부분 흰색입니다. 뚜쟁이들이 이른 아침과 초저녁에 주로 나들이하기 때문에 눈에 잘 뜨이도록 짙은 녹음과 보색 관계인 흰색을 택한 것입니다. 게다가 흰색은 여름철 강한 햇빛을 반사하니 일거양득입니다.

꽃은 인간에게만 아름답게 보일 뿐입니다. 그럼, 꽃의 무엇이 아름답게 보이게 할까요? 빛깔, 모양새 그리고 몸짓에 그 답이 있습니다.

첫째, 꽃의 빛깔부터 살펴보겠습니다

꽃은 빛깔의 마술사입니다. 꽃의 빛깔만큼 다양하고 안정된 색채는 없습니다. 그 비결은 '완벽하게 자연스런' 보색에 있습니다. 뚜쟁이를 불러들이기 위한 그야말로 자연이 만든 최상의 보색이며, 어떤 화가도 이

생화를 진열하는 꽃시장은 어떤 물감으로도 표현할 수 없는 색채의 향연입니다. 자연이 만든 생명의 빛깔이기 때문입니다.

런 색채를 화폭에 완벽하게 옮길 수 없을 겁니다. 인상파 화가들이 꽃을 '인상적으로' 그리려 애쓴 이유이기도 합니다.

아무리 아름다운 것도 흔하면 지겨워지고 싫증나기 마련이지요. 하지만 꽃은 그렇지 않습니다. 봄이면 지천인 철쭉꽃도, 매일 지나치는 꽃가게의 쇼윈도를 장식한 꽃도, 며칠째 화병에 꽂힌 백합도 싫지 않습니다. 그 이유는 간단합니다. 꽃은 피고 시들면서, 그리고 날씨와 햇빛의 강도에 따라 시시각각 색깔이 변하기 때문입니다. 그래서 같은 꽃이라도 볼 때마다 새롭게 느끼게 되는 것이지요.

어린 아이는 꽃을 좋아하지 않는다고 합니다. 한 시인은 "소년·소녀는 제 가슴에 꽃을 피우기 때문"이라 썼지만 그렇지 않습니다. 그것은 색깔에 대한 감성적 인지능력이 청소년기에 서서히 발달하기 때문에 느끼지 못하는 것뿐입니다. 성인이 되어서도 꽃을 싫어한다면 이런 인지능

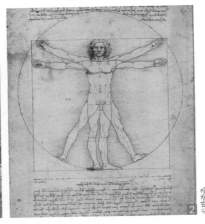

ⓒ박종윤

황금비례는 여러 곳에서 찾아볼 수 있습니다. 1 황금비례와 일맥상통하는 피보나치 수열을 볼 수 있는 해바라기. 2 인체의 황금비례를 한눈에 볼 수 있는 레오나르도 다빈치의 〈인체의 비례〉.

력에 장애를 갖고 있을 확률이 높습니다. 꽃은 사람의 마음을 안정시키고 때로는 들뜨게 합니다. 뇌가 눈으로 색채를 판단하는 순간, 자극을 보내 색깔에 따라 특유의 호르몬을 분비하기 때문입니다. 이런 인체 반응을 이용한 심리치료를 컬러테라피Colortheraphy라고 합니다.

둘째, 꽃의 모양새에도 비밀이 있습니다

모양새에 숨겨진 비밀은 뜻밖에 수학자가 풀었습니다. 중세 이탈리아 수학자 레오나르도 피보나치L. Fibonacci, 1170?~1250는 꽃에는 인간의 영혼을 사로잡는 수학이 있다며 수열을 제시했습니다. 0, 1, 1, 2, 3, 5, 8, 13, 21, 34, 55, 89, 114, 233, 377……로 이어지는 숫자의 나열입니다. 토끼 한 쌍의 번식 개체수를 설명하면서 발견한 이 수열은 앞의 두 숫자를 더하면 다음 숫자가 됩니다. 묘하게도 종자식물의 꽃잎과 잎, 심지어

가지의 개수도 이 수열과 거의 일치합니다.

예를 들면, 꽃잎이든 잎이든 네 개로 이뤄진 종자식물은 없으며, 있다면 돌연변이입니다. 네 잎 클로버를 찾기 힘든 것도 이 수열에 없는 숫자이기 때문입니다. 꽃송이 중앙에 있는 나선도 마찬가지입니다. 7개나 9개의 나선을 가진 식물은 없습니다. 솔방울의 나선은 8개, 코스모스는 13개, 해바라기는 55나 89개입니다. 식물의 잎차례도 일치합니다. 이를 피보나치 수열이라고 합니다.

피보나치 수열은 이른바 황금비율 1 : 1.618……과도 일맥상통합니다. 3 이상의 수열에서, 뒤의 수를 앞의 수로 나누면 황금비율의 근사치인 1.6이 나옵니다. 이런 나누기를 계속하면 황금비율에 더 근접합니다.

황금비율은 르네상스 시대 이탈리아 볼로냐의 수도승이자 수학자인 루카 파치올리Luca Pacioli, 1445~1517가 수리화했습니다. 그는 『신성한 비례에 관하여』라는 저술에서 "황금비율은 자연의 불가사의"라고 주장했습니다. 동시대에 살았던 천재 레오나르도 다빈치가 이 저술을 읽고 감동하여 삽화를 그렸습니다. 유명한 〈인체의 비례〉입니다. 둥근 원 안에 벌거벗은 남자가 양팔과 양다리를 벌리고 있는 그림입니다. 인체의 황금비례를 절묘하게 보여주는 명작이지요.

세계적인 명작에는 황금비율이 숨어 있다고 합니다. 피라미드나 파르테논 같은 건축물에도, 비너스 같은 조각품에도, 베토벤·모차르트·버르토크 같은 위대한 작곡가가 즐겨 사용한 음계에서도 황금비례가 발견됩니다. 특히 세상에서 가장 아름다운 건축물로 알려진 알함브라 궁전은 배치에서부터 기둥의 나열, 벽면과 천장에 새겨진 다양한 문양까지 황금비례에 맞춰졌습니다. 오늘날의 신용카드나 사진필름, 인화지의 가로·세로 비율도 예외가 아닙니다.

알함브라 궁전은 그라나다 언덕에 지어진 이슬람 건축의 백미로서, 폭과 너비와 높이가 황금비례와 맞아떨어지게 지어졌습니다. 황금비례의 미학이 완벽하게 응축된 인류의 문화유산입니다.

꽃이 싫증나지 않는 둘째 이유는 모양새에 숨겨진 황금비율인 셈입니다. 식물은 어떻게 황금비율을 알았고, 피보나치 수열을 따랐을까요. 김병소의 저서 『식물은 알고 있다』의 설명을 요약하면 이렇습니다. "식물은 성장하면서 위 잎이 아래 잎의 햇빛 가림을 최소화하고, 통풍을 원활히 하여 바람의 마찰을 최소화하기 위해 절묘한 수열을 선택했다. 피보나치 수열도, 황금비율도 모두 진화의 산물이다." 최근 파르테논 신전 등에서 황금비율과 일치하지 않은 부분이 발견되고 있지만 크게 벗어나지 않는 것을 보면 황금비율의 신비함을 부인할 수는 없어 보입니다.

셋째, 꽃이 인간을 매료하는 절정은 몸짓입니다

꽃은 원초적 성性입니다. 독일의 문호 괴테는 식물원에서 만발한 꽃의 향연을 보며 "꽃은 사랑에 미친 잎"이라고 말했습니다. 프랑스 생태학자이자 좌파 철학자인 이브 파칼레는 저서 『꽃의 나라』에서 "꽃은 식물의 성기다. 들판의 밀이 섹스를 하지 않는다면 우리가 어찌 빵을 먹을 수 있으

나비처럼 생긴 난이라 하여 흔히 말하는 호접란. 꽃에서는 원초적 성의 몸짓을 볼 수 있습니다.

랴"라고 다소 노골적으로 표현했습니다.

'미국 최고의 창조적인 화가' '미국 최고의 여류 화가'로 칭송된 조지아 오키프가 평생 매달렸던 꽃 연작에 등장한 꽃을 보면 얼굴을 붉힐 지경입니다. 꽃인지 여성의 은밀한 곳인지 구분하기 어려울 정도이지요. 1970년대 반전反戰음악의 상징이었던 록그룹 핑크 플로이드의 뮤직비디오 〈벽〉The Wall은 더 노골적입니다. 꽃이 피고 수정하는 모습을 마치 포르노 영화의 섹스 장면처럼 묘사했습니다. 오키프의 그림과 〈벽〉에 등장한 난꽃을 보면, 과연 난이 고고한 선비의 벗인지 의심스럽기도 합니다. 세상의 모든 꽃은 번식을 위한 절정의 몸짓입니다.

당장 가까운 꽃가게에 가보세요. 꽃가게에 들어서기도 전에, 기분이 확 달라질 겁니다. 꽃의 컬러테라피 효과입니다. 꽃잎을 세어보세요. '자연의 불가사의'가 어떤 것인지 알게 됩니다. 꽃 속을 가만히 들여다보세요. 원초적 성의 몸짓이 보일 겁니다.

꽃향기가
여심을
흔들다

어느 날, 장미꽃을 받고 사랑에 빠진 여인.

그녀는 진정 사랑에 빠진 걸까요?

유감스럽게도, 100명 중 83명은 다음 날이면 제정신을 차린다고 합니다. 헤어나지 못한 나머지 17명은 남성의 진지한 사랑고백 때문이었거나 이미 사랑에 빠진 상태였다니, 장미꽃의 효과는 착각인 셈입니다.

한 결혼정보회사가 고객을 상대로 설문조사한 결과입니다.

이런 착각은 여성 특유의 구애 본능에서 비롯된 것이며,

모성 본능이 되살아나면 이내 사라진다고 합니다.

잠시나마 장미꽃은 무엇으로 여인의 마음을 흔들었을까요

붉고 탐스런 꽃송이 때문일까요? 아닙니다. 향기입니다. 장미꽃 향기는 그리 진하지는 않습니다. 그러나 코를 가까이하면 톡 쏘는 듯한 자극을 줍니다. 여성은 일순간 이것을 강한 남성의 체취로 착각한다고 합니다. 장미가 여성에게 구애하는 꽃으로 사랑받게 된 이유입니다.

남성을 유혹하는 꽃도 있습니다. 모란꽃입니다. 모란꽃 향기는 오묘합니다. 배란기를 앞둔 여성의 몸 내음과 비슷합니다. 큼직한 꽃송이가

1 꽃바구니 한가운데를 차지한 붉은 장미꽃은 특유의 향기로 여성들의 사랑을 받습니다. 요염한 자태와 톡 쏘는 듯한 향기가 남성의 체취를 닮았기 때문입니다.

2 목단·부귀화·화왕花王 등 다양한 이름을 가진 모란꽃은 배란기를 앞둔 여성의 체취와 비슷하여 남심을 유혹하는 꽃입니다.

나무를 덮을 만큼 흐드러지게 피고 열매도 풍성합니다. 그래서 모란은 비슷하게 생긴 작약과 함께 집 안, 특히 안채 정원에 많이 심습니다. 바깥주인을 내당으로 끌어들이기 위해서지요. 그래서 모란은 애정과 다산을 상징합니다.

반면 밤나무꽃 향기는 여성을 홀리는 최음제와 같습니다. 그 내음이 남성의 정액 냄새와 유사하다고 합니다. 이른 여름이 되면 하얗게 만개한 밤꽃 내음이 시골 마을을 진동합니다. 옛사람들은 밤꽃이 필 때면 여인네의 밤마실을 통제할 정도였습니다. 기실 그 내음은 밤나무가 꿀벌을 불러모으기 위한 호객 행위일 뿐인데 말입니다.

식물에게 꽃향기는 뚜쟁이를 유인하기 위한 수단일 뿐입니다

스스로 움직일 수 없는 식물이 선택한 유혹의 몸짓인 셈이지요. 반면 동물에겐 체취가 유혹의 수단입니다. 동물은 같은 종이라 해도 저마다 다른 독특한 냄새물질을 분비선과 피부를 통해 방출합니다. 특히 배란기를 앞둔 암컷은 수컷을 유혹하기 위해 많이 분비합니다. 이런 화학물질을 페로몬pheromone이라 합니다.

혹자는 식물에도 페로몬이 있다고 주장하지만, 그 주장은 낭설입니다. 고양이가 개박하를 보면 사족을 못 쓰는 것은 개박하의 잎에 들어 있는 네페탈락톤이라는 화학물질 때문입니다. 이 물질이 암고양이의 페로몬 냄새와 비슷하여 수컷이 착각하는 것일 뿐입니다.

어쨌든 동물의 암컷이 페로몬을 풍기면 수컷들은 발정하며 경합을 벌입니다. 좋은 짝은 유전자가 서로 다르면서 건강한 유전형질을 가진 쌍입니다. 암수가 서로 냄새를 맡는 것은 유전자가 다른지를 확인하는 탐색 행위입니다. 암컷이 수컷의 경합을 지켜보다 승자를 택하는 것은 건강한 유전형질을 가진 녀석을 고르는 절차이지요.

동물의 짝 고르기는 유전자집합체MHC가 관여하는 것으로 진화생물학자들은 보고 있습니다. MHC는 바이러스나 세균 같은 외부 침입자를 면역시스템이 인지하고 방어하도록 조절하는 물질입니다. 1995년 스위스 베른대학교 베테킨드 교수는 사람에게도 동물처럼 MHC가 존재하는지를 알기 위해 냄새를 이용한 흥미로운 실험을 했습니다. 먼저 여성에게 여러 남성의 셔츠 냄새를 맡게 한 뒤 마음에 드는 셔츠를 고르도록 했더니, MHC 유전자가 자기 것과 정반대인 남성의 셔츠를 선택한다는 사실을 확인했습니다. 이는 건강한 자식을 낳기 위한 생리적 선택입니다. 부모의 면역유전자가 다르면 자식이 질병에 대항할 무기도 다양해지기 때문입니다. MHC는 체취를 통해 '나는 이런 유전자를 가진 사람'이라고 알려주는 신호입니다.

페로몬을 이야기하면서 서양요리의 지존 격인 송로버섯을 빼놓을 순 없겠지요. 이 버섯은 울창한 숲 속의 땅속 1m 깊이에서 자생합니다. 이런 탓에 찾아내기가 무척 힘듭니다. 그래서 금보다 가격이 더 비쌉니다. 송로버섯은 사향과 비슷한 화학물질 5a-androst-16-en-3a-ol을 발산합니다. 휘발성 강한 스테로이드 성분인 이 물질은 묘하게도 멧돼지의 수컷이 교미할 때 분비하는 페로몬과 같다고 합니다.

그래서 송로버섯을 찾아내는 데 수놈 멧돼지의 후각을 이용해왔습니다. 고대 바빌로니아 때부터 이어져온 유서 깊은 방식이지요. 요즘에는 멧돼지 대신 훈련된 사냥개를 이용합니다. 멧돼지의 왕성한 식욕 탓에 어렵게 찾은 버섯을 빼앗기게 되자 찾아낸, 유럽 심마니의 고육지책입니다.

그런데 남성의 겨드랑이에서 나는 땀과 여성의 소변에서도 이 물질이 발견되었습니다. 사향과 송로버섯 그리고 인간이 어떻게 같은 성분의 페

천부적인 후각을 가진 조향사의 광기를 그린 영화 〈향수〉의 한 장면입니다. 최고의 향기를 갈망하던 주인공 그르누이가 결국 찾아낸 답은 젊은 여성의 체취였습니다.

로몬을 갖게 된 것일까요. 놀랍게도 이 물질에 존재하는 알코올 그룹이 스테로이드 분자의 반대편으로 이동하면 베타—이성질체$3-\beta-$이가 만들어지는데, 이것이 바로 여성(또는 암놈 멧돼지)이 남성(또는 수놈 멧돼지)을 유혹할 때 발산하는 여성(또는 암컷) 호르몬과 같다는 사실이 밝혀졌습니다. 인간과 돼지가 같은 페로몬을 갖고 있다니 찜찜할 수도 있겠지만, 진화생물학적으로 같은 조상에서 달리 진화한 동물이니 어찌 보면 당연한 것입니다.

옛 왕실 여인들이 사향을 품고 왕을 유혹한 것도 이런 연유에서입니다. 그런데 남성을 대상으로 사향의 효과를 실험해보니, 절반은 이 냄새에 반응하지 않았으며 4분의 1은 역겨워했고, 나머지 4분의 1만 좋은 반응을 나타냈다고 합니다. 매우 실망스런 결과입니다. 이 실험대로라면 사향은 사랑을 얻는 데 그다지 좋은 향수는 아닌 듯하네요.

향기를 이야기하려면 파트리크 쥐스킨트의 베스트셀러 『향수, 어느 살인자의 이야기』를 빼놓을 수 없습니다. 이 소설은 영화로 제작되어 세계적인 흥행을 기록했지요. 18세기 프랑스를 무대로 천부적인 후각을 가진 조향사調香師 장 바티스트 그르누이의 광기를 그렸습니다. 그는 절세의 향수를 얻기 위해 젊은 여성을 닥치는 대로 죽이고, 피부에서 뽑아낸 체액으로 향수를 만듭니다. 향기는커녕 악취가 진동할 게 뻔한 체액으로 향수를 만들다니, 언뜻 생각하면 황당한 이야기로 들릴 수 있습니다. 그러나 악취도 향기일 수 있습니다. 작가의 기발한 발상이 세계적인 베스트셀러와 흥행의 기록을 낳았는지도 모릅니다.

인간은 향기로운 냄새에만 매료되는 게 아닙니다

한국의 청국장, 중국의 취두부, 일본의 도후요, 서양의 치즈. 이들의 공통점은 묘한 악취입니다. 인간은 왜 악취에 매료되는 것일까요? 발효 과정에서 생긴 생명의 내음이기 때문입니다. 이런 냄새에 한번 맛들이면 헤어나기 어렵습니다.

사람의 체취도 마찬가집니다. 겨드랑이에서 나는 암내는 심한 경우 두통을 일으킬 정도로 지독합니다. 하지만 가족이나 연인은 이 악취를 느끼지 못합니다. 오히려 향기로 느끼며 페로몬 효과를 일으킵니다. 사랑은 맨 먼저 시각을 통해 호감으로 다가오지만, 후각으로 매료됩니다. 그때부터 호박꽃도 박꽃처럼 예뻐 보이게 되는 셈이지요.

만약 당신의 연인이 장미꽃을 받고 "예쁘네요"라고 말한다면 그 고백은 실패한 것입니다. 그녀가 장미꽃에 코를 대고 향기에 홀린 표정을 짓는다면 일단 성공한 셈입니다. 그렇다고 사랑을 얻은 건 결코 아닙니다. 당신만의 냄새, 바로 체취를 그녀에게 건네주어야 합니다. 손잡기, 어깨

동무, 껴안기 그리고 입맞춤은 바로 남녀 간의 체취를 나누려는 행위입니다. 마치, 동물이 짝짓기 전에 코로 상대의 몸 구석구석을 쿵쿵대는 것과 같습니다.

동물이든 사람이든, 사랑의 체취를 감지하는 데에는 몇 가지 조건이 있습니다. 첫째, 같은 유전자를 가진 상대의 체취는 친숙하지만 성적으로는 냉담합니다. 형제자매간은 친숙하지만 성적 매력을 느끼지 못하는 것도 이 때문입니다. 근친결혼에 따른 유전적 열성을 막기 위함이지요. 둘째, 딸은 아버지의 체취에 가까운 남성에게, 아들은 어머니의 체취에 가까운 여성에게 매료된다고 합니다. 심지어 부모와 자녀가 서로 싫어하는 사이라 해도 마찬가지랍니다. 셋째, 향기로운 냄새보다는 묵은 냄새가 사랑을 달군다고 합니다. 향기로운 냄새는 처음에는 강하지만 빨리 사라집니다. 휘발성이 강하기 때문입니다. 반면 묵은 냄새는 한번 배면 쉽게 없어지지 않습니다. 청국장 같은 사랑이 진짜 사랑인 이유입니다.

체취와 관련한 사랑 이야기는 무궁무진하지요. 제가 알고 있는 것 가운데 압권은 나폴레옹의 일화입니다. 그는 전장에서 귀환하기 앞서 아내 조세핀에게 이런 편지를 보낸답니다.

"씻지 마시오. 곧 집에 도착하오."

뜨거운 물에 목욕하기를 즐겼다는 나폴레옹이 아내에게 이런 편지를 보낸 것을 보면, 둘의 체취가 찰떡궁합이었나 봅니다. 프랑스의 전설적인 샹송가수 에티트 피아프는 비행기 추락사고로 죽은 연인을 그리워하며 이렇게 노래하기도 했습니다.

"당신이 떠난 침대에는 아직 그대의 체취가 남아 있네."

참된 사랑을 얻으려면 향수보다 자신의 체취를 발산할 수 있는 방안을 찾는 게 상책입니다.

현대인은 체취를 잃은 동물로 변했습니다

수천만 년에 걸쳐 이뤄진 진화의 산물인 체취가 불과 반세기 만에 인간에게서 사라졌습니다. 잦은 목욕에 비누와 화장품을 남용한 탓입니다. 진한 향수와 방향제에 익숙해진 후각도 거들었습니다. 이런 탓에 현대인은 화장품 회사가 만든 냄새를 자신의 체취인 줄 알고 살고 있습니다. 쉽게 사랑하고 쉽게 헤어지는 오늘날의 세태는 어쩌면 체취를 잃은 채 사랑하고 결혼하는 현대인의 숙명인지도 모릅니다.

현대인의 향수 남용은 체취 문제를 넘어 건강까지 위협합니다. 주로 식물에서 추출한 천연향수 대신 값싼 인조향수가 범람하면서 벌어진 일입니다. 합성향료로 만들어진 방향제가 그것이지요. 방향제의 원료는 식기 세정제로 사용되는 아세톤, 세탁용 표백제 재료인 벤질알코올, 비누·화장품·부동액 등에 이용되는 메틸벤젠, 대부분의 향수에 함유된 프탈레이트 등 500여 종의 화학물질입니다. 이런 것들을 남용하면 피부와 호흡기와 신경계의 질환은 물론이고 대기오염도 유발합니다.

ⓒ한겨레사

원하지 않는 향기는 타인에게 실례가 될 수 있습니다. 무향구역 경고판의 예.

'무향구역'. 미국과 캐나다의 많은 공공장소에서 이런 표지판을 쉽게 볼 수 있습니다. 진한 향기를 내는 화장품과 향수를 사용한 사람은 이곳에 접근하지 말라는 경고문입니다. 화장품과 향수를 담배연기 같은 유해 물질로 간주한 것입니다.

미국 오클라호마 주 터틀Tuttle 시는 향수를 뿌린 사람들의 지방자치단체 청사 출입을 금했고, 오리건 주 포틀랜드 시는 공무원의 향수 사용을 금지하고 모든 세제를 무향제품으로 대체했습니다. 워싱턴 주에 있는 해리슨메디컬센터는 직원과 방문자가 향수를 뿌리고 병원에 들어올 수 없게 했으며, 심지어 향기가 진한 꽃을 휴대할 수 없도록 규제했습니다. 캐나다 핼리팩스 시는 직장과 학교에서 향수 사용을 자제토록 권고했고, 국제사서회는 회의 참석자에게 향수 사용을 금지했습니다.

2000년대 들어 미국과 유럽에선 향수 같은 방향성 화장품 매출이 크게 줄고 있습니다. 화장품 회사는 향기 규제에 대해 불만을 토로하는 한편, 천연향료를 이용한 향수와 화장품 개발에 열을 올리고 있습니다. 하지만 천연향료든 인조향료든 향수가 체취일 수는 없습니다.

저마다 다른 인간 본연의 체취는 어떻게 만들어질까요? 무엇보다 부모에게서 물려받은 유전자로 결정됩니다. 어떤 음식을 먹고 어떤 환경에서 생활하는지, 그리고 품성에 따라서도 체취는 달라진다고 합니다. 비록 친형제라 해도 시골에서 부모와 함께 전통음식을 먹고 농사지으며 느긋하게 살아가는 장남과 도시에서 패스트푸드를 즐기고 바둥거리며 바쁘게 사는 막내의 체취는 다를 수밖에 없습니다. 체취는 한 인간의 혈통과 삶 그 자체입니다. 현대인이 잃어버린 체취를 되찾아야 할 이유입니다.

잃어버린 체취를 되찾는 방법은 의외로 간단합니다

첫째, 비누와 세제를 멀리하세요. 잦은 비누 사용은 피하지방층을 파괴하고, 아토피 같은 고질적 피부질환을 일으킵니다. 깨끗한 만큼 세균에 대한 저항력이 떨어져 갖가지 질병을 불러들입니다. 당신의 체취를 보존하는 비결이기도 합니다.

둘째, 샤워 대신 마른 수건으로 피부를 마사지하듯 닦으세요. 말초신경과 미세혈관이 모여 있는 피부를 마찰하면 혈액순환은 물론 내분비신경을 원활히 합니다.

셋째, 화장품 대신 마른 손으로 세수하듯 얼굴을 자주 마찰하세요. 피하 영양분이 빠르게 발산되면서 화장 효과를 대신합니다. 넷째, 향수를 사용하지 마세요. 당신의 체취를 왕성하게 발산시키는 비결입니다.

마지막으로, 통풍이 잘되는 섬유로 만든 옷을 즐겨 입으세요. 역겹게 느껴지는 체취는 주로 통풍이 되지 않은 데서 생깁니다. 바람 쐬기는 당신의 체취를 건강하게 만드는 또 다른 비결입니다.

사랑을 원하십니까? 그럼 잃어버린 당신의 체취부터 되찾으세요.

고급 향수보다 당신의 체취가 진짜 사랑을 부릅니다.

꽃밭에서
낙원을 찾다

꽃밭, 정원 그리고 공원.
규모의 차이가 있을 뿐 인간이 식물을 심고 가꾼 녹색 공간입니다.
오롯이 보고 즐기기 위해 인간은 정성과 돈을 들여 크고 작은 정원과
공원을 만들고 꾸며왔습니다. 심지어 광활한 지역을 국립공원이나
자연공원으로 지정하고 엄청난 예산을 쏟아붓습니다.

인류는 왜 정원과 공원에 집착하는 걸까요

급격한 도시화와 환경 파괴에 대한 보상일까요. 그런 일면도 있겠지
만 꽃밭은 인류의 원초적 고향이기 때문입니다. 인류는 꽃밭에서 문명의
싹을 틔웠고, 그 속에서 문화를 꽃피웠습니다.

기원전 8000년 즈음, 인류는 위험한 수렵생활보다 안전한 농경생활
을 택합니다. 농업은 떠돌이 인류를 정착시켰고, 그곳에는 꽃밭이 있었
습니다. 먹고 버린 음식찌꺼기 속의 씨앗에서 싹이 돋고 꽃이 피었지요.
유독 아름답고 맛있는 먹거리를 주는 식물은 따로 심었을 겁니다. 이것
이 꽃밭의 원형이 되었고, 농업은 이렇게 시작되었습니다.

기원전 4300년대 오늘날의 이라크 땅, 두 갈래로 흐르는 유프라테스

세계에 내놓아도 손색없는 한국의 대표적인 도시공원 '일산호수공원'. 1993년 노태우 정부가 경기도 고양시에 신도시를 건설하면서 3년간 조성한, 당시 국내 최대 규모의 호수공원입니다.

강과 티그리스 강 하류 드넓은 삼각주에 수메르 사람이 살았습니다. 그들은 전대미문의 대도시 바빌론을 건설하고, 인류 최초의 메소포타미아 문명을 일구었습니다. 이들은 도시 곳곳에 아주 특별한 공간을 만들었습니다. 'ㅁ'자 모양의 건물 중앙에 마련한 옥내 정원과 도시 외곽에 만든 넓은 농장입니다. 전자를 중정中庭, 후자를 장원莊園이라 부릅니다.

수메르인의 정원은 이전 인류의 것과는 확연히 달랐습니다. 중정에는 아름답고 향기로운 꽃을 건축물과 어울리게 심고 가꾸었습니다. 장원에는 갖가지 식물을 구분해 심었습니다. 먼 곳에서 힘들여 수집한 것들도 있었습니다. 수메르인은 식물의 품종 분류와 조경을 시작한 최초의 인류라고 봐도 좋습니다. 이들의 식물 사랑은 동·서로 퍼져 오늘날 정원과 공원의 기원이 되었고, 나아가 농업의 바탕이 되었습니다.

수메르인은 왜 정원 꾸미기에 열중했을까요

정원은 지상낙원, 즉 파라다이스Paradise를 얻기 위해서였답니다. 파라다이스의 어원을 살펴보면 금방 이해할 수 있을 것 같네요. Paradise는 고대 이란어 'pairidaēza'에서 유래되었습니다. pairi는 '둘러싸인'이란 뜻이며, daēza는 '담'이란 뜻입니다. 그러니까 Paradise는 '담으로 둘러싸인' 은밀한 곳입니다. 은밀한 곳은 어떠했을까요? 페르시아에 장기간 근무하고 돌아온 그리스 용병 크세노폰이 쓴 『아나바시스』에는 "담으로 둘러싸인 곳에는 갖가지 꽃이 만발했고, 왕과 권력자는 낙원의 열락을 즐겼다"는 내용이 있다고 합니다. 바로 정원이었습니다. pairidaēza는 그리스어 paradeisos로 변했는데, 서기 1200년대 중세 영어로 표기하면서 '구획된'이란 뜻의 gar와 '이상향'이란 뜻의 eden이 합해서 오늘날의 가든 Garden으로 바뀌었답니다.

어쨌든 정원에는 갖가지 예쁜 꽃이 피었고, 꽃향기는 왕과 권력자를 즐겁게 했을 겁니다. 그 가운데는 놀라운 효능을 가진 식물도 있었습니다. 천국을 여행시켜주는 마법의 식물이었습니다. 정원 관리인은 당시 최고 지식인이었던 점성술사나 마법사였습니다. 이들은 여러 식물을 이용하여 갖가지 비약秘藥을 만듭니다. 상처나 질병을 치료하는 데 쓰이기도 하지만 어떤 것은 순간적으로 환각에 빠지게 합니다. 요즘 말로 하면 아편 같은 마약 성분이 든 식물도 '은밀한 곳'에서 키웠던 겁니다. 정원이란 말이 왜 파라다이스에서 연유했는지 눈치채셨나요?

수메르인이 장원을 만든 까닭은 다분히 정치적이었습니다

권력을 유지하고 강화하기 위해서 장원이 태어난 것입니다. 고대사회에서 식량은 곧 권력이었습니다. 배불리 먹여주는 군주에게 백성은 충성했지만, 그렇지 못하면 등 돌리고 도망쳤습니다. 바로 유민이 되는 것입니다. 유민의 십중팔구는 도적으로 변하고, 때로는 왕국을 위협하는 강력한 적이 되기도 했습니다. 그렇기 때문에 권력자의 최우선 책무는 식량 확보였습니다. 인류역사가 침략과 정복 그리고 약탈로 얼룩진 이유이기도 합니다. 그렇다고 전쟁이 쉽게 감행할 수 있는 일도 아닌 데다, 늘 성공한다는 보장도 없습니다.

결국 권력자는 좀더 안전하게 식량을 확보할 수 있는 방책을 찾습니다. 농업이었습니다. 개간할 땅을 주고 유민을 정착시켰고, 절기를 헤아려 농사철을 알렸습니다. 그래서 점성술사가 필요했습니다. 당시로선 하늘의 조화를 잘 활용하는 게 우선이었기 때문입니다. 점성술사는 구름과 바람과 별을 헤아려 날씨를 예측했고, 세상을 두루 여행하며 지리를 익혔으며, 식량의 원천인 다양한 식물을 찾아내고 재배하는 방법을 터득했고, 몇몇 약효식물을 이용하여 의술을 행하기도 했습니다.

권력자는 유능한 점성술사를 측근에 두고 장원을 만들었고, 식량자원이 될 만한 다양한 식물을 수집하고 재배했습니다. 들짐승을 잡아 가축으로 길들이기도 했지만, 주식은 곡식과 과일 그리고 채소였기 때문입니다. 가을이면 좋은 품종의 씨앗을 수집하여 백성에게 나눠주고 이듬해 경작하도록 했습니다. 식물 종자를 얻기 위해 원정을 나가는 일도 비일비재했습니다. 고대 장원은 식량자원의 육종실험실인 셈입니다. 드넓은 장원은 근대 농업기술의 발달로 더는 육종실험장으로 적합하지 않자 점차 권력자의 사냥터로 바뀌었고, 오늘날까지 보존된 곳은 공원으로 다시 태어났습니다.

정원의 역사는 인류의 역사와 함께 해왔습니다

프랑스 정원연구가 가브리엘 반 쥘랑은 그의 저서 『세계의 정원』에서 정원의 역사가 곧 인류문화사라고 웅변합니다.

고대 정원의 백미는 기원전 2800년 즈음 고古바빌로니아의 세미라미니 여왕이 만든 공중정원空中庭園입니다. 고대의 7대 불가사의 가운데 하나로 불리는 이 정원은 전설 속의 이야기입니다. 그러나 기원전 600년쯤 신新바빌로니아의 네부카드네자르 2세가 신을 위해 바벨탑을 세우고, 왕비를 위해서 만들었다는 공중정원은 사실史實에 가깝습니다. 그 유적을 살펴보면 규모부터 압도적입니다. 가로×세로 400m²의 바닥면적에 오늘날 30층 건물과 맞먹는 105m의 높이를 5개의 계단 모양으로 쌓아올리고 각 층에 흙을 채운 뒤 식물을 심었습니다. 멀리서 보면 공중에 정원이 매달려 있는 듯하다 해서 '매달린 정원'Hanging Garden이라 이름했지만, 한국에선 '공중정원'으로 불립니다.

정원을 겸한 육종장으로 추측되는 바빌로니아 공중정원의 상상도.

유프라테스 강물을 끌어와 수차水車로 공중정원 최상층에 퍼올린 뒤 인공 폭포와 수로를 이용해 아래로 물을 흐르게 하여 식물을 키웠습니다. 심은 식물들은 사막화砂漠化 지대인 바빌론과는 다른 기후대인 왕비의 고국 메디아 왕국에서 엄청난 인력과 비용을 들여 가져온 품종이었습니다. 고국의 울창한 숲을 그리워하는 왕비를 위로하기 위해 가져온 식물이라고 전해지지만, 새로운 품종의 식량자원을 확보하기 위해 들여온 것일 확률이 더 높습니다. 메디아 왕국은 바빌론과 달리 산이 많고 꽃과 과일이 풍부했다는 기록을 보면 짐작할 수 있습니다. 고층 정원을 세운 이유도 왕비가 고국을 바라볼 수 있도록 하기보다 다른 기후대의 식물을 키우기 위한 고육지책일 듯합니다. 고도에 따라 생기는 기온 차이를 이용한 것이지요.

어쨌든 바빌로니아의 정원문화는 서쪽으로는 이집트에, 동쪽으로는 인도에 영향을 미칩니다. 이집트 정원은 다시 서쪽으로 전파되어 터키와 그리스를 거쳐 로마 정원으로 거듭납니다. 하지만 인도의 정원은 동쪽의 중국에 영향을 주지 못했습니다. 인도와 중국의 사이에 큰 산맥들이 가로막고 있기 때문입니다. 중국인은 일찍이 바빌로니아에 영향받지 않은 독자적인 정원문화를 만들었습니다. 중국의 정원은 동쪽으로 한국과 일본에 영향을 주었습니다. 하지만 두 나라는 또 각자 독창적인 정원을 꾸며나갔습니다.

고대 이집트의 정원은 바빌로니아에 비해 실용적이었지만, 화려함에서도 뒤지지 않았다고 합니다. 이집트 정원의 화려함은 피라미드 벽화 가운데 농경화에서 볼 수 있습니다. 특히 이집트 왕실의 한 정원사가 자신의 묘에 남긴 벽화는 당시 이집트 정원문화의 정수를 보여줍니다. 이집트는 나일 강변의 비옥한 땅과 풍부한 햇빛 덕분에 풍요로운 농업국가로 발전할 수 있었고, 특히 아열대의 화려한 화훼식물과 어우러진 조경이 독특한 식물천국을 만들었습니다.

반면 그리스의 정원은 썰렁할 정도로 소박합니다. 산과 돌이 많은 그리스의 척박한 토양과 지중해의 따가운 햇빛 탓입니다. 그래서 그리스인은 꽃과 식물을 신의 창조물로 보고 수많은 정원을 신화 속에서 가꿉니다. 그리스 신화에 등장하는 헤라의 황금사과를 간직해 두었던 헤스페리데스 정원, 미다스 왕의 장미정원, 제니우스로시가 지배하는 도원경 등 헤아리기 어려울 정도로 많습니다.

고대 로마제국의 권력층은 유럽 정원의 전형을 창조합니다

로마에서는 집 안에 바빌로니아처럼 중정을 두고, 이웃에 넓은 정원과 함께 화려한 별장을 세웠습니다. 이탈리아 반도는 그리스처럼 건조한 산

© 강인경

고대 로마제국의 대표적인 '별장정원'인 티볼리 빌라 데 에스테. 분수와 숲, 산책로가 어우러진 고대 로마 정원의 대표작입니다. 훗날 유럽 정원문화에 큰 영향을 주었습니다.

악지대인 탓에 화려한 꽃이나 울창한 숲을 가꾸기 어렵습니다. 이런 자연조건을 이용하여 올리브 나무로 울타리 숲을 만들고, 중앙에는 대리석 분수와 여신상을 설치했고, 조형물 주변에는 깜찍한 꽃을 피우는 향기식물을 주로 심었습니다. 특히 덩굴식물로 뒤덮인 정자와 벤치는 고대 로마 정원에서 빠뜨릴 수 없는 소재입니다. 2세기경 하드리아누스 황제가 지은 티볼리 별장은 고대 로마 정원의 대표작입니다. 로마제국을 소재로 한 영화에 단골로 등장하는, 아기자기하면서 호화로운 정원입니다.

로마제국의 몰락과 함께 정원문화는 급속히 쇠퇴합니다. 당시 신흥종교였던 기독교가 꽃을 금기시했기 때문입니다. 그런데 그 이유는 좀 엉뚱했습니다. 초기 기독교는 꽃의 아름다움과 향기 그리고 맛있는 열매

중세의 정원은 화려한 조경이나 향기식물을 금지했습니다. 풀 한 포기, 나무 한 그루 없는 드넓은
바티칸의 성베드로 광장은 중세 시대의 엄격함을 잘 보여줍니다.

가 정신을 혼미하게 하고, 이단적인 자연숭배 의식을 부추긴다고 여겼
습니다. 인간이 에덴동산에서 쫓겨난 것도 사과를 따먹은 죄 때문이라
매도했지요. 어처구니없어 보이지만 그럴 만한 이유는 있었습니다.

바빌로니아 이후 로마제국에 이르기까지 아편 같은 향정신성 식물의
남용이 권력층의 퇴폐와 성 문란의 근원이 되었고, 호화로운 별장과 정
원의 건축이 재정 파탄과 계층 간 불화를 조장했기 때문입니다. 게다가
기독교가 금욕과 극기를 요구하다 보니 이런 발상이 신성神聖으로 여겨
졌지 않았나 싶습니다.

중세 들어 로마교황청을 중심으로 교권이 강화되면서 화려한 조경이
나 향기식물에 대한 금기는 더욱 심해졌습니다. 성당이나 수도원 같은
교회 건축물에서 정원은커녕 풀 한 포기 찾아보기 어려운 것도 이런 연

유입니다. 로마교황청이 있는 바티칸의 베드로 광장을 보면 쉽게 이해할 성싶습니다.

유럽의 중세는 정원뿐 아니라 식물에게도 암흑기입니다

대부분의 정원과 장원은 봉건체제를 지탱하는 농지로 바뀌어 수탈의 수단이 되었습니다. 교권敎權이 식물계까지 지배한 만큼 교회와 수도원이 농업기술의 산실 역할을 해냅니다. 유전의 법칙을 발견한 그레고어 멘델은 오스트리아 출신의 수도승이었습니다. 고대 점성술사의 신기한 능력을 중세에선 기독교 성직자가 잇는 것은 자연스런 일인지도 모릅니다. 중세 성직자는 하늘의 조화를 점치는 대신, 하느님의 피조물인 식물을 더 많이 번식시키고 새로운 창조물인 열매를 많이 맺게 하는 게 의무였을 법하지요.

중세에도 왕이나 귀족 그리고 고위 성직자들은 여전히 정원을 가꾸었습니다. 흥미로운 것은 '비밀의 정원'이었다는 겁니다. 저택에서 약간 떨어진 은밀한 곳에 아름다운 식물을 심고 조형물을 장식했습니다. 이곳은 일탈과 탐닉의 공간이기도 합니다. 고대 로마의 근교 별장이 변형된 공간이라 해도 좋을 법합니다. 비밀의 정원은 르네상스 이후 인기를 더해 귀족과 신흥 부호의 품격과 부의 상징이었습니다.

프랜시스 버넷의 동화 『비밀의 화원』에 등장하는 정원도 영국 귀족인 주인공 소녀의 고모부가 젊은 시절 고모와 사랑을 속삭였던 은밀한 곳이었습니다. 고모가 죽은 뒤 폐허가 된 정원을 주인공이 친구들과 함께 아름다운 정원으로 되살린다는 줄거리이지요.

반면 이슬람은 기독교와 같은 유일신을 숭배했지만 정원을 금기하지 않았습니다. 이슬람의 터전인 사막에선 식물을 키우기 어려워 금기할 필

프랑스 베르사유 궁전의 '자수정원'은 유럽 정원의 새로운 전형이 됩니다. 루이 14세의 궁중 정원사였던 앙드레 르 노트르가 설계하고 조성한 명작입니다. 궁궐과 정원을 자연스럽게 잇는 평면원平面園 형식에, 단조로움을 극복하기 위해 기하학적 양식을 과감히 도입했습니다. 샘과 수로 그리고 분수를 적절히 배치하여 여유를 더했습니다.

요가 애당초 없었고 오히려 장려할 상황이었지요. 7세기 마호메트 이후 등장한 이슬람제국은 야자수의 녹음과 오아시스의 분수와 탐스러운 석류나무가 있는 정원을 꾸몄습니다. 고대 바빌로니아와 페르시아 정원양식을 계승했으며 꽃과 잎과 가지를 패턴으로 한 독특한 무늬 양식을 선보였습니다. 이슬람 사원이나 궁전건축물을 장식하는 데 사용된 아라베스크 양식이 그것이지요. 13~14세기 북아프리카 유목민인 무어인이 에스파냐 그라나다 지역을 지배하던 시기에 건설한 알함브라 궁전, 죽은 왕비를 위해 지은 인도 타지마할 묘궁墓宮 그리고 페르시안 모스크의 걸작인 이란 이스파한의 이맘 사원이 보여주는 안정감과 아름다움은 천년의 세월이 더 흘러도 변함없을 것입니다.

16세기 유럽의 정원은 르네상스의 산실이었습니다

16세기는 교황의 권능이 약화된 르네상스 시기였습니다. 르네상스의 대부 격인 로렌초 데 메디치가 피렌체 아카데미 회원을 위해 지은 산마르코 정원과 보볼리 정원이 그 예입니다. 아기자기한 로마제국의 '별장정원'과 유사하지만, 산책로와 쉼터를 만들고 담소를 즐길 수 있도록 꾸몄습니다. 귀족의 사치와 일탈의 공간이었던 곳을 예술과 학문의 공간으로 탈바꿈시킨 것입니다. 이 정원은 이탈리아 '예술정원'의 전형이되었으며, 문예부흥 운동의 산실이기도 했습니다. 예술정원은 독일과 네덜란드 그리고 영국에도 영향을 미쳐 르네상스를 유럽 대륙에 확산하는 촉매 구실을 했습니다.

유럽 대륙에 정원꾸미기 열풍을 몰고 온 나라는 프랑스입니다. 루이 12세의 막내아들 르네 공작이 그의 프로방스 영지에 색다른 정원을 만들면서 시작되었습니다. 다양한 품종의 장미와 정원수를 마치 카펫에 자수刺繡하듯 기하학적으로 배치하고, 나무 모양을 반듯하게 다듬었습니다. 이슬람 사원의 아라베스크 도형을 정원에 도입한, 이른바 프랑스 '자수정원'의 태동이었습니다.

르네 공작은 왕족답지 않게 농업에 몰두한 당대 최고의 식물학자였습니다. 그는 이탈리아 반도 남부 나폴리와 시칠리아의 딸기나무와 사향포도를 프랑스로 옮겨 와 심었습니다. 이 포도나무가 오늘날 프랑스 포도주의 명성을 낳은 기원이 되었습니다.

한 세기가 흐른 뒤 1661년, 루이 14세는 세계 건축사와 정원사에 한 획을 그은 베르사유 궁전을 건설하면서 '자수정원'을 완성했습니다. 이 정원은 이탈리아의 '예술정원'을 압도하고, 마침내 유럽 정원의 새로운 전형이 됩니다. 메마른 분지에 왕궁을 짓고 왕국의 수도를 건설해선 안

1 화려한 튤립과 풍차로 꾸민 일본 나가사키 하우스텐보스의 네덜란드 정원.
2 좀 산만해 보이기도 하는 영국의 '전원정원' 런던 리슬리 가든 식물원입니다. 일률적으로 식재되지 않고 자연스러움을 추구합니다.

된다는 반대의 의견을 묵살하고 루이 14세는 막대한 재정을 쏟아부었습니다. 그 결과 그의 왕조는 물론 자신마저 파국을 맞습니다. 그러나 베르사유 궁전과 정원은 파리를 유럽의 중심으로 탈바꿈시켰고, 유럽을 정원의 대륙으로 바꾸었습니다.

유럽은 정원의 대륙이 되었습니다

18세기 이후 유럽의 정원은 새로운 양상을 보입니다. 나라마다 독창적인 정원이 등장했는데 네덜란드가 그 흐름을 선도했습니다. 해양무역 국가로 급성장한 네덜란드는 튤립 같은 구근식물을 대량 수입하고 품종을 개량하면서, 이국적인 정원을 만들고 온실원예 기술을 발전시킵니다. '꽃의 나라' 네덜란드의 명성은 이때부터 시작되었지요.

영국은 프랑스와 네덜란드 정원을 흉내 내다 18세기 중반에 이르러 제 길을 찾습니다. 시골 풍광을 닮은 '풍경정원'입니다. 인위적이고 규격화한 프랑스 자수정원과 울긋불긋한 네덜란드 정원에 염증을 느낀 당대 영국 문인과 화가들이 만든 영국식 정원입니다. 정원은 자연과 전원과 닮아야 한다는, 이른바 당시 자연주의 사상과 맞닿습니다.

이탈리아의 '예술정원'은 작은 호수와 분수 그리고 조각품과 갖가지 조형물을 배치하고 그 사이에 식물을 적절히 심어 예술적인 분위기를 연출한 반면, 네덜란드의 정원은 이국적이고 화려함 그 자체입니다. 프랑스의 '자수정원'은 식물을 기하학적 조형물로 바꿔 놓습니다. 이런 연유로 자수정원은 인간이 자연을 복종시키려는 오만한 발상의 소산이란 비난도 받습니다.

반면 영국의 '풍경정원'은 전원을 담은 풍경화와 같습니다. 이 정원은 오늘날 자연환경운동과 함께 각광을 받으면서 '자연정원'으로 거듭나고 있습니다. 가능한 한 지형은 그대로, 식재植栽는 자연스럽게 꾸미는 정원입니다. 최근 이런 조경을 하는 대표적인 인물로 미국 정원설계사 제임스 반 스웨덴을 꼽을 수 있습니다. 오프라 윈프리 저택에 900만 달러짜리 정원을 조경하여 유명세를 탄 인물이지요. 그의 철학은 "자연과 같은 정원의 창조"랍니다.

16세기 이후 정원꾸미기 열풍이 거세지면서 정원사와 식물사냥꾼 Plant-hunter이 새로운 인기 직업으로 떠오릅니다. 엄청난 돈을 쏟아부은 정원을 제대로 관리하려면, 당연히 유능한 정원사가 필요했습니다. 특히 천부적인 재능을 가진 정원사를 그린섬green-thumb이라 불렀습니다. '푸른 엄지를 가진 사람'이란 뜻이지요. 식물을 잘 키우는 것은 신의 계시를 받은 사람만이 가능한 일이며, 그런 사람은 푸른 엄지를 가졌다고 믿었던 것 같습니다. 사실 식물을 많이 만지다 보면 엄지가 녹색으로 물드는

영국의 자연정원은 가정의 텃밭 같은 자연스러운 조경의 정원을 추구합니다.

것은 당연했을 법합니다. 어쨌든 이들은 최고의 지식인 대우를 받았으며 훗날 식물학과 농업생명과학의 기초를 다지는 데 크게 기여합니다.

식물사냥꾼은 세계 구석구석을 돌아다니며 희귀하고 아름다운 식물을 수집하고 정원에 옮겨 심은 뒤 새로운 환경에 적응시키는, 오늘날 조경설계사와 가까웠습니다. 이들이 여러 기후대에서 채집한 갖가지 식물은 지구촌의 정원을 다양하고 아름답게 만들었지요.

지혜는 서재에서, 용기는 스포츠에서, 덕은 정원에서 나옵니다

16세기 이후 유럽의 정원은 재력과 품격의 상징이었습니다. 흔히 유럽 귀족의 3대 덕목으로 지智·용勇·덕德을 꼽습니다. 지혜는 서재에서, 용기는 스포츠에서, 덕은 정원에서 나온다고 여겼답니다. 미국 로스앤젤레스 근교 산마리노의 광활한 땅에 조성된 헌팅턴 식물원을 보면, 서구 귀족의 정원 꾸미기 경쟁이 어느 정도였는지를 짐작할 수 있습니다.

헌팅턴 식물원은 미국 철도 재벌이자 영국 명문 귀족인 헌팅턴 가문이 무려 44년 동안 3대를 이어 조성한 정원입니다. 전세계에서 수집한 1만 4,000여 종의 식물을 국가와 기후대별로 구분해 심고, 그 나라의 정원을 그대로 옮겨놓은 듯 꾸몄습니다. 심지어 그 나라의 자연석과 정자까지 통째로 들여와 장식했습니다. 일본식 정원에 가면 일본에 온 듯, 중국식 정원에 들어서면 중국에 있는 듯 착각할 정도입니다. 또한 수천 종의 장미로 가득한 중앙정원 한 켠에는 웬만한 시립 도서관 규모의 서재가 자리하고 있습니다.

당시 명문 부호들은 정원과 서재 꾸미기를 귀족의 의무처럼 여겼습니다. 오늘날 유럽과 미국의 전통 도시는 이들이 남긴 멋진 정원과 훌륭한 서재 덕분에 품격을 더합니다. 유럽과 미국에서는 그 집의 정원을 보고 주인의 품격을 가늠하는 관습이 아직도 남아 있습니다. 그래서 커피 마실 시간은 없어도 정원 물주기를 놓치지 않습니다. 집 안 카펫 청소는 못해도 잔디는 깎습니다. 그 일을 게을리하면 이웃에게 손가락질을 받기 때문이지요. 귀족들의 정원 사랑이 남긴 아름다운 시민의식이자 건강한 생활양식입니다.

1777년은 정원 역사에 새로운 획을 그은 해입니다. 오스트리아제국의 요제프 2세가 그해 황실 소유인 프라터 정원을 국민에게 공원으로 개방했습니다. 인류 최초로 공중公衆을 위한 공원이 탄생한 것입니다. 1844년 영국은 리버풀의 버컨헤드 공원을 공공자금으로 건설해 명실상부한 공원을 선보였습니다.

공원이 도시 환경의 중요한 요소로 부상한 것은 나폴레옹 3세 때입니다. 1850년 그는 왕실 소유의 불로뉴 숲을 파리 시 정부에 하사하고 공원으로 조성하게 합니다. 불로뉴 숲은 마네의 그림에도 등장하지요. 왕실 장원이었던 롱샹 경마장이 이 공원에 있습니다. 그는 또 파리 도심인 샹젤리제를 구획·정리하여 동심원형 가로街路 체계를 도입하고, 가로수를 심고 수십 곳의 크고 작은 공원을 만들어 세상에서 가장 아름다운 도시를 만듭니다. 파리는 에펠 탑의 도시이기 이전에 공원의 도시입니다. 뱅센 숲의 빼어난 자연경관과 호수 네 곳은 파리시민의 휴식처이고, 파리 도심에 있는 뤽상부르 공원은 문호와 화가들이 즐겨 찾는 안식처입니다.

1870년대는 공원의 전성기였습니다

1876년 미국 뉴욕에 세계 최대 규모의 센트럴 파크가 완공됩니다. 1850년 시인이자 저널리스트인 윌리엄 브라이언트가 주창한 뒤 시민의

공원은 귀족의 전유물을 벗어나 시민의 휴식처이자 예술가가 즐겨 찾는 안식처가 되었습니다.
1 파리 시가지는 숲에 가까운 가로수와 공원이 연결되어 있어 여유롭습니다.
2 뉴욕 센트럴 파크는 서울 여의도보다 약간 넓지만 울창한 숲과 호수, 정원과 넓은 잔디밭이 있고, 동물원과 미술관까지 갖추고 있습니다.

성금을 모아 20년간의 공사 끝에 개장되었습니다. 이 무렵 유럽의 대도시는 대부분 공원을 갖게 되었고, 유럽 열강은 그들의 식민지에도 유럽형 정원과 공원을 만듭니다. 오늘날 지구촌의 정원과 공원이 유럽의 그것과 엇비슷하게 된 이유입니다.

1872년은 공원의 개념을 자연으로 확대한 혁명의 해입니다. 미국 그랜트 대통령은 인류사상 처음으로 와이오밍 주 옐로스톤 일대를 국립공원으로 지정합니다. 이 지역 내 모든 동식물을 포함한 자연생태계의 개발과 파괴를 금지하고 인간의 출입도 제한합니다. 당시로서 국립공원이란 개념은 너무나 생소했고, 무한정한 자연을 그렇게까지 보호해야 되느냐는 등 반발도 거셌습니다. 제1차 세계대전을 겪은 뒤에야 그 필요성을 깨닫게 됩니다.

1933년 런던에서 개최된 '자연보호에 관한 국제회의'는 국립공원의 지정과 국가의 공권적公權的 제한에 필요한 세계 규범을 제정했습니다. 한국은 1967년 지리산 일대를 국립공원으로 지정하면서 야생 생태계를 국가가 관리하고 보호하는 국가가 되었습니다.

동양의 정원은 확연히 다릅니다

톈산산맥을 경계로 한 동방, 즉 동북아시아의 정원은 서방과는 확연히 다릅니다. 서방이 자연을 지배하려 했다면, 동방은 자연과 닮으려 했다는 것이 가장 큰 차이점입니다.

중국 정원은 자연을 송두리째 옮겨놓은 듯한 담대함이 넘칩니다. 베이징의 이화원이나 항저우의 서호 같은 궁정정원은 국립공원과 맞먹을 정도의 규모입니다. 중국인은 상상을 초월하는 면적의 땅에 운하와 호수와 산을 만들고, 넓은 대륙에서 수집한 기이한 수석을 곳곳에 배치하고,

동양의 정원은 서양과 전혀 다릅니다. 자연을 닮고 자연을 송두리째 옮기려 했다는 점이 큰 차이입니다. 1 중국 베이징의 이화원은 중국을 대표하는 궁중공원입니다. 2 또한 졸정원에서 보듯 큰 규모로 자연을 재현하려 애썼습니다. 이곳은 중국 원림園林정원의 전형을 보여줍니다.

일본은 자연경관을 작게 만들어 재현하는 기교가 압권입니다. 3 넓은 면적에 동산과 연못을 두고 다정茶庭과 다실茶室 등을 배치하여 거닐면서 감상하는 정원인 가이유 형식이 에도 시대 차 문화와 함께 유행했습니다. 4 또한 풀도 물도 나무도 없는, 모래와 수석으로만 꾸며 축경법縮景法으로 연출한 축소지향적 가레산스이 형식이 대표적입니다.

누각과 건축물을 여럿 세운 뒤 식물로 꾸몄습니다. 식물이 장식품에 불과해 보이는 정원입니다. 개인 정원도 만만치 않습니다. 중국 4대 정원 가운데 하나인 졸정원은 16세기 초 쑤저우의 한 토호가 지었습니다. 혹자는 동양의 산마르코 정원이라 말합니다. 중국의 르네상스라 불리는 남송 시대의 찬란한 문화가 이곳을 중심으로 꽃을 피웠다 해도 과언이 아니기 때문이겠지요.

반면 일본 정원은 자연경관을 작게 만들고 재현하는 기교가 압권입니다. 17세기 에도江戸 시대 이후 번성한 다도문화가 만든 일본 정원의 전형인 '가이유'回遊 형식과 '가레산스이'枯山水 형식에 따른 것입니다. 일본의 3대 정원인 가이라쿠엔偕樂園, 겐로쿠엔兼六園, 고라쿠엔後樂園이 모두 이 형식의 일본 정원입니다.

한국 정원은 자연 그대로의 소박함이 가득합니다. 창덕궁의 뒤뜰인 후원비원과 경남 함안 주씨 종가 고택의 별당 정원이 그것입니다. 전자는 권력을 상징하는 왕실정원이며, 후자는 사계가 뚜렷한 금수강산의 아름다움과 사대부의 기개를 담은 정원입니다.

창덕궁에는 후원 못지않게 눈여겨봐야 할 기발한 정원도 있습니다. 왕과 왕비의 침전인 대조전 뒤뜰에 있는 계단식 정원입니다. 본디 궁에서 건물과 가까운 곳에 나무를 심으면 뿌리의 공격을 받아 건물 기초가 뒤틀릴 수 있기 때문에 조경은 금기입니다.

대조전은 이를 극복하여 뒤편 경사지를 절개하지 않고 높이에 따라 2층에서 5층의 돌계단을 설치한 뒤, 이곳에 흙을 채우고 꽃과 열매가 풍성한 나무를 주로 심었습니다. 남향인 대조전 뒤 회랑에서 계단 정원을 보면 만개한 꽃을 정면에서 볼 수 있습니다. 궁궐조경의 한계를 극복하면서 화훼식물의 아름다움을 제대로 감상할 수 있도록 배려했습니다.

1 창경궁 대조전 뒤뜰의 백미는 계단식 정원, 화계花階입니다. 나무뿌리가 건물의 기반에 영향을 주지 않도록 뒤편 후원과 맞닿은 언덕에 계단식 정원을 만들었습니다. 계단 화단에는 주로 화초를 심어 대조전에서 꽃의 정면을 볼 수 있게 배려했습니다.

2 경남 거창에 있는 조선 중기의 문신 동계 정온의 고택 후원입니다. 소박하고 검소한 사대부가의 정원문화를 볼 수 있습니다.

경남 함안 무기리 주씨周氏 종가 고택의 별당別堂 정원인 연당蓮塘. 조선 후기 연못 조경의 원형을 간직하고 있는 곳입니다. 꾸민 듯하지만 자연 그대로 절묘한 조화를 연출하여 우리 전통 정원을 대표하는 유산입니다. 이 고택은 조선 영조 4년(1728) 이인좌의 난을 평정한 국담菊潭 주재성周宰成 가문의 종가입니다.

조상의 슬기가 돋보이는 우리의 전통 정원입니다.

자연 그대로를 중시하는 한국 정원의 특색은 조선시대 사대부 고택에서도 잘 드러납니다. 본채에는 앞마당 대신 뒤뜰에 정원을 조성했습니다. 앞마당은 공용 작업공간으로 사용하기 위해 비우고, 뒤뜰에 소박한 꽃식물을 심었습니다. 대청마루의 뒷문을 통해 계절을 함께 느끼려 한 배려입니다. 대청마루에 앉으면 뒤뜰에 핀 꽃의 얼굴을 마주 볼 수 있어 금상첨화입니다. 그 밖에 사랑채 앞에 연못을 만들어 자연을 집 안으로 끌어들였으며, 안채의 앞뜰에는 모란 같은 화려한 꽃나무를 심어 부부의 금슬을 돋우기도 했습니다.

한국의 정원은 집과 자연이 한데 어울리는 친환경적 정원입니다. 서민들은 집 울타리를 따라 꽃밭을 만들었고, 뒤뜰은 채마밭으로 활용했습니다. 요즘 우리 전통의 정원을 보려면 고궁이나 고택을 찾아야 합니다. 급속한 도시화와 아파트 일색의 주거문화 탓이지요. 게다가 국적 불명의 조경으로 꾸며진 도시정원과 공원을 보면 서글퍼집니다.

이제 정원은 일상에서 자연과 함께하는 생명 공간입니다

오늘날 정원과 공원은 지상낙원도 일탈의 공간도 아닙니다. 자연과 함께하는 생명의 공간이 되었습니다.

국제연합 식량농업기구FAO가 권장하는 도시 녹지면적은 시민 1인당 $9m^2$입니다. 세계 1위 도시 런던은 $23.48m^2$이고, 그다음은 뉴욕 $14.12m^2$, 파리 $10.53m^2$ 순입니다. 반면 서울은 권장 면적의 절반 정도인 $4.53m^2$입니다. 서울이 이 정도나마 녹지를 보유한 것은 북한산이나 관악산 같은 자연 산림을 품은 덕분입니다. 서울이 세계 10위권의 수도로 발돋움하려면 도심 재개발 녹지정책에 획기적인 전환이 필요합니다. 예컨대 재개발을 할 때는 대지의 30% 이상에 정원이 아닌 작은 숲 조성을 의무화한다거나, 성냥갑 모양의 건축물을 계단형으로 유도하고 발코니와 옥상에 정원을 별도로 꾸미도록 법제화하는 것입니다.

파리가 세계에서 가장 아름다운 도시로 손꼽히는 것은 화려한 베르사유 궁전 때문이 아닙니다. 파리 시가지를 안팎 곳곳에서 품고 있는 숲과 호수 그리고 센 강 주위의 짙은 가로수림 덕분이라 해도 지나치지 않습니다. 한 도시의 품격은, 치솟은 빌딩과 멋진 구조물이 아니라 숲이 결정합니다.

식물이
집 안으로
들어오다

화분에 키우는 식물을 통틀어 분식물盆植物이라 합니다.
흔히 분식물을 그냥 화분이라 말하는데, 그것은 잘못된 것입니다.
화분은 식물을 심고 키우는 용기일 뿐이지요.
어쨌든 화분은 식물을 주로 실내에서 키우기 위해
인간이 고안해낸 기발한 발명품입니다.

오늘날 분식물은 실내 공간의 일부가 되었습니다

분식물을 키우는 화분의 모양과 재질은 다양하지만, 밑바닥에 배수
구멍이 있다는 공통점이 있습니다. 이 구멍 덕분에 식물을 원하는 곳에
옮겨 키울 수 있게 되었습니다. 그래서 분식물은 땅에서 '자라는' 식물과
는 전혀 다른 환경에서 '키워지는' 식물이 되었습니다. 인간의 도움 없이
는 연명할 수 없는, 지극히 인간적인 식물이 된 것이지요.

분식물이 없는 생활공간은 삭막해 보이고 낯설기도 합니다. 그래서
분식물은 현대건축의 일부이자 인테리어의 필수품으로 자리했습니다.
그런데 실내에서 식물을 싱싱하고 예쁘게 키우기란 정말 힘듭니다. 정성
을 다해도 십중팔구 시들시들하다 죽고 맙니다. 성가시고 속상하지만,

꽃시장에서 팔리는 분식물의 대부분은 아열대 식물입니다. 아열대 기후의 울창한 숲 아래 반半음지에서 자라는 특성 덕에 실내 환경에 잘 견디며, 특히 공기정화 능력이 뛰어나 사랑받게 되었습니다.

우리는 또다시 식물을 구입하고 화분에 심어 실내에서 키우는 노고를 마다하지 않습니다. 실내원예는 현대인에게 녹색공간의 위안이자 취미생활의 일부이기 때문이겠지요.

그렇다면 언제, 누가 식물을 실내에 들여놓고 키우기 시작했을까요. 고대 로마 귀족들도 저택의 중정이나 전정前庭에 분식물을 두고 키웠다고 하지만, 그곳은 천장이 트인 곳이었기에 완전히 실내에서 키운 것은 아니었습니다. 식물은 당연히 햇빛이 드는 곳에서 자라고 키워야 하는 것이지요. 그런데 식물을 누군가 집 안에서 키우려 했던 겁니다. 그 발상은 시쳇말로 '스마트' 그 자체입니다.

이런 발상을 시도한 장본인은 17세기 지중해의 도시국가 베네치아 사람들이었습니다. 이들 가운데는 건물을 '보석'으로 치장할 정도로 부자도 많았습니다. 그 보석은 유리였습니다. 당시 유리는 보석만큼 귀하고 비싸서 대성당의 스테인드글라스에 사용할 정도였습니다. 이즈음 프랑스에서 널판자처럼 넓고 투명한, 이른바 판유리 제조기술이 개발됩니다. 판유리의 등장은 세계 건축사에 일대 변혁을 가져왔습니다.

유리창은 실내 생활을 단박에 바꿔 놓았습니다

한낮에도 컴컴했던 실내는 환히 밝아졌고, 쏟아지는 햇빛이 실내를 따뜻하게 했습니다. 집 안에서 방문객과 행인을 살펴볼 수 있었고, 밤하늘의 별도 볼 수 있었습니다. 베네치아 부호들은 너도나도 목재 문짝을 유리창문으로 바꾸었습니다. 유리창은 진귀한 구경거리였고, 부의 상징이었습니다.

이제 그 유리창을 장식할 소품이 필요했습니다. 베네치아 사람들이 선택한 답은 분식물이었습니다. 양지바른 창틀에 놓인 예쁜 꽃은 유리창을 꾸미는 데 그저 그만이었겠지요. 더욱이 녹지가 아쉬웠던 베네치아 사람들에게 실내의 식물은 더욱 매력적이었을 법합니다. 갯벌에 건설한 '인공 도시' 베네치아는 나무 한 그루 풀 한 포기 없는 물과 돌의 도시입니다. 베네치아는 식물을 심어선 안 되는 도시입니다. 식물의 뿌리가 지반 침하를 막기 위해 빈틈없이 채운 바위와 그 위에 서로 잇대어 건설한 석조 건물의 기초를 서서히 파괴하기 때문입니다.

유리창 난간에 놓인 분식물은 창백했던 대리석 도시에 색채를 입혔습니다. 당시 베네치아를 방문한 독일의 문호 괴테는 유리창과 창가에서 자라는 식물을 보고 감탄하며 시를 남겼답니다. 시오노 나나미의 저서 『바다의 도시 이야기』에는 당시 유리창 난간을 장식한 분식물의 풍경을 경이롭게 그리고 있습니다.

1 물의 도시 베네치아에는 정원도 공원도 없습니다. 17세기 도시국가 베네치아가 번성할 때, 이곳 부호들은 인류 최초로 유리창을 달고 창틀에서 식물을 키워 유리창을 장식했습니다.

2 그래서 창틀에 꽃식물을 심어 장식하는 것이 전통입니다. 베네치아 운하와 맞닿은 카페 창틀에 내걸린 분식물이 이채롭습니다.

이즈음 베네치아는 1453년 동로마제국의 몰락과 오스만제국의 등장으로 이미 쇠락하고 있었습니다. 베네치아는 더 이상 유리창과 분식물의 '호사'를 누리기에는 역부족이었습니다. 지는 해가 있으면 떠오르는 해가 있기 마련입니다. 유럽의 변방이었던 네덜란드가 급부상하며 베네치아의 '호사'를 잇습니다. 당시 네덜란드는 북대서양에서 잡은 청어를 특유의 방법으로 염장鹽藏한 뒤, 유럽 전역에 팔아 엄청난 부를 축적합니다. 게다가 청어잡이 어선과 내륙 운송선의 장점을 적절히 조합한 새로운 원양용 상선을 건조하고 해군력도 갖춥니다.

1602년 동인도회사를 설립할 즈음, 네덜란드는 대서양의 제해권을 놓고 영국과 맞설 정도로 막강했습니다. 어항이었던 암스테르담은 세계 최대 무역항이자 유럽 경제의 중심으로 성장했습니다. 네덜란드의 선단은 아메리카·인도·인도네시아 너머 일본까지 세계 곳곳을 누볐습니다. 그리고 라인 강과 마스 강을 이용해 유럽 내륙의 수운水運과 상권을 장악했습니다. 네덜란드에는 돈이 넘쳤고, 네덜란드인의 상술은 돈 되는 일이면 물불을 가리지 않았습니다.

그리고 어느 날 인류 역사상 최악의 투기 열풍이 찾아옵니다

1634년부터 3년간 네덜란드를 덮친 투기열풍의 주인공은 금도 부동산도 아닌 구근식물 튤립이었습니다. 그 불씨는 엄청난 부동자금이었고, 쏘시개는 판유리였습니다. 암스테르담과 베네치아는 둘 다 물의 도시로 닮은 구석이 많습니다. 일찍이 베네치아를 여행했던 네덜란드 귀족과 부호들은 유리창과 분식물에 매혹되었습니다. 튤립은 유리창을 장식하기에 더없이 좋은 식물입니다. 물컵에 구근을 얹어 창틀에 올려놓기만 해도 화려한 꽃을 피우기 때문입니다.

1 대부분 선명한 원색을 띠는 튤립은 이국적인 분위기를 더합니다.
2 튤립은 보관과 유통이 쉬운 구근 형태의 뿌리에, 키우기 쉽고 변이종이 많았기에 동방의 신비한 식물로 사랑받았습니다.

중앙아시아가 원산지인 튤립은 1540년대 투르크 주재 빈 대사가 들여온 이후 유럽에 번졌습니다. 튤립이란 이름도 아랍 사람들이 머리에 두르는 터번 모양과 비슷한 꽃이 핀다고 해서 붙여진 것입니다. 동방의 신비한 식물로 사랑받으면서 유럽 왕실과 귀족들이 선호했습니다. 백합과에 속하는 튤립은, 구근을 서늘한 곳에 두면 장기 저장도 가능합니다. 장삿속에 밝은 네덜란드 상인들은 베네치아에서 구근을 사 유럽 내륙의 여러 나라에 팔았으나, 1620년대 이후 동인도회사를 통해 구근을 대량으로 수입합니다. 냉장고와 다를 바 없이 서늘한 선창은 구근을 보관하는 데 안성맞춤이었습니다.

17세기 후반 대서양과 인도양 무역권을 장악한 네덜란드는 베네치아의 '호사'를 흉내 내기 시작합니다. 너도나도 유리창을 달고 창틀에는 분식물을 놓았습니다. 튤립 수요도 늘었습니다. 인도에서 출항하는 무역선의 선창에는 튤립 구근이 가득했고, 이 배가 암스테르담 항에 도착하면 구근이 큰돈으로 변했습니다. 튤립은 신기할 정도로 변이를 잘 일으키는 식물입니다. 새싹에서 전혀 다른 모양과 색깔의 꽃을 피우기 일쑤입니다. 환상적인 변신은 새로운 튤립을 갖고자 하는 욕구를 촉발시켰고, 이런 열기는 유럽을 흥분시켰습니다.

튤립의 변이종이 유독 많은 이유에 대해서는 의견이 분분합니다. 첫째, 구근식물인 튤립은 종자식물과 달리 대량 번식이 어려운 데다, 자생지 중앙아시아의 기후가 변덕스러워 종 보존을 위해 발현한 특유의 변이 유전자 때문으로 알려졌습니다. 뚜쟁이 곤충을 유인하려는 경쟁에서 이기기 위한 치열한 변신 전략인 셈입니다. 둘째, 튤립 구근은 봄철 개화가 끝나면 죽고, 새끼 구근을 많게는 서너 개쯤 남깁니다. 새끼 구근이 여름부터 이듬해 봄 개화 이전까지 장기간 땅속에서 잠을 자며 계절 변화에 적응하는 과정에서 변이를 일으킨다는 겁니다. 마지막은, 바이러스 감염입니다. '튤립 브레이크 바이러스'TBV에 감염되면 색깔 조성이 '깨지면서' 얼룩무늬가 생기는 것으로 밝혀졌습니다. 이 바이러스 이름에 '브레이크'Break가 포함된 이유입니다.

이런 무한 변신 때문에 튤립은 무려 8,000종에 이릅니다. 변이가 심한 야생화도 보통 1,000종 수준인 점을 감안하면 튤립의 변신술은 신기에 가깝지요. 특히 얼룩무늬 변종은 희귀한 탓에 엄청나게 비쌌고, 17세기 식물학자들은 이런 변종 개발에 매달렸습니다.

튤립 투기 열풍이 절정에 이르자, 얼룩무늬 구근 한 개가 집 한 채 값과 맞먹는 어처구니없는 사태가 벌어졌습니다. 네덜란드 주식시장은 선물 거래로 구근 투기를 부채질했고, 네덜란드 왕실은 이런 투기를 진정

튤립 투기 열풍 당시인 1637년 암스테르담에서 발행된 튤립 광고. 수집광이 튤립을 아랍인의 터번처럼 두르고 앉아 자랑하고 있습니다.

시키기는커녕 유리창과 심지어 분식물 개수에 따라 부과하는 부자세를 신설하여 왕실 금고를 채우는 데 여념이 없었습니다. 3년간 무려 59배나 뛰었던 구근 가격은 불과 10개월 새 97%나 폭락합니다. 온 국민이 빚을 내 튤립 구근을 사재기한 참담한 결과였습니다.

1637년 네덜란드 경제는 파산했고, 뒤이은 영국과의 전쟁에서 패함으로써 대서양 무역권을 넘겼습니다. 이제 해상무역은 영국을 통해야 했고, 라인 강과 마스 강을 이용한 유럽 내륙의 수운水運 교역에 집중할 수밖에 없게 되었지요. 튤립 가격이 정상을 되찾자 다행히 수요도 다시 늘기 시작합니다. 유럽의 귀족과 신흥 부호들이 '호사'의 대열에 나선 덕분이었습니다. 네덜란드는 구근을 수입하는 대신, 국내에서 육종하고 품종을 개량합니다. 튤립 투기 때 쌓은 육종기술이 밑천이 되었지요. 네덜란드 화훼산업의 명성은 오늘날에도 이어지고 있습니다.

2012년 준공한 서울시청 신청사 로비에 설치된 '녹색벽'은 실내로 들어온 식물이 연출한 지상 최고의 광경입니다. 실내임에도 녹색 식물로 뒤덮여 싱그러움이 건물을 감싸고 있습니다. '녹색벽'은 1~7층 사이 축구장 3분의 1 넓이의 벽면에 아이비 등 14종의 식물을 무려 6만 5,000본이나 심었습니다. 거의 수직에 가까운 벽면에 틀을 설치하고 식재 용기를 끼워 심었습니다. 신청사의 전면을 유리창으로 마감한 덕분에 가능했습니다.

분식물은 밝고 따뜻한 거실 한편을 당당히 차지했습니다

네덜란드의 튤립 투기 광란 이후 약 330년 동안, 실내에서 식물을 키우는 것은 여전히 '호사'였습니다. 1960년대 플로트글라스float grass 공법이 개발되면서, 판유리 대량생산의 길이 열렸습니다. 판유리는 더 얇고 더 넓어졌지만, 가격은 오히려 내렸습니다. 유리창으로 단장한 건물이 늘면서 도시의 얼굴이 변합니다. 유리창틀에는 분식물이 사라지고 커튼이 등장합니다. 넓은 창을 통해 쏟아지는 햇빛을 오히려 커튼으로 가려야 하게 된 겁니다. 분식물은 밝고 따뜻한 거실 한편을 당당히 차지했습니다. 굳이 협소한 창틀에서 분식물을 키울 이유가 없어진 것이지요. 웬만한 가정도 식물을 키우는 '호사'를 누리게 되었습니다.

1970년대, 화훼 원예산업의 메카인 네덜란드에서 유리로 만든 온실이 상용화됩니다. 계절과 날씨 걱정 없이 연중 원하는 식물을 마음대로 키우고 꽃을 피울 수 있는 녹색생명의 요람이 새로운 '호사'의 상징으로 등장합니다. 화훼 원예산업은 신품종 개발경쟁에 열중했고 농업생명과학을 선도합니다. 회색 도시에 화려한 생명력을 더한 분식물은 도시민에게 녹색의 반려자로 사랑을 받게 됩니다. 실내 원예가 실내 장식의 일부로, 그리고 새로운 산업으로 등장한 것은 이때부터입니다. 20세기 가장 뛰어난 건축가 중 한 사람인 르 코르뷔지에는 "건축의 역사는 햇빛을 실내에 끌어들이는 인간의 노력과 그 과정이다"라고 말했습니다.

2000년대 들어 건축은 외장을 통째로 유리로 마감하는, 이른바 커튼월curtain wall 공법이 대세를 이룹니다. '햇빛을 끌어들이는 과정'의 마무리 지점에 식물이 있습니다. 분식물은 이제 실내에서 TV만큼 친숙합니다. 실내에 작은 정원을 꾸미는 집이 생겨나고, 심지어 로비를 온통 정원처럼 장식하는 이른바 '녹색건축'이 속속 등장합니다. 서울시청 신청사

식물을 가까이 두기 위해 인간은 갖가지 노력을 해왔습니다.
1 스위스 제네바에 등장한 수직 벽면 녹화. 2 일본 후쿠오카 소재 아크로스 빌딩의 외벽 녹화는 녹색건축의 아이콘으로 부상했습니다. 3 계단식 정원으로 꾸민 서울 을지로 2가 삼성화재 빌딩의 지하 1층 계단. 4 유리 온실처럼 꾸미고 큼직한 정원수를 심어 만든 빌딩 로비 정원. 5 도심 백화점 옥상의 놀라운 변신.

어느 꽃가게 앞 골목길의 구석진 가장자리에 크고 작은 분식물을 펼쳐 놓았습니다. 회색 시멘트 골목길이 깜찍한 작은 뜰로 바뀌었습니다. 녹색건축이 크고 거창한 곳에서만 가능한 것은 아닙니다.

로비에 설치된 거대한 '녹색벽'은, 방문객을 매료시키기에 충분하지요.

건축물 안으로 들어온 분식물은 이제, 다시 밖으로 나가 새롭게 변신합니다. 건축물의 외관을 식물로 장식하는 이른바 생태건축입니다. 벽면에 화분을 매달거나 감龕을 만들어 식물을 심는 소극적 방식에서, 건물을 통째로 녹화하는 적극적 방식으로 진화한 것입니다. 1995년 일본 후쿠오카에 건립된 아크로스 후쿠오카 빌딩은 멀리서 보면 작은 숲처럼 보입니다. 생태건물은 녹색의 편안함 외에도, 여름철 냉방 효율을 높이는 반면 도시 열기를 낮추는 효과도 줍니다. 녹색건축은 이처럼 큰 빌딩에서만 가능한 것은 아닙니다. 서울 종로구 북촌의 한 꽃집은 시멘트로 포장된 골목길 가장자리에 30여 개의 분식물을 늘어놓아 작은 뜰을 만들었고, 슬라브 지붕에도 크고 작은 분식물을 올려놓아 녹색공간을 연출하고 있습니다.

빌딩 로비의 분식물들. 삭막한 공간에 자연의 에너지를 불어넣고 있습니다.
1 서울 광화문 교보빌딩 로비. 팬더고무나무 분재가 로비의 품격을 높입니다.
2 서울 중구 삼성빌딩 로비. 큼직한 아레카야자가 넓은 로비에 생기를 더합니다.

우리는 왜 식물을 가까이 하는 걸까요

첫째, 녹색이 주는 시각적 안정감입니다. 인간의 감정과 생각은 모두 뇌활동의 결과이지요. 뇌활동의 85%는 시각에서 비롯합니다. 눈만 감아도 뇌활동의 85%가 감소하는 셈입니다. 명상에 앞서 눈을 감는 이유이기도 합니다. 눈을 감지 않고 시각적 자극을 줄일 수 있는 묘안은 없을까요? 답은 녹색공간에 있습니다. 녹색은 빛을 반사하지 않고 흡수합니다. 그렇기 때문에 반사광이 아주 적은 짙은 녹색은 검은색에 가깝습니다. 우리가 식물을 보고 있으면, 시각적 자극과 뇌활동이 줄면서 안정감을 느낄 수 있습니다. 게다가 눈의 피로를 풀어줍니다. 그래서 안과 의사는 "숲은 자연이 만든 안약"이라고 합니다.

둘째는, 인테리어 효과입니다. 넓은 로비 한 켠을 차지한 분재, 사무실 소파 옆에 놓인 관음죽, 거실 모퉁이의 사군자, 탁자 위 바이올렛. 이런 녹색생명이 연출하는 인테리어 효과는 웬만한 조각품이나 그림과 견줄 바 아닙니다. 값으로 따지면 비교할 수 없을 정도로 싸지만, 실내 분위기를 생기 가득하게 연출하는 데는 분식물만 한 것이 없습니다. 이런 분위기를 가장 잘 활용하는 사람은 카메라맨입니다. 신문이나 TV에 등장하는 인터뷰 사진이나 영상을 보면, 대개 식물을 배경으로 찍습니다. 아무래도 단조로울 수밖에 없는 인터뷰 장면에 식물의 녹색이 들어가면 생기를 더하기 때문이지요.

셋째, 실내 공기입니다. 우리가 생활하는 집과 사무실의 공기에서 자그마치 500여 종의 유해물질이 발견된다고 합니다. 이 중에서 300여 종은 인체에 치명적인 독성, 즉 휘발성유기물질VOCs입니다. 미국 환경청이 미국민의 건강을 위협하는 다섯 가지를 꼽았는데, 그중 하나가 실내 공기였습니다. 현대인은 일생의 3분의 2를 실내에서 지낸다고 합니다. 넓은 정원을 가꾸고 주말이면 산과 들을 찾아도, 유해물질이 가득한 실내에서 일생의 대부분을 보낸다면 헛일입니다.

오염된 실내 공기에서 벗어나는 최상책은 자주 환기하고 식물을 많이 키우는 것입니다. 식물은 탄산가스를 비롯한 유해물질을 마시고, 그 대신 산소를 내뿜습니다. 그뿐 아닙니다. 뿌리가 빨아올린 수분을 잎에서 뿜어냅니다. 여름철 큰 단풍나무 한 그루는 분당 1ℓ의 산소를 내뿜으며, 매시간 생수병 30개 분량의 수분을 증산한다고 합니다. 실내 원예가 필요한 이유입니다. 미국우주항공국NASA은 1980년대 본격적인 우주시대를 준비하면서 무려 15년간의 실험 끝에 우주 기지에서 키울 50종의 식물을 선정했습니다. 이 중 열다섯 가지는 이웃 꽃가게에서 쉽게 구입할 수 있는 식물입니다. 산세비에리아·스파티필룸·벤자민 같은 이른바 공기정화 능력이 뛰어난 바이오필터biofilter 식물입니다.

18평 아파트에 사는 80대 부부가 원예치료를 겸해 가꾸는 베란다 정원. 실내에 식물을 두는 것만으로도 실내공기를 맑게 하고, 정신과 육체를 안정시키며 인체의 면역력을 높여줍니다.

그러면 식물을 얼마나 들여놓아야 실내 공기를 제대로 정화할 수 있을까요? 대체로 실내 면적의 3~15% 정도를 식물로 채우라고 권합니다. 이 정도면 첨단 산소발생기 한 대를 설치한 것보다 낫습니다. 실내 습도는 20~30% 높아집니다. 겨울철 실내 온도를 1~3℃ 올려주는 반면, 여름철에는 그 정도 낮추어줍니다. 분식물은 완벽한 센서를 갖춘 '친환경 인지형 산소발생기 겸 가습기'입니다. 온갖 첨단기술을 동원해도 이런 제품을 만들 수는 없습니다.

넷째는, 원예치료 효과입니다. 식물을 키우면 정신적으로나 육체적으로 매우 유익해집니다. 매일 식물을 관찰하고 보살피면 정서적인 안정을 얻고 규칙적인 생활하는 데 도움이 됩니다. 식물을 보고 만지면 힐링 효과를 주는 뇌파인 알파-파波가 증가하기 때문이지요. 물을 주고 다듬는 작은 동작은 특히 지체장애자나 노약자의 몸을 유연하게 만듭니다. 그래서 정신신경 질환자나 근·골격 질환자의 보조 치료에 효과적입니다.

원예치료는 적은 비용으로 언제든 가능하기 때문에 더욱 좋습니다. 특히 원예치료는 식물이 죽더라도 비교적 충격이 덜해 그리 걱정할 게 없습니다. 하지만 애완동물 치료는 그렇지 않습니다. 반려동물이 죽으면 장기간 우울증에 시달리고, 심지어 따라 죽기도 합니다.

원예치료는 면역력도 높입니다. 건국대 생명환경과학대학 손기철 교수는 매우 흥미로운 실험을 했습니다. 강의실 흰색 벽의 한쪽[실험군]에는 녹색 잎이 무성한 분식물을 가득 들여놓고 반대 쪽[대조군]에는 흰색 벽을 그대로 둔 상태에서, 유도선수 14명을 7명씩 나눠 각각의 벽 쪽을 보도록 했습니다. 그리고 모두 차가운 얼음물에 발을 담그게 한 뒤, 각각 얼마나 오래 견디는지를 봅니다. 이들을 동일 조건에서 실험군과 대조군을 세 차례 교대하며 인내력을 측정했습니다. 그 결과는 놀라웠습니다. 식물을 보고 있을 경우, 모두 흰색 벽을 보는 상태보다 오래 버텼고 두 배 이상 오래 견딘 유도선수도 있었습니다. 이 실험이 한 공중파 TV의 특집 프로그램으로 방영된 뒤, 실내 원예 붐이 일기도 했습니다.

실내에서 식물을 키우는 것은 이렇게 일거양득도 아닌 적어도 1거 4득一擧四得은 되는 일입니다. 그러나 식물을 키우는 가정도 사무실도 점차 줄어들고 있습니다. 잘 키우기 힘들고, 둘 만한 공간도 부족해서랍니다. 어쩌면 팍팍해진 세상살이 탓일지도 모릅니다.

책상 한 켠의 작은 선인장 분화 하나가 일상의 여유를 줍니다. 거실에 들여놓은 관음죽 분화 하나가 삶의 활력을 느끼게 합니다. 사무실 창가의 벤자민 분화가 일터의 생기를 더합니다. 실내 분식물은 녹색생명을 가진 가족입니다.

만물의
영장은
식물이다

"인간은 만물의 영장靈長이다."

인간의 우월성을 설명하는 데 빠지지 않는 말입니다.

과연 인간은 만물의 영장일까요?

영장의 뜻은 무엇일까요

은유적인 표현이라 쉽게 감을 잡기 어렵지요. 한글사전에서는 영장을 '영묘한 힘을 가진 우두머리로서 인간을 말한다'라고 풀이합니다. 한영 사전에서는 뜻밖에 'The lord of creation'이라 했습니다. 번역하면 '창조 주'이지요. 지극히 기독교적인 풀이입니다.

'영장'의 한자인 '靈長'은 본래 중국 송나라 성리학자 주돈이가 저술 한 『태극도설』에서 나온 말입니다. 이기(음·양)오행(수·화·목·금·토) 설을 근거로 만물이 어떻게 만들어졌는지를 설명하면서 인간의 우월성 을 강조한 데에서 유래한 것입니다. 주돈이가 『태극도설』을 쓸 즈음의 인간은 만물의 영장이었을지도 모릅니다.

하지만 현대인류는 아닙니다. 오히려 '만물의 파괴자'로 부르는 게 어 울릴 법합니다. 자연환경을 무분별하게 파괴하고 천연자원을 남용하여

지구상 최초 생명체인 엽록체
시아노박테리아.

지구온난화를 가중시키고 있습니다. 날로 심해지는 환경재앙은 인류의
종말을 예고하는 듯합니다.

단언컨대 만물의 영장은 식물입니다

불덩이였던 지구를 식물이 어떻게 '녹색별'로 바꾸었는지를 살펴보면
그 이유는 명확합니다. 식물의 기원은 25억 년 전입니다. 엽록소를 가진
지구의 첫 생명체인 시아노박테리아가 그것입니다. 행성 지구가 제 모습
을 드러낸 지 20억 년이 지난 뒤, 뜨거운 수프와 같은 바다에서 시아노
박테리아가 출현했습니다. 당시 육상은 태양의 강력한 자외선 탓에 어
떤 생명도 살 수 없었지요. 그 후 무려 13억 년간 지각 변동과 화산 폭
발이 격화되면서 거대한 대륙 하나가 솟았습니다. 대기는 연기와 먼지로
가득했고, 태양의 강한 빛이 힘을 잃으면서 기온은 떨어졌으며, 줄기차
게 산성비가 내렸습니다.

6억 5000만 년 전에 이르러, 기온이 뚝 떨어지더니 빙하기를 맞습니
다. 그래도 지각 활동과 화산 폭발이 계속되자 기온은 점차 올랐고, 6억
년 전 푸른 바다가 생깁니다. 이 바다에 원시 광합성식물인 남조류藍藻類

가 출현하면서 지구환경은 일대 전기를 맞습니다. 남조류가 뿜어내는 엄청난 양의 산소는 수만 종의 해양생물의 탄생을 도왔고, 대기에 산소를 채웠으며, 대기층 밖에 두꺼운 오존층을 만들었습니다. 4억 6000만 년 전, 지구의 기온은 30℃ 정도였으며 대기의 산소농도는 요즘과 비슷했다고 합니다. 그러나 모든 생명체는 바다에서 살았으며, 육지는 거대한 암석으로 덮인 채 생명의 출현을 거부했습니다.

4억 년 전부터 해변에는 원시 이끼류와 양치류가 번성합니다. 이들은 해변 암석덩이 틈에 붙어 생명을 이어갔습니다. 이들은 더 많은 수분을 빨아올리기 위해 뿌리를 만듭니다. 뿌리식물의 탄생입니다. 3억 6000만 년 전, 뿌리식물은 육지를 빠르게 점령하며 흙을 만들었고, 부드러운 흙 덕분에 더 많은 종의 식물이 출현하여 지면을 덮었습니다. 대기의 산소농도가 두 배나 늘자 하늘로 가지를 뻗는 거대한 식물이 등장합니다. 소철류·석송류·나무고사리류입니다. 이들 식물군은 경쟁하듯 열대우림을 조성했고, 육지를 온통 푸르게 만들었습니다. 식물이 불덩이 지구를 '녹색별'로 바꾸었습니다.

곤충류와 파충류도 풍부한 먹이 덕택에 덩치를 키우더니, 2억 3000만 년 전 즈음 공룡 세상을 맞습니다. 식물은 공룡의 포식에 맞서 갖가지 방어수단을 찾습니다. 잎 가장자리를 날카롭게 만들고, 고약한 맛과 냄새를 풍기는 화학물질을 생성합니다. 그중 오늘날까지 살아남은 식물 가운데 대표적인 종이 메타세쿼이아와 은행나무입니다. 메타세쿼이아는 키다리 전략으로 살아남았습니다. 100m에 육박하는 키는 공룡의 포식을 피하면서 햇빛을 독점합니다. 미국 서부 산악지대에 서식하는 자이언트 메타세쿼이아는 지금도 그 위용을 지키고 있지요.

한편 은행나무의 생존 비결은 열매와 그 속의 씨에 있습니다. 암수딴

미국 캘리포니아 주 세쿼이아 국립공원에서 군락하는 자이언트 레드우드. 살아 있는 화석식물인 세쿼이아는 지구상 가장 오래 살고 가장 큰 생명체입니다. 사진 속 사람을 보면 그 위용을 실감할 성싶습니다.

그루 식물인 은행나무는 수그루 꽃가루의 소포낭자가 바람에 날려 암그루의 밑씨와 수분受粉하여 열매를 맺는 겉씨식물입니다. 물고기의 수정과 유사하지요. 암수가 다른 종은 암수가 같은 종에 비해 유전적으로 우성을 남깁니다. 은행나무는 자가수정을 하지 않아 강한 유전자를 가졌고, 그 덕택에 진화를 거듭하여 오늘날에도 멋진 모습을 뽐냅니다.

은행나무의 또 다른 생존비결은 열매 과육의 지독한 악취와 돌멩이처럼 단단한 씨앗의 겉껍질과 질긴 속껍질입니다. 과육의 악취는 포식자를 내치고, 겉껍질과 속껍질은 웬만해서 깨지거나 찢기지 않아 씨를 완벽하게 보호합니다. 최악의 포식자인 인간조차 까먹기를 주저합니다. 그 덕분에 산불에도 잘 버텼습니다. 은행나무가 무려 2억 년 동안 살아남은 비책입니다.

그리고 현화식물이 등장합니다

1억 4000만 년 전, 식물계의 최강자가 등장합니다. 꽃을 피워 만든 씨앗으로 종을 번식하는 현화식물顯花植物 중 속씨식물입니다. 속씨식물의 수분은 바람을 이용하는 겉씨식물이나 물에 정자를 흘려 보내는 양치식물과는 전혀 달랐습니다. 주로 곤충을 이용했습니다. 현화식물은 꽃 수술에 달콤한 꿀을 발랐습니다. 처음에는 딱정벌레가 주종이었으나, 현화식물의 종이 급격히 늘자 곤충의 종도 다양해집니다.

현화식물은 유독 말벌을 주목했습니다. 다른 곤충에 비해 덩치는 작았지만 월등한 번식력과 부지런함 때문이었습니다. 당시 육식이었던 말벌은 꿀맛에 빠진 나머지 사냥 대신 꽃가루 나르기를 택합니다. 이 무리의 말벌이 꿀벌로 진화했습니다. 1억 년 전 일입니다. 꿀벌의 번성은 속씨식물 세상을 여는 발판이 됩니다. 식물계는 속씨식물 세상으로 바뀌

1 꽃피는 속씨식물의 탄생은 지구생태계 전반에 일대 혁명을 일으켰습니다. 현화식물은 식물계는 물론이고 동물계의 곤충류와 포유류 번성을 도왔으며, 인류의 정착과 농경 생활을 가능케 했습니다. 특히, 현화식물의 꽃과 열매는 인류에게 아름다움과 향기로움과 다양한 맛을 내는 음식을 선물했습니다.

2 말벌은 꿀벌에 비해 몸집이 크고, 색깔이 검습니다. 포식성 곤충인 말벌이 꿀벌로 진화하면서 속씨식물 세상이 열립니다.

속씨식물의 열매 속. 현화식물은 씨앗을 맛있는 과육 속에 숨겨두었습니다. 과일 덕에 포유류도 번성하고 식물도 멀리 퍼져나갔습니다.

었고, 속씨식물은 동물계와 미생물계까지 '진화의 대폭발'을 촉발합니다. 지구 생태의 다양성은 이 시기에 절정을 이룹니다.

그러던 어느 날 재앙이 닥칩니다. 6500만 년 전, 직경 10km 크기의 소행성이 시속 7만km 속도로 날아와 오늘날 멕시코 만과 충돌합니다. 충돌 순간의 위력이 히로시마 원자폭탄 10억 개와 맞먹는다니 그 파괴력은 상상하기도 어렵지요. 열기와 함께 서울 여의도에 있는 63빌딩 크기만 한 암석이 우박처럼 쏟아지고, 해안은 거대한 쓰나미가 몰려와 쑥대밭으로 변했습니다. 충격의 여파는 지구 반대쪽까지 미쳤고, 특히 대기의 먼지가 태양을 가리면서 기온이 급속히 떨어져 지구 생태계는 '대멸종'의 암흑기를 맞게 됩니다.

지상의 거의 모든 생명이 사라지고, 땅굴에 사는 설치류 일부만 간신히 살아남았습니다. 설치류는 쥐나 토끼처럼 뻐드렁니로 뭐든 갉아먹는 동물을 말합니다. 거대한 공룡이 사라지자 작은 설치류가 제 세상을 맞습니다. 설치류는 6000만 년에 걸쳐 진화를 거듭하면서 유인원을 탄생시켰고, 그중 몇 종이 인간으로 변이했습니다.

식물은 어떻게 재앙을 견디고 다시 살아났을까요

'대멸종기'에 사라진 듯했던 현화식물이 4700만 년 전에 되살아나고, 다시 화려한 전성기를 엽니다. 속씨식물의 더욱 화려한 꽃과 향기로 곤충을 불러들여 후손을 퍼뜨렸지만, 대부분의 씨앗이 발치에 떨어졌기에 근친수정으로 인한 유전인자의 열성화를 피할 수 없었습니다. 그래서 속씨식물은 씨앗을 더 멀리 퍼뜨릴 방도를 찾아야 했지요. 마침내 속씨식물은 씨앗을 맛있는 과육 가운데 숨겨 넣은 열매를 맺고는, 꽃처럼 화려한 색깔과 향기를 더했습니다. 포식동물은 열매를 통째로 따먹고 여기저기 돌아다니면서 씨앗과 함께 배설하도록 묘수를 쓴것이지요. 맛있는 과일 덕분에 속씨식물과 포식동물은 더불어 번성했고, 인류의 조상인 유인원도 이런 풍요로운 생태 덕에 탄생했습니다.

500만 년 전, 대륙판의 이동으로 생긴 기후변화로 숲에서 초원으로 나온 유인원이 수렵생활을 하면서 바로 서서 걷고 뛰기 시작합니다. 이들이 200만 년 전 오늘날 서아프리카 사바나 지역에서 출현한 직립원인 호모에렉투스입니다. 사냥감을 찾아 시작한 이들의 '대이동'은 동쪽으로는 중앙아시아에, 서쪽으로는 유럽 대륙에 이릅니다.

이즈음 등장한 현생인류 호모사피엔스는 불을 이용했고, 동굴에 그림을 그려 기록했으며, 사냥에 실패하면 나무의 열매와 꽃과 잎을 따먹고 허기를 채웠습니다. 이들은 먹고 버린 음식쓰레기에서 새싹이 돋아 성장하면 먹었던 것과 같은 종류의 꽃과 열매가 생긴다는 것을 깨닫고 떠돌이 생활을 점차 끝냅니다.

1만 5000년 전 터키 남부에 자생하던 야생 밀의 한 변이종이 떠돌이 원시인류를 정착시키고 농업의 길을 엽니다. 야생 밀의 알곡은 충분히 여물면 스스로 땅에 떨어집니다. 이전에는 낱알을 일일이 줍지 않는 한

터키 에게 해 연안의 셀축 성곽 부근에서 자란 야생 밀. 1만 2000년 전 이 지역에
출현한 '이상한 야생 밀'은 사진 속 야생 밀보다 더 작은 키에 알곡 역시 작았을 법
합니다. 농가의 재배 밀과 자연 교배를 거듭하면서 야생 밀이 커졌기 때문입니다.

식량이 될 수 없었습니다. 그런데 오늘날의 밀처럼 알곡이 여문 뒤에도
떨어지지 않는 이상한 야생 밀이 등장한 것입니다.

이 밀을 재배하면서 인류의 농업은 본격화되었습니다. 위험한 수렵과
육식을 줄이고 곡물을 주식으로 바꾸자 수명이 늘고 인구도 증가했습
니다. 씨족사회가 부족국가로 성장했고, 인류 문명은 꽃피기 시작했습
니다. 고대 문명이 중앙아시아 곳곳에서 발현한 것은 이 지역에 나타난
'이상한 야생 밀' 덕분이라 해도 과언은 아닙니다.

식물이 인간의 삶을 좌지우지한다는 사실이 믿어지시나요

식물은 태초 암석덩이였던 지구의 표층을 부드럽고 기름진 흙으로 만
들었습니다. 탄산가스와 유해가스로 가득한 지구의 대기에 산소를 불
어넣어 생명이 깃들게 했습니다. 식물이 내뿜은 엄청난 양의 산소는 대기

권 밖의 오존층을 형성했고, 태양의 강한 자외선을 막아 지구에게 녹색 환경을 선물했습니다. 식물은 인간을 먹여 살렸고 옷과 집까지 아낌없이 주었습니다. 식물이 없었다면 오늘날 지구는 황량한 화성과 다를 바 없겠지요.

"인간이 식물을 지배하는 게 아니라 식물이 인간을 조종한다." 미국 버클리대학교 마이클 폴란 교수가 저서 『욕망의 식물학』에서 정의한 결론입니다. 어쩌면 식물은 생존경쟁력을 드높이기 위해 인간을 비롯한 만물을 시험하는지도 모릅니다.

후추나무는 포식자에 대항하기 위해 톡 쏘는 맛의 화학물질을 씨앗에 넣었습니다. 그 맛에 매료된 인간은 더 많은 후추를 얻으려 험난한 바다여행을 감행했습니다. 콜럼버스의 대항해는 이렇게 시작되었고, 무려 4세기에 걸친 유럽 열강의 식민지 쟁탈전에 이어 두 차례 세계대전을 일으키는 실마리가 되었습니다. 이 와중에 한반도는 일제의 식민지배와 민족상잔의 비극을 겪기도 했지요. 식물이 인류를 움직이게 한 증거 가운데 극히 일부의 이야기입니다.

현대 첨단 생명공학은 실험실에서 온갖 기술을 동원해 신품종을 만듭니다. 그렇다고 인간이 식물을 지배했다고 자신하면 심각한 착각입니다. 뛰어난 신품종이라 해도 노지에서 해를 넘기면 이내 제 모습으로 되돌아가고 간혹 엉뚱하게 변하기도 합니다. 엉뚱한 변종을 보면 식물이 현대인류의 첨단과학을 시험하며 지구생태계를 다시 설계하는지도 모른다는 생각을 떨칠 수 없습니다. 현화식물이 곤충과 포식동물을 조종해 오늘날의 지구생태를 만들었듯이 말입니다. 이쯤이면 '만물의 영장은 식물이다'라는 명제를 수긍했을 성싶습니다.

산딸나무

층층나무과에 속하는 낙엽 지는 나무입니다. 지리산 같은 깊은 산 중턱 아래에서 주로 자생하나, 정원수로 보급되면서 도시 공원에서도 쉽게 볼 수 있습니다. 산딸나무의 흰 꽃은 꽃이 아니라 잎이 변형한 포엽苞葉입니다. 포엽은 속 꽃을 보호하고 뚜쟁이 곤충의 눈에 잘 뜨이게 하기 위해 위장한 진화의 산물입니다.(p.16)

난

비싼 난은 한 촉에 수백만 원을 호가합니다. 지구상에 약 700속 2만 5,000종이 있고, 한국에는 84종의 자생난이 있습니다. 난Orchid은 크게 동양란과 서양란으로 나뉩니다. 난을 관상용으로 키우기 시작한 인류는 10세기 당나라 말 중국인으로 알려져 있습니다. 한반도에선 14세기 고려 말 성리학과 함께 관상觀賞 문화가 생긴 뒤, 조선조 들어 사군자 중 하나로 사랑받게 되었습니다. 'Orchid'는 그리스어 'Orchis'에서 유래했는데, 남성의 고환이란 뜻입니다. 뿌리가 고환과 비슷하다 해서 붙인 이름입니다. 그리스 신화에는 호색한이 먹는 식품으로 묘사되어 최음제로도 사용된 듯합니다. 그래서 유럽 성인영화나 소설 제목에 '오키드'란 어휘가 왕왕 등장하지요. 서양에서 난을 관상용으로 본격 재배한 것은, 16세기 대항해 시대 이후 아열대와 열대 식민지 식물이 대거 약탈되어 유럽에 유입되면서부터입니다.(p.17)

철쭉

진달래과에 속하는 낙엽관목. 주로 양지바른 산 능선에서 무리 지어 삽니다. 매년 오뉴월이면 금수강산은 철쭉꽃 덕분에 분홍빛으로 물듭니다. 흰 꽃을 피우는 철쭉도 있지만 흔치 않지요. 진달래꽃은 달콤하여 '참꽃'이라 하지만, 철쭉꽃은 쓴맛에 독성이 있어 '개꽃'이라 부르기도 합니다. 진달래는 숲 속 반半음지에서 자라는데, 이른 봄 서둘러 꽃을 피우고 꽃이 진 뒤에야 잎을 냅니다. 뚜쟁이 곤충을 빨리 불러 수분을 마치려는, 번식을 위한 선수치기 계책이지요. 반면, 철쭉은 잎을 낸 뒤 강한 봄볕을 받고 나서야 꽃을 피웁니다.(p.24)

시아노박테리아

지구를 푸르게 만든 시아노박테리아는 지금도 지구상에 많습니다. 물·탄산
가스·무기염류 그리고 빛 에너지만 있으면 생존합니다. 만약 시아노박테리
아를 화성에서 증식할 수 있다면, 300년 내 화성을 지구처럼 푸른 별로 만
들 수 있다는 가설을 프랑스의 한 과학자가 제기하여 비상한 관심을 모았습
니다. 시아노박테리아는 영하 70℃의 남극 빙하에서도, 영상 200℃의 온천
에서도 생존할 수 있습니다.(p.81)

메타세쿼이아

세쿼이아는 석송목 낙우송과, 즉 원시식물인 석송의 한 종이며 낙엽이 지고
잎이 깃털처럼 생긴 침엽수에 속합니다. 공룡시대의 화석으로도 발견될 만
큼 지구상 가장 오래 살고 가장 큰 생명체로, 최고 기록은 수명 4,844년, 키
112m, 무게 3,300t이나 됩니다. 한국에서 가로수로 많이 사용하는 품종은
원산지가 중국인 메타세쿼이아로 60m 이상 높이 자라지 않습니다. 30m
가량의 훤칠한 키에 철철이 멋진 모습을 연출하기에, 줄지어 심으면 가로수
로선 '딱'입니다. 봄이면 파릇파릇한 새싹, 여름에는 짙은 녹음, 가을에는 다
양한 갈색 낙엽 그리고 겨울에는 앙상한 가지와 직삼각형 몸매까지. 이런
연유로 전국 곳곳에 메타세쿼이아 길이 조성되었지요. 그러나 길 주변 농부
들은 울상입니다. 낙엽의 독성 탓에 농사가 안 되기 때문입니다. 농지 주변
가로에 심어선 안 되는 이유입니다.(p.83)

말벌

말벌은 화밀花蜜을 먹는 꿀벌과 달리 포식성 곤충입니다. 나방의 애벌레를
좋아하지만 매미나 잠자리처럼 제법 큰 곤충은 물론, 같은 종까지 잡아먹는
난폭자입니다. 덩치가 큰 장수말벌의 침에는 만다라톡신이란 신경독성물질
이 있어 치명적입니다. 산과 들에 서식하던 말벌이 수년 새 도시에 자주 나
타나 사람을 공격하는 것은, 도시화로 숲이 줄어든 대신 공원 녹지가 늘어
나자 서식지를 도시로 옮기면서 나타난 '자연의 역습'입니다. 말벌이 살아남
기 위해 인간과 영토 전쟁을 선포한 격입니다.(p.85)

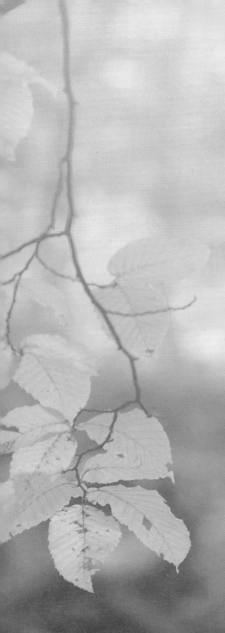

잎

- 식물은 녹색 산소공장이다
- 식물이 인간을 유혹하다
- 자녀는 농작물이 아니다
- 감자가 세계사를 바꾸다
- 숲에서 자본주의 4.0을 찾다
- 숲이 산불을 두려워하랴

식물은
녹색
산소공장이다

식물의 잎 하나하나는 정교한 화학공장입니다.

이 공장의 생산품은 탄수화물과 산소 그리고 물입니다.

생산라인은 잎 앞면에 촘촘히 박혀 있는,

주로 푸른빛을 띤 엽록소입니다.

이 정교한 산소공장을 좀더 자세히 살펴볼까요

원료는 공기 중 이산화탄소CO_2와 뿌리가 흡수한 물H_2O입니다. 햇빛 에너지로 가동되기에 공정을 광합성 활동이라 부릅니다. 반응식은 '$6CO_2 + 12H_2O + 빛 에너지 \Rightarrow C_6H_{12}O_6 + 6O_2 + 6H_2O$'입니다. 이산화탄소 6개와 물 분자 12개가 빛 에너지와 반응하여, 탄수화물APT 6개와 산소 6개 그리고 물 분자 6개가 생성된다는 뜻이지요. ATP는 흔히 포도당이라 부릅니다. 주로 생장에 필요한 영양소를 만드는 데 사용됩니다. 산소와 물은 부산물이지만 지구상의 모든 생명체에게 없어선 안 되는 생명의 원천입니다.

70억 인류는 물론 지구상의 모든 동물과 미생물도 쉼 없이 호흡하며 산소를 소모합니다. 인간은 불을 이용해 요리하고 난방을 위해 산소를

느티나무는 산소발생기와 맞먹는 양의 산소를 내뿜습니다. 둥치와 줄기가 굵어 많은 수분을 끌어올리는 덕분에 잎이 무성합니다.

태웁니다. 연소를 통해 에너지를 얻는 모든 제품과 생산설비 그리고 자동차도 산소를 소비합니다. 심지어 생명이 없는 광물도 산화酸化하면서 산소를 소모합니다. 신기하게도 대기의 산소농도 21%는 거의 변하지 않습니다. 바닷속 플랑크톤과 조류藻類가 75%를, 육상 식물이 나머지를 쉼 없이 보충해준 덕분입니다. 극히 일부인 동물성 플랑크톤을 제외하면, 이들은 모두 엽록소를 가진 식물입니다. 도대체 세상에는 얼마나 많은 식물이 있길래 천문학적인 산소 소모량을 채울 수 있는 걸까요?

우람한 느티나무 한 그루의 잎을 모아 펼쳐 놓으면 테니스 코트 두 면을 덮을 수 있으며, 아마존 열대우림의 식물 잎으로 지구 표면을 두 번 가릴 수 있다고 합니다. 작은 잎 하나하나가 뿜는 산소가 모인 덕에 지구상의 모든 생명체가 살 수 있는 셈입니다.

그런데 1990년대부터 이상 징후가 발견되고 있습니다. 심각한 해양 오염과 무분별한 녹지 파괴, 거기다 각종 배출 가스가 급증하면서 산소의 공급은 줄고 소비는 느는 불균형이 점점 심해진 결과입니다.

지구상의 모든 대도시는 '산소 전쟁' 중입니다

막대한 예산을 들여 공원을 만들고 바람의 흐름을 원활하게 하기 위해 고층 건축물의 높이와 배치를 규제하는 한편, 자동차 배기가스를 규제하고 공해 배출시설을 교외로 밀어내고 있습니다. 모두 유해가스를 줄이고 산소농도를 유지하기 위한 몸부림입니다.

오늘날 세계 최악의 대기환경에 시달리는 나라는 중국입니다. 급속한 산업화와 인구의 도시 집중이 대도시 대기를 극한으로 내몰고 있지만 중국 정부의 대응은 굼뜨기만 합니다. 베이징을 비롯한 내륙 대도시 도심에서는 건강을 위협할 만한 수준인 대기 중 산소농도 19% 이하로 떨

인구 2,000만 명의 초거대 도시 중국 베이징의 공기는 1년 내내 숨이 막힙니다. 사진 속 베이징 올림픽 주경기장 냐오차오와 올림픽공원이 스모그에 덮여 희미하게 보입니다.

식물은 잎을 통해 광합성을 합니다. 햇빛에 비친 나뭇잎의 뒷면을 보면, 식물의 산소공장이 드러납니다.

어지는 날이 연중 100일 이상이라고 합니다. 이런 날 외출하면 건강한 사람도 쉽게 피로를 느끼며 하품이 잦아지고 노약자는 구토와 두통을 앓게 됩니다.

서울은 상대적으로 나은 편입니다. 그러나 안심할 수준은 아닙니다. 서울의 도심 산소농도는 20.5% 수준으로, 건축법상 실내 산소농도의 허용 최저치와 같습니다. 이 상태에서는 건강한 사람도 한 시간만 머물면 답답함을 느끼게 됩니다. 쉽게 말하면, 서울 도심을 한 시간 이상 걸으면 건강을 해칠 수 있다는 뜻입니다. "서울에 가면 복잡하고 답답해서 견딜 수 없다"는 고향 부모님의 하소연이 예사롭지 않은 이유입니다. 서울 사람은 이런 공기에 서서히 적응한 나머지 저低산소증후군의 위험을 못 느낄 뿐입니다.

건강을 유지하는 데 필요한 적정 산소농도는 얼마일까요

최저치는 산업안전법에 규정된 18.0%입니다. 그 이하로 떨어지면 호흡곤란에 이어 뇌세포가 파괴되고 최악의 경우 뇌사에 이릅니다. 지하시설이나 폐쇄공간에서 작업할 때 안전을 위해 마련한 기준입니다. 이런 곳에 들어가려면 필히 산소공급장비를 갖추어야 합니다. 폐쇄공간이 아니라고 안심해선 안 됩니다. 흔히 즐겨 찾는 사우나도크 내 산소농도는 18.1~19.3%입니다. 답답한데도 무리하게 버티다가는 호흡곤란으로 쓰러질 수 있습니다. 이런 사고는 심심찮게 언론을 통해 접하곤 하지요. 지하상가의 산소농도는 19.4~20.1%입니다. 이렇게 산소농도가 낮은 곳에서 한 시간쯤 지내면 답답하고 하품이 잦아지고 졸음이 오며, 만성질환자는 두통과 구토를 겪습니다. 이런 공간에서 장기간 근무할 경우 치명적인 질환을 키울 확률이 매우 높습니다.

인체는 버틸 수 있을 때까지 견디지만 한계에 이르면 발병합니다. 지하시설에서 생활하는 분들 가운데 나는 괜찮다고 큰소리치는 분이 혹시 계시다면 큰 오산입니다. 남의 이야기라고 생각하실지도 모릅니다. 폐쇄공간이나 지하시설에 가지 않거나 잠시 들르는 정도라면 그다지 문제될 게 없기 때문입니다.

하지만 집이나 사무실은 그렇지 않겠지요. 도시민의 경우, 하루의 3분의 2인 16시간을 집과 사무실 그리고 차 안에서 보낸다고 합니다. 건축법에 실내 공기의 산소농도 최저 기준치를 20.5%로 규정한 것은 그만큼 실내 공기의 질이 중요하기 때문입니다. 또한 건축법은 실내·외 공기의 자연순환율을 15% 이상으로 정하고 있습니다. 실내 공기가 최소한이 정도는 순환되도록 지어야 한다는 뜻입니다. 웬만한 건물은 겨울철

대도시에서 가장 심각한 저산소 공간은 도심 지하상가입니다. 지하상가의 산소농도는 매우 낮습니다. 건강을 위해서라도 공기순환을 신경써야 합니다.

에도 창문 틈새나 출입문을 열고 닫을 때 이 정도의 공기는 자연스레 순환해 산소농도를 유지합니다.

그러나 고층 빌딩은 사정이 다릅니다. 고층 건축물의 풍력 저항을 줄이고 에너지 손실을 막기 위해, 외벽의 틈을 거의 완벽하게 밀폐하기 때문에 자연순환을 기대할 수 없기 때문입니다. 그래서 전력기기로 환기하는 공조空調설비를 갖추도록 법으로 정하고 있습니다.

그렇다고 안심해선 안 됩니다. 건축법상의 기준은 최저치인 데다 적잖은 관리비 부담을 피하려 제대로 가동하지 않기 일쑤입니다. 그렇기 때문에 서울 도심 빌딩 사무실의 실내 산소농도는 20.2~20.5% 수준입니다. 이런 곳에서 세 시간 이상 근무하면 답답함을 느끼면서 하품이 잦아지고, 계속 버티면 만성피로증후군에 빠지기 쉽습니다. 특히 여러 사람이 모여 대화를 많이 하는 회의실의 산소농도는 19% 이하로 급속히 떨어집니다. 회의를 마칠 즈음 머리가 지근거리면, 골치 아픈 회의 탓이 아니라 저산소증후군을 먼저 의심하고 잠시 외출하는 게 좋습니다.

진짜 심각한 곳은 뜻밖에도 침실입니다. 두 평짜리 원룸에서 성인 남자 한 명이 여덟 시간 취침하면, 20.5%였던 산소농도가 19.6%로 떨어집니다. 코골기는 물론이고 뒤척이면 숙면을 할 수 없습니다. 버릇인 양 방치하면 만성피로증후군을 앓게 됩니다. 코골기를 없애려면 병원을 찾기에 앞서 침실의 산소농도부터 살펴봐야 합니다. 한 TV 방송이 취침 중 저산소증후군의 실태를 방영하여 충격을 준 바 있습니다. 침실의 산소농도가 밤새 현격히 떨어지는 이유는 사적 공간이라 문을 꼭꼭 닫고 자는 습관 탓입니다. 약간의 문틈은 잠자리 건강에 필수입니다.

저산소 공간에서 생활은 대사증후군의 만성질환을 유발하는 주요 원인입니다. 요즘 산소발생기가 인기입니다. 대기업의 임원실과 회의실, 특

©박응군

높은 산에서의 쾌적한 기분과 도심에서의 답답한 기분을 떠올려볼까요. 완전히 다르지요? 산소농도가 매우
다르기 때문입니다. 정상에 선 등산객의 환호는 농도 21% 이상의 산소를 마시는 자의 특권입니다.

급 호텔의 스위트룸, 반도체 생산시설 같은 밀폐공간, 고급 술집과 부유
층의 주택 등 다양한 곳에 산소발생기를 설치합니다. 애주가로 유명한
한 소설가는 공기가 쾌적한 경기도 이천에 살지만 집 안과 집필실에 산
소발생기를 설치했습니다. 손님과의 잦은 대작으로 생긴 숙취와 피로를
견디기 위해서랍니다.

산소발생기는 미국항공우주국이 1970년대 개발한 기술입니다. 당초
우주선과 우주기지에서 산소를 분리해 사용할 요량으로 개발했으나,
우주 대기의 산소농도가 너무 낮아 폐기했습니다. 1990년대 들어 실내
공기의 질에 대한 심각한 우려가 제기되자, 민간기업이 특허기간이 만료
된 이 기술을 개선시켜 새로운 제품을 내놓은 것입니다.

요즘 산소발생기는 90% 이상 순도의 산소를 분리합니다. 습기를 좋
아하는 제오라이트라는 광물을 이용하여 습기에 약한 질소를 끌어모
으는 방법입니다. 이 공정을 거치면 공기 중 78%인 질소를 제외한 나머
지 21%의 산소와 1% 미만인 기타 가스를 얻을 수 있지요. 이를 다시 걸
러내 90% 이상의 산소를 배출합니다. 병원 응급실에서 흔히 볼 수 있는
철제통의 산소는 강력한 압력 차이를 이용하여 질소와 산소를 분리하
는 방법으로 만듭니다. 그래서 철제통에 넣지 않으면 폭발합니다. 반면
산소발생기는 공기청정기와 비슷한 모양의 가전제품입니다. 어쨌든 응
급환자에게나 필요했던 산소가 멀쩡한 사람에게도 필요하게 된 현실이
답답할 뿐입니다.

산소농도가 높다고 꼭 좋은 것은 아닙니다

높은 농도의 산소를 습관적으로 마시면 중독될 수도 있습니다. 인체
의 최적 산소농도는 21%에서 23%입니다.

도심을 벗어나 울창한 숲길을 오르면 상쾌한 기분을 느낄 수 있습니다. 산소농도의 차이 때문입니다.

산소농도 차이가 인체에 어떤 영향을 주는지는 등산을 해보면 쉽게 알 수 있지요. 도심을 벗어나 울창한 숲길을 오르며 느끼는 기분 그것입니다. 북한산과 관악산의 산소농도는 21.2%, 내설악은 21.3%, 외설악과 동해안은 21.6%입니다. 이런 곳에서 느끼는 신선함은 도심의 산소농도와 불과 0.5% 안팎의 차이에서 비롯합니다.

그렇다면 적정 최고 산소농도 23%에서는 어떨까요? 하루에 세 시간만 자도 피로를 느끼지 않고, 독한 술을 과음해도 숙취가 생기지 않는다고 합니다. 남미 아마존 같은 밀림의 산악지대에 가면 누릴 수 있는 자연의 선물입니다. 인류가 밀림에서 살았던 시절에는 산소농도 23%의 공기를 마시고 살았을 법합니다.

대기 중 산소농도는 지구 생태계를 지배했고 앞으로도 그럴 것입니다. 지구 상공에 대기가 생긴 이래 산소농도는 12%에서 35% 사이에서 주기적으로 오르내렸고, 동·식물은 산소농도에 따라 번성과 멸종의 롤러코스터를 탔다고 합니다. 워싱턴대학교 생물학 교수인 피터 워드는 저서 『진화의 열쇠, 산소농도』에서 산소농도가 진화의 원동력이었음을 입증했습니다.

그 증거로 원시생명이 바다에서 뭍으로 올라온 시점은 산소농도가 급등할 때였으며, 산소농도가 12%로 떨어진 데본기에는 작은 거미나 전갈이 등장했고, 산소농도가 35%로 급증했던 페름기에는 거대 곤충이 등장하고 번성했음을 보여줍니다.

또한 산소농도 15~19%였던 캄브리아기 초기 삼엽충은 산소를 조금이라도 더 얻으려고 아가미 표면적을 늘렸습니다. 산소농도가 떨어지는 트라이아스기에 나타난 공룡은 서서 걷는 방법으로 산소를 더 많이 효율적으로 포집할 수 있는 폐기능을 갖춰 쥐라기에 이르러 지구를 지배했습니다. 대멸종기에 급속히 떨어졌던 산소농도가 거대 식물의 등장으로 높아진 덕택에 거대 동물이 다시 출현했다고 합니다.

지구에서는 매년 한반도 절반 크기의 녹지가 사라집니다

열대우림의 대규모 농지 개간, 산업화와 도시화에 따른 근교 개발, 지구온난화로 인한 사막화 등, 오늘날의 환경파괴가 대기 중 산소농도를 떨어뜨릴 정도로 심각한 것은 아닙니다. 하지만 대기 중 산소의 75%를 공급하는 해양식물이 급속히 감소하고 있다는 점은 간과할 수 없는 심각한 일입니다. 어느 나라 가릴 것 없이 지구상의 다섯 대륙 연안 대부분은 수질오염으로 황폐했거나 진행 중입니다.

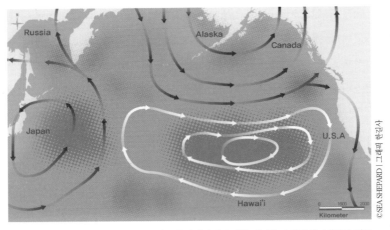

세계해양생태환경 감시단체 '씨 세퍼드'가 홈페이지에 공개한 태평양 쓰레기 섬. 바다에 짙은
음영으로 표시된 곳에 조류의 흐름에 의해 쓰레기가 모여들고 있습니다.

연안의 오염은 급기야 지구의 심장 격인 태평양의 생태환경까지 위협
합니다. 1990년대 이후 태평양 곳곳에 등장한 거대한 쓰레기 섬이 그것
입니다. 연안국에서 흘러든 각종 쓰레기가 모여 생긴 것이지요.

게다가 태평양에 드리워진 적조赤潮 띠는 지구 생태계의 파멸을 예고
합니다. 생활 오·폐수가 연근해로 유입되고, 유기성有機性 폐기물의 찌
꺼기인 산업 오니汚泥를 먼 바다에 투기하면서 생긴 부영양화富營養化가
주범입니다. 부영양화로 플랑크톤이 급증하면 이들이 바닷물의 용존산
소를 급속히 소모하고, 플랑크톤도 끝내 산소 부족으로 집단 폐사합니
다. 이때 죽은 플랑크톤이 붉은빛의 거대한 띠를 형성한 것이 적조입니
다. 적조가 해수면을 뒤덮어 햇빛을 차단하면, 햇빛을 잃은 해양식물도
집단 고사를 피할 수 없습니다. 해양식물이 사라지면 용존산소 부족으
로 어패류도 사라집니다. 해양오염의 심각성은 이런 악순환으로 해양생

태계의 파괴가 가속된다는 점입니다. '자연의 역습'이라 부르는 태평양 적조 띠는 해마다 늘어나 이젠 우주선의 카메라에 포착될 지경입니다.

불명예스럽게도 대한민국은 런던협약 당사국 중 유일하게 육상 폐기물의 해양투기 국가입니다. 2011년 기준 400만t을 동해와 서해에 버렸습니다. 주요 폐기물은 산업폐기물 104t, 음식물쓰레기 100t, 하수 오니 78t, 가축 오니 70t 순입니다. 한국 정부는 2012년 국제사회의 비난을 더 이상 외면할 수 없어 해양투기를 점진적으로 줄이기로 했습니다. 1차 감축 목표량은 2014년까지 음식물쓰레기와 가축 오니 등 150t입니다.

축산업계는 물론 음식물쓰레기 처리 유료화로 인한 국민적 반발이 만만치 않아 제대로 실천될지 의심스럽습니다. 특히 나머지 산업폐기물 등은 어떻게 감축할지 난감합니다. 가장 좋은 방법은 폐기물의 발생을 근원적으로 줄이는 것입니다. 우선, 가정과 요식업소가 음식물쓰레기를 줄이려는 노력을 실천해야 합니다. 개개인의 작은 노력이 모여야 바다와 대기가 살아납니다.

만약 100년 뒤, 대기 중 산소농도가 현재보다 1%가량 떨어진다면 어떻게 될까요. 인간에게 100년은 긴 시간이지만, 인체가 저산소 환경에 대응하기에는 턱없이 부족합니다. 다행히 인체가 적응한다 해도 더 많은 산소를 얻기 위해 폐와 심장을 키우고 앞가슴을 부풀릴지 모릅니다. 동해안에 가도 북한산에 올라도 상쾌함을 느낄 수 없고, 가정과 사무실마다 정수기처럼 산소발생기를 설치하고, 외출 시 산소마스크를 착용하는 세상으로 변할지도 모릅니다.

바다를 지키고, 녹지를 넓혀야 하는 이유입니다.

식물이
인간을
유혹하다

잘 차려진 비빔밥은 한 송이 꽃처럼 아름답습니다.

흰 쌀밥에 갖가지 나물과 울긋불긋 고명까지, 눈부터 즐겁지요.

코끝에 닿는 고소한 참기름 내음이 일순간 미각을 돋우지만, 비비는

일이 남았기에 연거푸 군침을 삼켜야 합니다. 한 숟가락 가득 떠올려

섭는 순간, 세상 어떤 음식도 이보다 더 좋을 순 없습니다. 그뿐 아닙니

다. 포만감과 함께 몰려오는 묘한 나른함!

식물이 유혹의 마수를 거는 순간입니다.

맛있는 나물 속에는 어떤 마수가 숨어 있을까요

우리가 흔히 나물로 먹는 단골 재료는 콩나물·숙주·고사리·시금

치·미나리·부추·쑥갓·참나물·곰취 등입니다. 이 가운데 약이 아닌 것

은 없습니다. 콩나물에는 위장에 쌓인 적혈을 풀어주는 약리성분이 있

습니다. 그래서 한의학에선 대두황권大豆黃卷이라 하며 우황청심환의 재

료로 쓰입니다. 숙주는 체내 카드뮴을 배출하는 데 탁월합니다. 고사리

는 발암물질과 독성성분을 함유하여 날것으로 먹기에는 위험한 식물이

지만 어린 싹을 데쳐 먹으면 해열과 이뇨에 이롭습니다. 시금치에는 비

오방색이 돋보이는 사진 속 비빔밥만 봐도 군침이 돕니다. 그 이유는 뭘까요? 첫째는 빛깔입니다. 나물의 오묘한 빛깔은 식물의 유혹이자 생존과 번식을 위한 눈흘림입니다. 꽃가루를 옮길 곤충과 열매 속 씨앗을 멀리 퍼뜨릴 포식동물을 꾀기 위해서입니다. 인간도 당연히 포함됩니다. 둘째는 포만감에 이은 나른함입니다. 이 또한 식물의 유혹입니다. 식물의 약리성분이 우리 몸과 마음의 긴장을 풀어주기 때문이지요. 군침이 돌았다면 이미 나물에 중독되었다는 증거입니다. 식물은 이렇게 인류를 유혹해왔습니다.

타민 C는 물론 어린이와 청소년에게 꼭 필요한 비타민 K와 칼슘 그리고 철분이 풍부합니다. 특히 체내에서 비타민 A로 변한다는 베타카로틴의 보고입니다. 강력한 항산화제인 베타카로틴 외에도, 노인성 안과질환 예방과 치료에 좋은 루테인과 제아잔틴 등 카로티노이드도 있습니다.

이렇듯 나물에는 갖가지 약리성분이 있습니다. 그러나 이 성분들은 본디 식물이 자신을 보호하기 위해 생성한 독성물질입니다. 농작물로 길러지면서 독성은 약화되었고 조리 과정을 거치면서 더 약화된 덕분에, 우리는 나물을 안심하고 맛있게 먹을 수 있게 되었습니다.

비빔밥을 먹은 뒤 유독 나른함이 밀려든다고 느껴본 일이 있으신가요? 나물을 너무 많이 넣었거나, 아니면 생나물 혹은 설익은 나물을 넣은 비빔밥일 가능성이 높습니다. 그렇다고 걱정할 것은 없습니다. 나물의 약리성분이 다소 많아 생긴 유익한 현상일 뿐입니다.

농작물이라 해도 독성을 완전히 없앨 수는 없습니다

한국인이 즐겨 먹는 상추는 시험을 앞둔 학생에게 금기 식품입니다. 잠을 몰고 오기 때문이지요. 상추에는 락투카리움이라는 성분이 있습니다. 쓴맛과 중독성이 강한 알카로이드계에 속합니다. 마약으로 잘 알려진 아편이 바로 알카로이드계에 속합니다. 그래서 맛이 쌉쌀한데도 뿌리치기 쉽지 않지요. 온실에서 키우는 개량종 상추는 덜하지만, 한여름 노지에서 자란 토종 상추는 노약자에겐 가벼운 환각을 일으키기도 합니다. 그래서 작은 벌레에게는 치명적입니다.

쌀에도 독이 있습니다. 천적인 새를 쫓기 위해 벼 알곡이 독을 품은 것입니다. 인류는 천 년 동안 벼를 개량했지만, 독성을 완전히 없애지는 못했습니다. 소화불량을 일으키고 철분을 파괴하여 골다공증을 유발하는 물질인 피틴산酸 때문인데, 주로 씨눈에 들어 있습니다. 그래서 벼를 빻아 겉껍질인 왕겨를 벗긴 뒤, 속껍질인 쌀알 표피를 다시 갈아냅니다. 쌀알 표피를 갈아내는 과정에서 씨눈이 제거되고, 쌀알은 부드러운 속살을 드러내 먹기 좋게 됩니다. 이렇게 가공한 쌀이 도정미搗精米 또는 백미라고 부르는 흰쌀입니다.

한편 겨만 벗기고 씨눈이 붙어 있는 쌀은 현미입니다. 씨눈에는 이듬해 봄에 새싹을 내기 위해 저장해둔 영양소가 풍부하며, 특히 성인병 예

최근 들어 소비가 급증하고 있는
현미와 발아현미.

방에 좋다고 합니다. 그러나 현미를 매끼 먹으면 피틴산을 과다 섭취하게 되어 좋지 않습니다. 현미의 부작용을 개선한 게 발아현미입니다. 현미의 씨눈이 발아하면, 피틴산은 인燐과 이노시톨로 바뀝니다. 인은 인체의 뼈와 치아를 튼튼하게 하고, 유전인자DNA 생성 등에 중요한 역할을 하는 필수 영양소입니다. 이노시톨은 비타민 B군의 일종으로 유·소아 발육을 돕고, 특히 탈모증 치료에 효험이 있는 생체활성물질입니다.

　도정 기술이 없던 시절 우리 선조는 현미를 먹을 수밖에 없었는데 씨눈의 피틴산을 어떻게 다스렸을까요? 추수한 볏단을 우선 통째로 쌓아 건조시킨 뒤 겨만 벗겨서 먹었습니다. 건조되는 동안 자연스레 현미의 씨눈이 트고 발아현미로 변하는 겁니다. 선조의 슬기입니다.

약리성분이 강한 식물을 꼽으면 단연코 양귀비입니다

　양귀비는 천의 얼굴을 가진 식물입니다. 완전히 여문 양귀비 씨앗은 좁쌀보다도 가는 입자에 톡톡 터지는 식감이 좋아 빵을 만들 때 사용됩니다. 씨앗의 기름은 고급 조미료이자 향료입니다. 당연히 마약 성분은

독성이 없는 관상용 개양귀비1와 독성이 강한 천의 얼굴 양귀비2. 개양귀비는 유럽 원산지의 관상용이며, 양귀비는 소아시아 원산지의 약용식물입니다.

없기에 안심하고 사용할 수 있습니다. 문제는 덜 익었을 때입니다. 덜 익은 양귀비 열매를 쪼개면 우유 같은 액체가 나옵니다. 이것을 건조하면 갈색의 덩어리가 됩니다. 생아편입니다.

생아편은 냄새만 맡아도 정신이 혼미해질 정도로 강력한 물질입니다. 담배에 생아편 극소량을 넣어 피우면 강한 환각을 일으킵니다. 아편에는 뇌신경 활동을 변화시키는 모르핀·코데인·나르코틴·나르세인 등 30가지 이상의 약리성분이 있습니다. 모르핀은 쉽게 헤로인으로 변합니다. 헤로인은 마약의 황제이지요. 헤로인에 중독되면 여섯 명 중 한 명은

5년 내 죽는다고 합니다. 살아남아도 정상으로 회복하기 어렵습니다.

　모르핀은 헤로인과 달리 노련한 전문의 앞에선 전혀 다른 얼굴을 가집니다. 전문의가 고통에 신음하는 환자에게 주사하는 정량의 모르핀은 중독되지 않습니다. 최소 적정량을 서서히 주사하면서 중독성 충격을 없앤 고도의 마취술 덕분입니다. 과학자들은 모르핀이 엔돌핀과 비슷하다는 사실은 밝혔지만, 그 정체를 완전히 벗기지는 못하고 있답니다. 엔돌핀은 우리가 웃기만 해도 생기는 신비한 생체활성물질입니다.

　양귀비의 쓰임새가 극과 극이듯, 모든 식물의 독성도 마찬가지입니다. 의약품과 먹거리가 근원이 같은 이유이기도 합니다. 식물이 인간과 맞서기보다 타협을 선택한 결과일지도 모릅니다. "너희 인간이 우리를 정성껏 키워주고 씨앗을 보관했다가 이듬해 다시 소생시켜주면, 맛있게 먹을 수 있도록 독성을 줄여주마." 농업은 인류와 대자연 간 거래의 산물이라 해도 과언이 아닐 듯합니다.

　어쨌든 이런 약리성분을 일컬어 이차대사산물二次代謝産物이라 합니다. 식물이 생장하고 번식하기 위해서는 광합성으로 얻은 탄수화물로 대사를 하는데, 그 과정에서 생성되는 필수 부산물입니다. 식물과 미생물에서만 나타나는 매우 특이한 생리물질입니다. 특정 기관에서 생성·분비하지 않고 필요한 부위의 세포 내에서 만들어지는 변화무쌍한 성질의 물질입니다. 같은 품종이라 해도 기관과 부위 그리고 생장환경에 따라서도 다르기 일쑤입니다.

　식물과 미생물은 스스로 움직이지 못하거나 마음대로 움직이기 어렵기 때문에 주변 환경을 살피고 대응해야 할 필요에서 이런 물질을 만드는 것입니다. 환경과 대상에 따라 기능도 각양각색입니다. 한 개체에서는 생장에 필요한 호르몬으로, 같은 종의 생물 간에는 유혹하는 물질로 작

©바중근

바람꽃에게 벌은 뚜쟁이 역할을 합니다. 꿀벌의 조상은 말벌입니다. 말벌의 한 종이 꿀맛에 반해 진화한 게 꿀벌이지요. 꽃과 꿀벌은 생태계의 공진화를 상징하는 관계입니다. 만약 꿀벌이 없었다면, 현화식물은 퇴화했을 겁니다. 반면 현화식물이 없었다면 꿀벌은 생기지 않았을 게 분명하지요. 현화식물과 꿀벌의 상생공존의 덕을 가장 많이 본 장본인은 인간입니다.

용합니다. 반면 다른 종의 생물에게는 친구냐 적이냐에 따라 독소 또는 유인 물질로 작용합니다. 심지어 주변에 경쟁 식물이 들어서면, 생장을 방해하는 타감물질他感物質이나 번식을 교란하는 변태 호르몬으로도 작용합니다. 이처럼 주변 환경의 변화를 시시각각 파악하고 적절히 대응하는 기능 때문에 정보화학물질infochemical이라 부르기도 합니다. 식물의 이차대사물질은 현대인류의 정보전과 화생방전을 무색하게 합니다.

식물은 이런 무기를 이용해 포식자와 절묘한 거래를 합니다

식물은 곤충에게는 달콤한 꿀을, 초식동물과 인간에게는 맛있는 열매를 줍니다. 그 대가로 곤충은 꽃가루를 옮겨 수분을 도와줍니다. 초식동물과 인간은 열매의 과육을 먹고 그 속에 있는 씨앗을 먼 곳으로 퍼뜨립니다. 그런데 문제가 생겼습니다. 덩치 큰 초식동물과 인간이 잎을 너무 많이 따먹고, 열매 속에 숨겨둔 씨까지 먹어 치운 것입니다. 이대로 두면 필경 멸종을 피할 수 없을 게 분명합니다.

식물은 그래서 잎과 씨에 독을 넣었습니다. 잎에는 많이 따먹지 못하도록 적게, 씨에는 절대 못 먹게 많은 독을 숨겼습니다. 담뱃잎에는 니코틴이, 커피 열매에는 카페인이, 홍차잎에는 탄닌이, 사과씨에는 천연 청산가리 성분인 시안이 있습니다. 니코틴은 동물의 근육을 마비시키고 식욕을 잃게 합니다. 카페인은 곤충의 유충을 죽이는 한편, 이런 유충의 천적인 딱정벌레를 불러들이는 미끼이기도 합니다. 텁텁한 맛의 탄닌은 곤충의 장 조직을 파괴하고 세균을 퇴치합니다. 겨자씨의 기름은 모든 곤충에게 치명적인 독입니다. 계피·정향·박하 같은 허브식물herb plant의 향기는 해충을 쫓고 익충益蟲을 유혹합니다. 모든 식물은 이런 특유의 무기를 갖고 있지요.

피톤치드를 가장 많이 발산한다는 편백나무 숲. 편백 숲에 유독 피톤치드가 풍부한 이유는, 단일림 수종인 데다 다른 침엽수와 달리 아열대에서 생존한 탓에 해충의 극성을 막기 위해 이차 대사산물을 많이 생성하기 때문으로 보입니다.

그런데 절묘하게도 이런 식물이 사람에게 좋은 음식과 약이 됩니다. 몸집이 작고 편식하는 곤충이나 초식동물에게는 치명적이지만, 몸집이 크고 다양한 식품을 먹는 데다 주로 익혀 먹는 인간에게는 그 영향이 미약하기 때문에 약이 되는 것이지요.

흔히 산초가루라 불리는 초피가루는 추어탕의 비린내를 없애고 기분이 좋아지게 하는 향신료입니다. 초피가루는 산초나무와 엇비슷한 초피나무의 열매껍질 가루인데, 산초가루라고 잘못 알려진 것입니다. 어쨌든 초피나무에는 제법 강한 마취성분인 산쇼올sanshol이 있습니다. 여름철 냇가에서 초피나뭇가지를 꺾어 수면을 두드리면 물고기가 정신을 잃고 뒤집힐 정도입니다. 산쇼올은 국소마취제와 후천성 면역결핍증AIDS의 치료제로 이용될 정도로 약리성분이 강합니다. 초피가루를 보면 식의 동원食醫同源이란 말을 실감할 법합니다.

이차대사산물 중 가장 많이 알려진 것은 아마 피톤치드일 겁니다. 1943년 러시아 세균학자 왁스만이 식물은 어떻게 세균에 대응하는지를 연구하다 발견했습니다. 그래서 '식물'을 뜻하는 Phyto와 '죽이다'는 뜻의 Cide를 붙여 이름지었습니다. 왁스만은 1952년 스트렙토마이신을 개발한 공로로 노벨 의학상을 받았지만, 피톤치드의 정체를 밝히지는 못했습니다. 왁스만이 이름한 피톤치드의 원인물질은 테르페노이드Terpenoid계의 모노테르펜Monoterpene이며, 침엽수에 많이 함유된 이차대사산물이었습니다. 그 덕분에 침엽수림의 산림욕 인기가 치솟았습니다.

1990년대 들어 핵자기공명분광기MRI 같은 첨단 분석기기와 분자식물학의 발달 덕택에 이차대사산물의 정체는 속속 드러나고 있습니다. 이차대사산물은 크게 테르페노이드계, 알칼로이드Alkaloid계, 페놀릭스Phenolics계로 나뉘는데 밝혀진 것만도 계마다 수천 종에 이릅니다. 앞으로 그 수가 얼마나 더 늘어날지도 알 수 없습니다. 아무리 파도 끝이 보이지 않는 샘과 같습니다.

인간은 늘 식물의 약리 효능을 활용해왔습니다

약리 효능을 활용한 역사는 인류문명과 궤를 같이합니다. 그 가운데는 고통을 잊게 해주는 식물이 유독 많습니다. 5000년 전, 메소포타미아의 수메르인은 지상의 낙원이라 여겼던 정원에서 양귀비를 재배했습니다. 당시 양귀비는 고통을 잊고 열락의 세계로 갈 수 있는 신성한 식물이었습니다. 인도 대마초꽃의 기름인 해시시, 코카나뭇잎의 진액인 코카인, 맥각버섯에서 추출한 엘에스디LSD도 마찬가지입니다.

해시시는 영어로 '암살자'를 의미하는 어새슨assassin의 어원이 된 마약입니다. 해시시는 아랍어 하시신hashishin에서 유래하는데, '해시시를 먹은 사람'이라는 뜻입니다. 11세기 말 이슬람교 분파인 아사신파가 십자군을 격파하기 위해 조직한 소수 정예의 비밀 결사대에게 해시시를 마시게 한 뒤 환각 상태에서 적을 암살하게 했습니다. 이 암살단이 십자군의 지도자를 여럿 암살하면서 어새슨이란 단어가 생겨났습니다. 유럽 사람에게 해시시는 지금도 공포를 상징하는 어휘입니다.

반면 버드나무와 조팝나무 껍질은 인류를 구하는 진통제로 거듭났습니다. 기원전 5세기 그리스 사람들은 고통을 잊기 위해서 버드나무 껍질을 씹었다고 합니다. 그리스 시대의 의사였던 히포크라테스의 기록에 남아 있습니다. 1829년 버드나무 껍질의 진통 약효성분이 살리신산酸으로 밝혀졌으나, 추출·분리 기술이 없어 제약이 불가능했습니다. 1915년 독일 제약사 바이엘이 아세틸살리신산을 합성하여 아스피린으로 대량 생산하는 데 비로소 성공했습니다.

아스피린의 성공은 의약품의 화학합성제제 시대를 열었습니다. 1940년대까지 의약품의 90% 이상은 천연물질로 만들었으나, 1980년대 중반에 이르면 시판 약품의 75%가 화학합성제제로 바뀝니다. 그러나 1971년 미국 국립암연구소가 주목朱木 껍질에서 항암성분 파크리탁셀을 찾아내면서 다시 천연물제제에 관심이 쏠립니다. 21년 뒤 미국 제약사 브리스톨 마이어스 스쿼브BMS가 이 성분을 추출·분리한 항암제 탁솔 생산에 성공합니다. 연 매출 1조 원의 탁솔은 천연물제제 개발 열풍을 몰고 옵니다.

조류독감 파동 때 품귀현상까지 빚었던 항바이러스제 타미플루제약사: 기리어드는 붓순나무과의 독성식물인 팔각회향의 껍질과 열매에서, 혈액개선제 은행잎엑스제약사: 슈바베는 은행잎에서, 정장제 차전자엑스제약

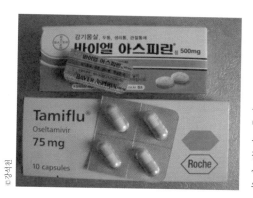

식물의 이차대사산물을 이용해 개발된 아스피린과 타미플루. 버드나무의 약효성분을 합성한 아스피린, 팔각회향에서 추출한 타미플루는 식물의 효능과 인간의 기술이 만난 유용한 물질입니다.

사: P&G는 질경이의 열매에서, 위염치료제 스티렌제약사: 동아제약은 약쑥의 잎인 애엽에서 추출한 천연물 신약입니다. 이들은 모두 연 매출 수백억 원을 웃도는 '대박 의약품'입니다.

2000년대 들어 추출·분리 기술의 발달로, 매년 300여 종의 유용한 생리활성물질이 새롭게 상용화되고 있습니다. 항생제 같은 의약품에서 부터 농약과 제초제, 향료와 화장품 심지어 접착제와 섬유까지 다양합니다. 제약회사는 물론 식품회사와 화공업체까지 식물에서 금맥을 캐기 위해 엄청난 돈을 쏟아붓고 있습니다.

이차대사산물은 식물에 저마다 다른 빛깔을 입혔습니다

식물의 색깔을 '제7영양소'라고 부릅니다. 5대 영양소탄수화물·단백질·지방·무기질·비타민와 섬유소를 뒤이은 것입니다. 식물의 빛깔을 피토케미컬 phytochemical이라 부릅니다. '식물의 화학적 기능'이란 뜻입니다.

과일과 채소를 빛깔별로 나눠 약리성분과 효능을 살펴보면 이렇습니다. 빨간색체리·딸기·토마토·사과 등은 라이코펜과 안토시아닌 성분이 풍

식물이 빚어낸 형형색색에는 약효성분도 제각각입니다. 채소와 과일을 구입할 때는 색깔을 염두에 두고 되도록 다양하게 선택하는 것이 좋습니다. 밥상은 울긋불긋할수록 더 건강합니다.

부하여 항산화·항암 효능이 뛰어납니다. 노란색감·귤·망고·레몬·라임·오렌지·파인애플 등은 카로티노이드와 헤스페레틴과 플라보노이드 성분 덕분에 항산화·항암 효과는 물론 심혈관계 질환 예방에 좋습니다. 초록색키위·멜론·아보카도·엽체류 등의 폴리페놀화합물은 항산화를 돕습니다. 보라색포도·블루베리·자두·복분자 등의 플라보노이드와 안토시아닌 성분은 심혈관계 질환 예방과 시력 개선에 탁월합니다.

이런 성분은 대개 면역력을 높이는 다양한 효능을 갖고 있기 때문에 채소와 과일을 구입할 때 색깔을 먼저 고려하는 게 좋겠습니다. 특히 가격표에 표기된 당도를 보고 구입하는 것은 바람직하지 않습니다. 과일과 과채의 진짜 맛은 씹을 때 아삭아삭한 식감과 과액에 함유한 특유의 향에 있습니다. 예를 들면, 수박은 단맛으로 먹는 과채가 아닙니다. 붉은 속살의 수많은 수포水泡가 입 속에서 터질 때 쏟아지는 과액과 특유의 수박향이 제맛이지요.

단맛에 길들여진 현대인은 달면 맛있다고 느낍니다. 그래서 요즘 농민들은 당도를 높이기 위해 안달입니다. 당도를 높인다는 비료라면 비싸도 기꺼이 뿌립니다. 당도가 높은 과일과 과채일수록 피토케미컬의 약효 성분은 낮습니다. 흡수한 양분은 당도를 높이는 데 집중해야 하기 때문이지요.

한국의 전통 빛깔 오방색五方色은 피토케미컬의 압권입니다. 비빔밥이 아름다운 것은 식물의 오방색 덕분입니다. 비빔밥이 건강식인 것은 갖가지 채소의 이차대사산물이 풍성하게 섞여 있는 덕분입니다. 식물은 세상을 아름답고 맛있고 건강하고 풍요롭게 만듭니다.

인류는 식물의 유혹 덕분에 행복합니다.

자녀는
농작물이
아니다

'자란' 식물은 산과 들에서 제멋대로 큰 풀과 나무입니다.
'키운' 식물은 인간이 재배한 것이지요.
전자를 야생 식물, 후자를 농작물이라 부릅니다.
같은 종種이라 해도, 둘은 생김새도 맛도 신기하게 다릅니다.

야생 식물과 농작물은 어떻게 다를까요

 야생 당근이 농작물로 변하게 된 과정을 살펴볼까요. 당근은 원산지
인 지중해 연안에서 멋대로 자랄 땐 2년생 식물이었습니다. 줄기와 열매
에는 가시가 돋아 있었고, 검붉고 가늘고 긴 뿌리는 쓴맛과 강한 독성
을 갖고 있었습니다. 그리스 철학자 소크라테스가 사형당할 때 마시고
죽은 사약이 야생 당근Poison Hemlock의 생즙이었다는 설이 있을 정도입
니다. 야생 당근은 16세기 대항해 시대 때 무역선에 실려 전 세계로 전파
되었습니다. 화학농약이 개발되기 전, 병해충을 방제하는 천연농약으로
널리 이용되었다니 독성이 얼마나 강했는지 짐작할 법합니다.
 요즘 당근의 뿌리는 오렌지 빛깔에 달콤상큼한 건강식품이지요. 18세
기 프랑스 한 식물학자의 노력 덕분입니다. 무려 7년간, 심는 시기와 가

왼쪽은 우리가 먹는 단맛의 1년생 당근1이고 오른쪽은 독성을 가진 2년생 야생 당근입니다2. 생김새도 맛도 생장환경도 딴판이지요. 야성을 길들여 식용으로 개량한 농작물 덕분에 인류의 밥상은 맛있고 풍요로워졌습니다. 야성을 잃은 농작물은 인간의 관리 아래 종을 유지합니다. 그렇기 때문에 농작물은 인간의 입맛에 맞게 규격화될 수 밖에 없습니다.

지치기를 거듭한 끝에 2년생인 야생 당근을 1년생으로 개량했습니다. 가늘고 길었던 야생 당근의 뿌리가 통통해지더니, 쓴맛은 단맛으로 바뀌었고 독성도 사라진 것입니다. 생존 주기를 줄여 독성물질의 생성을 막았고, 가지와 잎 대신 뿌리 키우기를 유도한 육종의 성과였습니다. 이렇듯 인간은 야생식물을 하나둘 개량하고 키워 농작물로 만들었고, 그만큼 인류의 식탁은 풍요로워졌습니다.

인간이 자연생명체를 키우면 야성은 줄어들게 마련입니다

인류가 길들이고 키운 것은 식물만이 아닙니다. 야생식물을 농작물로 만들었듯 들짐승을 길들여 가축으로 사육했습니다. 심지어 인간도 길들이고 키워왔습니다. 교육敎育입니다. 교육은 '가르치고 키운다'는 뜻이지요. 사육이든 교육이든 '키운다'는 것은 어떤 목적을 위해 생명체를 길들이며 성장시킨다는 뜻입니다. 인간을 농작물이나 가축처럼 '키운다'는 말은 분명 바람직하지 않습니다.

'교육'이란 말은 어디에서 유래했을까요? '교육'은 영어로 Education 입니다. 라틴어의 educare에서 유래했습니다. e밖으로와 ducare이끌어내다의 합성어입니다. 또 학술용어로 많이 사용되는 영문 pedagogy는 그리스어의 'paidos'어린이와 'agogos'이끈다의 합성어입니다. 독일어는 Unterricht가르침을 준다입니다. 중국어는 學習배우고 익힌다입니다. 공자의 『논어』 첫머리에 나오는 "학이시습지불역열호"學而時習之不亦說乎에서 따온 말입니다. 유독 한국어만 '키운다'고 표현합니다. 언어는 기호이지만, 함의含意의 힘은 대단합니다.

한국의 부모는 성공한 남의 자식을 보면 "자식을 잘 키웠다"라고 칭찬하고, 속 썩이는 자기 자식에겐 "어떻게 키웠는데……"라며 탄식합니다. 사람은 키우는feed 목적물이 아니라 자라는grow-up 인격체입니다. 인간이 농작물이나 가축과 다른 까닭이지요. 어쩌다 한국인은 자식과 제자를 '키우게' 된 걸까요.

혹자는 일제 때 식민교육 정책의 잔재라고 말하지만 그렇지 않습니다. "자식농사를 잘 지었다"는 표현은 일제 이전에도 흔히 사용한 표현입니다. 한국인에게 자식 교육은 과거시험을 통해 출사出仕하여 가문의 영광과 부를 함께 얻는 수단이었습니다. 때문에 자식을 작심하고 '키우는' 것은 부모의 의무로 굳혀졌을 법합니다.

한국 부모의 교육열은 세계 어느 나라에서도 찾기 어렵습니다. 오바마 미국 대통령이 이런 한국 부모를 칭찬하지만, 정작 한국인은 뜨악합니다. 추측이지만, 우리 교육 현실에 만족하는 한국 사람은 거의 없을 성싶습니다. 온통 불만입니다. 불만의 화살은 입시정책을 입안하고 결정하는 교육당국에 쏠리게 마련입니다. 불만이 고조되면 정부는 입시제도를 바꿉니다. 건국 이후 60여 년간 수없이 제도를 고치고 또 고쳤으나,

영화 〈죽은 시인의 사회〉 속 교실은 한국의 교육 현실과 너무나 닮아 있습니다. '키우는 교실'이 낳는 폐해를 여실히 보여주었지요. 1990년 한국에서 개봉 당시, 이 영화 한 편이 대한민국 교육계를 흔들어놓았습니다.

불만은 되레 드셉니다. 주입식 학습과 정답 고르기, 친구끼리 무한 경쟁과 '왕따'로 삼아 따돌리기, 성적 지상주의와 상위 10%를 위한 교실, 낙오자를 문제아로 낙인찍기 등은 모두 우리에게 낯익은 교실 풍경입니다. 모두 '키우는 교육'이 만든 결과입니다.

키우는 교육의 원조는 영국입니다. 영국은 17세기 산업혁명 이후 해가 지지 않는 제국으로 부상했습니다. 귀족 출신만으로 제국 경영이 어렵자 평민을 귀족에 준하는 인재로 양성하기 위해 마련한 것이 '키우는' 공교육의 시작입니다. 영국에 이어 서구 열강도 이런 '키우는 교육'을 시작하면서 근대 학교의 지표가 되었습니다.

19세기 말 J.J. 루소의 자연주의 사상이 학교를 점차 변모시켰습니다. 그 중심은 개인주의 사회인 미국이었습니다. 로빈 윌리엄스가 주연한 영화 〈죽은 시인의 사회〉는 이 시기 미국 동부의 보수적인 학교에서 벌어지는 이야기입니다. '키우는 교육'을 강요하는 학교 당국과 이에 맞서는 교사, 그 틈에 낀 학생들의 갈등과 반항을 흥미롭게 그렸습니다.

이 영화는 1990년대 한국에서 크게 흥행했습니다. 한국의 교육 현실과 너무 닮았기 때문이었겠지요. 이 영화와 원작소설은 한때 청소년이 꼭 봐야 할 영화이자 필독서였습니다. 학생들은 열광했고, 교사 대부분은 애써 모른 척했으며, 교육당국은 무시했지요. 교육민주화 운동에 불을 지피던 일부 교사에게는 단비 같은 영화였습니다.

2000년대 들어 한국 학교에도 큰 변화가 생겼지요. 전교조가 결성됐고, 교육감을 선출하는 교육자치도 실현되었으며 학생인권조례가 제정되었습니다. 모든 교실에 '키팅 선생님'이 넘쳐났습니다. 그러나 변한 것은 없어 보입니다. 어찌된 일인지 대한민국 교실은 더 암담해졌습니다. 이념 갈등이 끼어들어 꼬일 대로 꼬인 것입니다. 여전히 한국의 학교와 교실은 모범생과 문제아를 나누고 '키우는' 공간일 뿐입니다.

학교와 교실은 민주화 대상도 이념의 대결장도 아닙니다. 학교는 교권을 위한 투쟁 공간이 아니라, 아이들이 성장하는 생태 공간이어야만 합니다.

진짜 학교는 어떤 학교일까요

2007년 영국의 한 시골학교가 그 답을 세상에 내놓았습니다. 런던 교외에 위치한 서머힐 스쿨Summerhill School입니다. 이 학교는 우리 상식으로는 학교라고 말하기 어려운, 문자 그대로 실험학교입니다. 영국왕실 교육청이 교과 과정을 지키지 않는 이 학교의 등록을 취소하자 무려 8년간 치열한 법정싸움을 벌여 끝내 '우수'good 등급 학교로 공인받으면서 세계적인 유명세를 탔습니다.

영국 서머힐 스쿨에는 문제아가 없습니다. 우등생도 없습니다. 시험도 없습니다. 저마다 타고 난 재능을 <u>스스로</u> 찾아내, 스스로 미래를 연출하는 아이들이 있을 뿐입니다. 학생과 교사 그리고 교장과 교직원은 매주 세 차례(월·수·금) 모여 학교 운영에 관해 자유롭게 토의하고 투표로 결정합니다. 학생도 교사도 교장도 동등하게 한 표를 행사합니다. 창의성은 이런 교실에서 나옵니다.

이 학교는 1921년에 교육학자 A.S. 니일이 설립했습니다. 학생은 6세 어린이부터 18세 청소년까지입니다. 이들 대부분은 일반 학교에서 내몰린 문제아였습니다. 그러나 이 학교에선 문제아란 없습니다. 수업 과목은 물론 여가활동까지 모든 학교생활을 학생 스스로 선택하며, 학칙도 교사와 학생이 동등하게 한 표씩 행사하여 투표로 결정합니다. 학교 내에선 타인에게 피해를 주지 않는 한 모든 자유가 보장됩니다. 만약 의견 충돌이 생기면, 옴부즈맨으로 선택한 친구나 연장자의 변호를 받으며 타협점을 찾고, 끝내 타협이 안 되면 학교위원회가 결정합니다.

설립자 니일의 교육철학은 단순 명료합니다. "어릴 때부터 자신의 삶을 스스로 선택하고 책임지는 슬기를 배워야 한다. 부모의 간섭도, 교육자의 이론도 그들에게 진정한 도움은 되지 못한다." 이 주장에 공감할 한국의 부모와 교육자는 거의 없을 듯합니다.

서머힐 스쿨에는 유명한 선생님도 반듯한 교실도 좋은 실험실도 없습니다. 교실 바닥에 둘러앉거나 비스듬히 누워 공부하다가, 싫으면 숲으로 몰려가 놀기도 합니다. 9세 이하 학년까지는 공부보다 놀기를 권유합니다. 월반越班도 학생이 원하면 가능합니다.

"이런 학교를 공인하는 게 가당한가!" 영국왕실교육청이 왕실교육위원회에 폐교를 요청한 이유였습니다. 교육위원회는 폐교를 결정했고, 서머힐 스쿨은 이 결정에 불복하고 법원에 결정 취소 청구를 제기합니다. 1심과 2심에서 교육위원회 결정이 승소하면서 폐교 위기에 처했으나 이 학교는 굽히지 않았습니다.

한국의 대법원 격인 영국 최고법원은 현명했습니다. 학교의 주체는 국가와 교사가 아니라 학생과 학부모라고 판단했습니다. 그래서 최고법원은 재학생과 졸업생 그리고 학부모를 대상으로 만족 여부를 설문 조사했습니다. "모두 만족"이었습니다. 그리고 학업 성취도를 테스트했더니 일반 학교의 학생보다 더 높은 점수를 받았습니다. 재학생도 졸업생도 교사도 학부모도 모두 놀랐습니다. 서머힐 스쿨에선 시험을 한번도 치른 적이 없었으니 놀란 것은 당연했습니다. 저학년 때 실컷 놀고 나면, 스스로 공부를 찾아 하고, 그래서 열중하게 된 결과입니다.

이 학교 졸업생 중에는 대학교수·문필가·예술인·농업인 등 다양한 분야에서 저마다 창의적 노력으로 유명세를 떨치는 인물이 수두룩합니다. 스스로 선택한 일을 즐기다 보니 열중할 수 있었고, 그래서 행복할 수밖에 없었습니다. 영국 최고법원의 '우수'good 공인은 당연한 판결이었습니다.

이 학교의 교실은 야생 식물의 생태환경과 같습니다. 산과 들에서 자라는 풀과 나무는 제멋대로 자란 듯해도 결코 그렇지 않습니다. 서로 경쟁하면서도 상생하고, 스스로 환경에 적응하고 또 진화합니다. 서머힐 스쿨은 늘 푸른 산이며 들입니다.

대한민국의 학교는 온실 농장과 다를 바 없습니다

온실에서 키운 농작물은 스스로 살아갈 생존력을 잃은 규격 식물입니다. 농부의 손길이 느슨해지면 병해충이 덮치고 잡초에게 설 땅을 내어주고 맙니다. 대한민국의 교실과 닮았지요. 교권이 무너진 교실에는 조직폭력배를 방불케 하는 '일진회'가 활개치고, 걸핏하면 친구를 '왕따'로 삼고 괴롭힙니다. 정답만을 요구하는 입시 경쟁에 개성과 창의성은 매몰되었습니다. 과외 열풍에 학생은 찌들고 학부모는 허리가 휩니다. 게다가 보수와 진보의 낡은 이념과 정치 싸움까지 겹쳐 도대체 학교인지 정치판인지 착각할 지경입니다. 그 피해는 오롯이 학생과 학부모의 몫입니다. 대한민국의 미래가 실로 걱정됩니다.

진화하지 못하는 생명체는 사라집니다. 진화의 원동력은 돌연변이입니다. 돌연변이는 변화무쌍한 자연환경에서 살아남기 위해 '스스로 뒤척이다' 출현한 별종입니다. 그 가운데 강력한 유전인자를 지닌 경이로운 종이 새로운 생명을 창출합니다. 교실에선 사고뭉치 문제아 취급 받는 학생입니다.

'키워지는' 식물과 동물에서는 이런 돌연변이가 일어날 가능성이 거의 없습니다. 농작물과 가축은 인간이 만들어놓은 환경에 맞게 개량되고, 재배법과 사육법에 맞춰 키우는 규격품이기 때문이지요. 설사 돌연변이가 일어난다 해도 농부는 재빨리 뽑아버릴 게 분명합니다. 농부가 원했

농산물을 공산품처럼 규격화하여 키우는 온실의 식물은 키우는 식물입니다.

던 결과물이 아니니까요! 마치 학교가 말썽꾸러기를 문제아로 낙인찍고, 징계로 내치는 것과 다를 바 없지요.

그렇지만 세상을 바꾼 천재는 돌연변이 중에서 나타납니다. 에디슨과 아인슈타인이 대표적인 인물이지요. 이 밖에도 헤아릴 수 없이 많습니다. 걸핏하면 수업을 빼먹고 카페와 사창가를 들락거렸던 화가 피카소, 졸업식장에서 학장에게 "네 졸업장은 실수"라는 악담을 들었던 건축가 가우디, 학생시절 자퇴를 밥 먹듯 했던 애플 신화의 주인공 스티브 잡스, 학창시절 몽상에 빠져 왕따를 당했던 『해리포터』의 작가 조안 롤링, 좌충우돌 인생역전 끝에 뮤직비디오 〈강남 스타일〉로 세계를 뒤흔든 '싸이' 박재상까지. 우리는 성공한 돌연변이들을 수없이 보고도 돌연변이의 존재를 인정하지 않습니다.

대한민국의 학교를 이렇게 바꿔보면 어떨까요

이런 상상을 해봅시다. 대한민국의 학교를 서머힐 스쿨처럼 혁신하는 공약을 내건 대통령 후보가 있다면 여러분은 그 후보에게 투표하시겠습니까?

초·중·고 12년 학제(8~19세) 대신, 12년 단일 학제(6~17세)의 시골 기숙학교를 만드는 겁니다. 연중 6개월은 시골 기숙학교에서 생활하고, 나머지 6개월은 가정에서 생활하면서 지방자치단체가 운영하는 자율 학습 시설에서 자신에게 맞는 분야를 선택하여 체험하는 것입니다. 시골 기숙학교는 어릴 때부터 자립심과 창의력을 키우는 데 매우 효율적입니다. 어린 시절 연중 절반을 또래와 어울리며 돕고 경쟁하면, 청소년기에 스스로 자신의 진로를 찾고 나만의 삶을 개척하려는 자신감을 얻기 때문입니다. 부모의 과보호로 자녀를 '마마보이'로 만드는 한국 가정의 현실을 감안하면 특히 그러합니다.

시골 기숙학교는 자녀와 부모가 선택하고, 자신과 맞지 않으면 전학할 수 있게 합니다. 학교 간 경쟁을 통해 특성화를 유도할 수 있겠지요. 졸업 후 2년18~19세은 성년을 준비하는 휴식년입니다. 모든 학비와 기숙비용은 국가가 지원합니다. 무슨 돈으로 시골에 기숙학교를 세우고 자율 학습을 지원하느냐가 관건이겠지요.

현재 초·중·고교는 전국에 2만여 곳에 이릅니다. 모두 그 지역의 중심가나 주택가의 요지에 위치해 땅값이 만만치 않습니다. 이들 학교의 3분의 2만 매각하면 시골학교 건립자금과 지원시설의 운영기금까지 마련할 수 있을 겁니다. 학기를 6개월로 하면 한 학교를 한 해 2부제로 운영할 수 있고, 학교 수를 절반으로 줄일 수 있습니다. 부족한 수업은 기숙학교의 이점을 살려 집중하면 충분히 해결되리라 봅니다.

한편 매각하지 않은 나머지 3분의 1의 학교는 지방자치단체에 이관하여 방학 중 자율학습과 휴식년 프로그램을 운영하는 지원시설을 겸한 주민 편의시설로 꾸미면 금상첨화일 것입니다. 출산율 저하에서 유아 보육, 학교 폭력, 입시 지옥, 과외 열풍 그리고 가계 부담까지 대한민국 교육이 안고 있는 모든 난제를 일거에 해결할 수 있는 방안이지 않겠습니까. 게다가 노령화의 수렁에 빠진 농어촌에 청소년의 유입으로 활기를 불어넣고, 지역 경제도 활성화될 것입니다. 이 공약이 실현되면 적어도 1거 8득의 효과를 얻을 수 있을 법합니다. 이런 상상, 어떠신가요.

이스라엘의 학교도 서머힐 스쿨과 많이 닮았습니다

이스라엘의 학교는 3세부터 조기 교육을 하지만 글자를 가르치지는 않습니다. 당연히 선행학습 같은 것은 없습니다. 그 대신 아이들이 스스로 놀이를 선택하게 하고 교사는 돕는 일을 합니다. 교사는 아이들에게 놀이를 통해 배워야 할 것을 대화 형식으로 일깨워줍니다. 적응하지 못하는 아이와는 이야기를 나누며 스스로 놀이를 이해하고 즐길 수 있도록 유도합니다. 놀거리는 주로 생활 도구나 기초 예절 같은 일상생활의 소재를 택합니다.

6년학제의 초등학교는 6세에 입학합니다. 과목은 국어·수학·미술·음악·체육을 기본으로 하고, 영어 등 외국어는 늦어도 2학년 때부터 가르칩니다. 그 외 옷차림 같은 생활 양식부터 멀티미디어 같은 첨단 과학 기기의 사용법까지 20여 종의 과목을 학년별로 수업합니다. 음악·미술·체육 같은 예체능 과목은 해당 지방자치단체가 만들고 운영하는 과외 예술학교에서 실기 위주로 배웁니다. 모든 비용은 국가예산으로 지원한다고 하니 한국의 학부모들에겐 천국 같은 곳입니다.

이스라엘의 학교에서 교사는 학생을 지켜보는 '구경꾼'입니다.

이스라엘 교실의 백미는 철저한 토론식 수업입니다. 교사가 학습 과제를 내놓으면 서로 다투듯 토론합니다. 토론은 먼저 같은 조의 급우끼리, 다음은 교사와 일대일로 벌입니다. 열띤 논쟁은 교실을 순식간에 도떼기시장을 방불케 합니다. 모든 학생이 3개월 단위로 한 번씩 발표회를 갖고, 자기 주장을 펴고 평가받는 게 유일한 성적입니다. 성적표에는 순위도 등급도 없습니다. 오로지 평가가 있을 뿐입니다.

2012년 현재, 이스라엘은 1948년 건국 이후 모두 열 명의 노벨상 수상자를 배출한 국가입니다. 화학상을 제외한 모든 노벨상을 보유하고 있습니다. 인구 1만 명당 과학기술자가 140명으로 미국의 83명보다 크게 앞선 1위 나라입니다. 미국 나스닥에 상장된 이스라엘 기업은 63개로 미국과 중국에 이어 세 번째로 많습니다. 인구 730만 명인 세계 98위의 작은 나라 이스라엘의 놀라운 저력은, 가정과 학교가 자녀와 학생을 스스로 자라도록 돕는 배려와 관심에서 나온 것이라 해도 지나치지 않습니다.

이스라엘의 비결은 여섯 가지로 요약할 수 있습니다.

첫째, 아이의 호기심을 부추기고 상상력을 키운다.

둘째, 끊임없이 대화하고 토론한다.

셋째, 놀이도 학습도 또래와 함께하고 스스로 깨닫도록 한다.

넷째, 부모는 아이에게 밤마다 책을 읽어주며 가족의 유대감을 높이고 독서를 생활화하도록 한다.

다섯째, 스스로 문제를 해결하도록 기다린다.

여섯째, 부모는 자녀와 함께 놀이하는 것을 즐긴다. 여섯 가지 모두 우리의 교육 현실과는 정반대인 듯합니다.

한국의 가정과 학교의 모습은 대개 이렇지 않을까요. 호기심 유발보다 정답 풀이 방식을 먼저 알려주며, 대화와 토론보다 일방적인 설교나 강의로 강요하고, 또래보다 부모와 교사가 일방적으로 지도하며, 바로 대답하지 못하면 다그치기 일쑤입니다. 부모는 바쁘고 피곤하다는 이유로 자녀를 방관하다 내키면 번잡한 놀이동산이나 유원지에 데려가 멋대로 놀도록 방치합니다. 안타까운 모습이지요.

선진국의 진입 문턱에서 저성장의 늪에 빠진 대한민국의 한계가 어디에서 비롯한 것인지를 절감케 됩니다. 이스라엘 학교와 서머힐 스쿨이 창의적 인재를 배출할 수 있는 것은 학교가 학생 스스로 공부하고 자라도록 돕는 역할에 충실한 결과입니다.

한국도 이제 바뀌려는 움직임을 조금씩 보이고 있습니다

2000년대 들어 서머힐 스쿨을 벤치마킹한 대안학교가 한국에서 속속 생기고 있습니다. 대부분 중·고교 과정이다 보니 입시교육의 틀에서 벗어나기 어렵습니다. 대부분 정부가 공인하지 않은 학교인 탓에 별도의 검정고시에 합격해야 학력을 인정받습니다. 학비도 만만치 않습니다. 그럼에도 대안학교를 찾는 학부모와 학생이 늘고 있습니다. 엄마가 자녀를 데리고 외국으로 동반 유학하는 이른바 '기러기 가족'은 더 이상 별난 가정이 아닙니다. 모두 공교육에 대한 국민적 반란입니다. 심지어 자녀를 학교에 보내지 않고 집에서 하고픈 공부를 찾아서 하도록 지도하는 가정도 나타나고 있습니다.

2013년 SBS 프로그램 〈K팝스타〉를 통해 알려진 남매 그룹 '악동뮤지션'을 기억하십니까. 어린 나이에 자유자재로 음악을 만들고 부르는 이찬혁·수현 남매의 성장 과정이 알려지면서 이른바 '홈스쿨링'이 주목을 받았습니다. 이 남매는 부모와 함께 몽골 초원에서 자라면서 스스로 공부하고 좋아하는 일에 열중했답니다. 그 덕분에 타고난 소질을 찾아 창의력을 드러냈습니다. 만약 이 남매가 한국에서 초·중·고교를 다녔다면, 여느 학생과 마찬가지로 입시에 매달려 시험문제를 푸는 데 시달리며 친구와 경쟁했겠지요. 아니면 음악적 재능을 피워보지도 못하고 학교 밖을 헤매는 '문제아'가 되었을지도 모릅니다.

요즘 세상은 초속으로 변한다고 합니다. 그렇다면 아이들이 성장하여 사회인이 될 때는 광속으로 변하겠지요. '에디슨 이후 최고의 발명가'로 알려진 인공지능 과학자 레이 커즈와일은 2029년이면 인간의 지능과 맞먹는 인공지능 소프트웨어가 개발될 것이라 장담합니다. 이 컴퓨터가 상용화되면, 누구든 개인컴퓨터에서 원하는 지식에 대해 논리적으로 완벽한 상태로 다듬어진 자료를 얻을 수 있다고 합니다.

이렇게 되면 지식을 쌓기 위한 공부는 무의미합니다. 지식을 가르치는 학교의 존재 이유가 사라지는 셈이지요. 머지않은 미래의 학교는 인공지능 프로그램이 찾아주는 지식을 어떻게 재창조하느냐에 몰두해야 하는

'키우는 아이들'의 교실. 대한민국의 교실을 누가 이 지경으로 만들었을까요! 저는 이렇게 단언합니다. '자식 농사'를 잘 지어보겠다는 일념에 사로잡힌 부모, 성적과 규범만 따지는 교사 그리고 아이들을 국가 자원으로 여기는 정부의 관료주의가 만든 합작품입니다. 사진 속 모습은, 자습시간이 시작되자 약속이나 한 듯 잠에 빠지는 서울의 한 고교 교실입니다. 사진을 촬영한 교사는 "수업시간에도 절반은 잔다"고 밝히며 개탄했지요. 우리 아이들이 불쌍하고, 대한민국의 미래가 암담합니다.

창의 교실로의 변신이 불가피하게 된 셈입니다.

2012년 구글 사에 입사한 커즈와일은 사람 말을 100% 알아듣고 논리적으로 추론하는 인공지능 프로그램 개발에 이미 착수했습니다. 결코 공상과학 영화 이야기가 아닙니다.

창의력은 어디에서 비롯하는 걸까요. 자연입니다. 자연적이지 않은 것은 부자연스럽다는 뜻입니다. 자연스런 것은 친근하고 오래 해도 지겹지 않습니다. 자연스럽지 않은 창조는 억지입니다. 그래서 부자연스런 것은 언젠가 도태됩니다. 시대를 초월하는 예술작품과 과학이론이 자연의 형상을 모방하고 생태와 닮아 있는 이유입니다.

창의력은 '키우는' 가정과 교실에서 나올 수 없습니다. 아이들은 또래끼리 부대끼며 들풀처럼 자라고 경쟁하지만 다투지 않은 나무처럼 성장해야 합니다. 자녀는 농작물이나 가축처럼 키우는 규격품이 아닙니다.

여러분은 자녀를 키웁니까? 아니면 자라도록 돕습니까?

감자가
세계사를
바꾸다

감자는 참 못났습니다.

세상 모든 열매는 빛깔도 모양도 예쁘지만 감자는 그렇지 않습니다.

열매가 아니라 줄기가 땅속에서 변형한 덩이이기 때문입니다.

흙 속에 파묻혀 있으니 예쁠 이유가 없어

못난 채 살기로 작심한 진화의 결과입니다.

감자는 동서양을 막론하고 서민의 식량이었습니다

빈센트 반 고흐의 1885년 작 유화 〈감자 먹는 사람들〉은 전반적으로 어둡습니다. 당시 유럽 서민의 고단한 삶을 껌껌한 움막 안 저녁 식탁에 둘러앉은 한 가족의 모습을 통해 표현한 걸작이지요. 감상 포인트는 어두운 배경과 대조되어 유독 밝게 그려진 노란 감자입니다. 고흐는 감자를 생명과 희망의 상징으로 표현했다고 합니다. 유럽인이 특히 이 작품을 높이 평가하는 데에는 그럴 만한 이유가 있습니다. 감자가 유럽 근대사의 중심에서 애환과 번영을 함께했기 때문입니다.

그 역사는 대항해 시대에서 시작됩니다. 콜럼버스가 죽은 지 30년째인 1537년, 에스파냐 탐험대는 여전히 아메리카 대륙을 인도로 착각하

〈감자 먹는 사람들〉에서 고흐는 감자를 생명과 희망의 상징으로 표현했다고 합니다. 유럽인이 특히 이 작품을 높이 평가하는 것은 감자가 유럽 근대사의 중심에서 애환과 번영을 함께했기 때문입니다.

고 황금과 향료 찾기에 광분하고 있었습니다. 안데스 산맥의 고원에 이르러 한 잉카 마을을 습격합니다. 원주민은 이미 도망갔고, 텅 빈 마을을 뒤지던 탐험대는 헛간에서 묘하게 생긴 열매를 발견합니다.

탐험대는 이 열매를 본국에 보냅니다. 바로 감자였습니다. 감자는 종을 번식하기 위해 꽃을 피우고 씨를 맺지만, 만약을 대비해 별도의 방도를 갖고 있습니다. 줄기를 땅속에 뻗어 주먹만 한 덩이를 키우고, 씨눈을 여러 개 심어놓습니다. 덩이의 하얀 속살은 봄이면 씨눈이 싹을 틔우고 성장할 때까지 먹을 양분입니다.

독실한 기독교 왕국이었던 에스파냐의 교회에서는 요상하게 생긴 이 덩이뿌리를 '악마의 식량'이라며 저주합니다. 줄기는 뱀처럼 기는 듯했고, 열매는 암흑의 땅속에서 맺는 괴이함 때문이었습니다. 당시 유럽 대륙에는 이렇게 땅바닥을 기듯 자라는 줄기식물이 없었기에 그럴 만도 했습니다. 더욱이 이 덩이를 날것으로 먹으면 심한 복통과 함께 목숨을 잃기도 했습니다. 감자의 씨눈에 있는 솔라닌은 익히지 않고 먹으면 치명적인 해를 일으키는 독성물질입니다. 또한 야릇한 꽃향기와 빨간 씨앗이 너무 매혹적이어서 '악마의 유혹'이라고 저주하기도 했습니다.

에스파냐 왕실은 감자를 이단시하고 멀리했지만, 굶기 일쑤인 서민에게는 하늘이 준 복덩이였습니다. 몇 년 새 남유럽 기후와 토양에 적응한 감자는 척박한 땅에서도 놀라울 정도로 잘 자랐습니다.

감자의 가치를 제대로 안 이는 뱃사람들이었습니다

감자는 깜깜하고 서늘한 선창에서 장기 보관이 가능한 데다가 오랜 항해 중의 식량으로 최상이었습니다. 빵처럼 구워 먹으면 복통도 오지 않고, 허기를 채우기에 그만이었습니다. 맛도 좋고 무엇보다 체력을 키우는 데 좋았습니다. 먼 바다로 떠나는 선원들은 감자를 찾기 시작합니다. 수요가 생기면 공급도 늘기 마련이지요. 감자는 남유럽 에스파냐에서 지중해 연안의 뱃길을 따라 대서양 연안의 북유럽으로 급속히 퍼져 나갔습니다.

에스파냐에 처음 들여온 지 100년 뒤인 1630년대에 이르면, 감자는 유럽 대륙에 전대미문의 식량혁명을 일으킵니다. 먹고사는 문제가 해결되면 인구가 늘어납니다. 인구가 늘면 경제 활동이 왕성해지지요. 여기저기에 도시가 생기고, 강력한 권력자와 왕국이 등장합니다. 17세기 중엽 이후 감자의 식량혁명은 유럽, 특히 중유럽과 북유럽을 변모시킵니다. 16세기 이전 유럽의 중심은 지중해를 끼고 있는 남유럽이었습니다.

못생긴 감자이지만 '밭의 사과'라는 예쁜 별명을 갖고 있습니다. 비타민 C가 풍부하고, 삶거나 구워도 거의 파괴되지 않습니다. 풍부한 칼륨은 체내 나트륨 배설을 촉진하여 고혈압 환자에게 좋습니다. 새참으로 먹는 감자 한 개는 보약보다 낫다는 옛말이 빈말은 아닌 듯합니다.

남유럽은 기후가 온난하고 평지가 많은 덕에 주식인 밀과 보리가 비교적 풍족합니다. 게다가 남유럽은 지중해를 통한 동방무역의 중심지로서 막대한 부를 축적하였습니다.

반면 울창한 숲과 산, 얽히고설킨 수많은 강과 습지로 이뤄진 중유럽의 내륙은 군사전략상으로는 천연 요새였지만 농경지 부족으로 만성적인 식량난에 허덕였습니다. 자연스레 수렵과 목축업에 의존하였고, 약탈과 전쟁으로 식량을 해결하는 악순환이 계속되었습니다. 로마제국의 계승자로 자처한 오토 1세가 936년 광활한 중유럽을 지배하며 신성로마제국을 세웠지만, 1871년 빌헬름 1세의 독일제국에 이르기까지 935년간 수많은 왕조가 부침했습니다.

한편 북유럽은 북대서양의 냉습한 기후 탓에 농업은 애당초 신통치 않았습니다. 주식인 밀과 보리는 대부분 남유럽에서 수입해서 조달했지만 그것은 오로지 상류층의 몫이었습니다. 평민은 어업과 목축업에 의존해 식량을 구했고, 곡식이라고는 호밀로 겨우 연명할 정도였습니다. 이런 상황에서 감자의 등장은 획기적인 일이었습니다.

17세기 후반, 감자는 오늘날의 프랑스와 독일을 넘어 네덜란드와 러시아 내륙까지 퍼집니다. 감자의 생명력은 실로 위대했습니다. 감자는 냉·열대를 제외한 모든 기후대에서 재배할 수 있습니다. 특히 물 빠짐이 좋은 산악지대에서 잘 자랍니다.

감자는 중·북유럽 식탁의 주식 자리를 꿰찼습니다. 그 덕에 이 지역에도 인구가 증가하고, 도시와 산업이 활기를 띠기 시작했습니다. 당시 유럽을 생지옥으로 몰아넣었던 괴혈병도 사라졌습니다. 교회는 수백 년간 떠돌던 악마를 내친 덕분이라 자찬했습니다. 그러나 괴혈병은 비타민 C 결핍으로 생기는 병이지요. 감자에는 탄수화물, 비타민 B, 비타민 C가 풍부합니다. 괴혈병을 내친 것은 감자였습니다.

유럽인이 즐겨 먹는 육고기와 우유에는 단백질, 지방, 비타민 A가 많지만, 탄수화물과 비타민 B와 C는 부족합니다. 육고기와 우유에 감자를 곁들이면 3대 영양소와 필수 미네랄까지 거의 완벽하게 해결합니다. 특히 감자와 우유는 영양학적으로 찰떡궁합입니다. 독일의 대문호 괴테가 "신의 은혜"라고 말했듯이, 감자는 유럽인에게 하늘이 준 축복이었습니다.

18세기 유럽 대륙은 감자 재배에 열광합니다

프로이센의 프리드리히 1세, 러시아의 예카테리나 2세 여제는 솔선해서 백성에게 감자를 재배하라고 권유했습니다. 프랑스 루이 16세는 왕실 정원에 감자를 몸소 심고 근위병에게 지키도록 했고, 심지어 무도회

15~18세기 대항해 시대 정복군 선단의 식민지 상륙 장면.

에 참석하는 앙투아네트 왕후에게 감자꽃을 머리에 꽂도록 했습니다. 귀족과 지주들에게 감자 재배를 권유하기 위한 쇼였습니다.

한때 '악마의 식량'으로 저주받던 감자는 왕의 식품으로 몸값이 치솟았고, 로마제국 군대보다 강한 힘을 발휘합니다. 감자의 식량혁명은 피 한 방울 흘리지 않고 유럽의 세력 판도를 남유럽에서 중유럽과 북유럽으로 이동시켰습니다.

감자는 유럽 대륙과 떨어진 섬나라 아일랜드와 영국 그리고 미국까지 바꿔 놓습니다. 1740년, 에스파냐의 무역선이 아일랜드 연안을 항해하다 좌초합니다. 선창에는 선원들의 식량인 감자가 가득 실려 있었습니다. 좌초된 선박에서 쏟아져 나온 감자는 아일랜드 해안에 떠밀려 왔고,

구조된 선원들은 감자를 빵처럼 불에 구워서 먹었습니다.

당시 아일랜드인은 척박한 땅과 가혹한 기후 탓에 늘 식량이 부족한 데다, 대영제국의 수탈로 나무껍질과 개펄로 연명했습니다. 아일랜드인은 이상한 열매를 맛본 뒤 에스파냐 선원에게 재배법을 배웁니다. 감자는 척박한 아일랜드 땅에서도 잘 자랐습니다. 불과 20년 사이 감자는 아일랜드인의 유일무이한 주식이 됩니다. 식량이 풍부해진 뒤 1760~1840년 사이 인구가 150만 명에서 900만 명으로 급증하면서 아일랜드는 활력이 넘치는 나라로 탈바꿈합니다.

그러나 1845년 참혹한 재앙이 찾아옵니다. 감자 재배에 치명적인 갈색부패균이 아일랜드를 덮친 것입니다. 갈색부패균에 감염된 감자는 물러지다 곧바로 썩습니다. 온 섬에서 썩은 감자의 악취가 진동하고, 굶어 죽은 시체가 거리에 널렸습니다. 주식을 감자에만 의존한 결과 가공할 기근을 맞은 것입니다. 뒤이어 불결한 환경에서 창궐하는 티푸스와 콜레라까지 아일랜드를 덮칩니다. 그 해 1년 동안 아일랜드에서는 무려 100만 명이 굶거나 병들어 죽었고, 시체 묻을 땅이 없을 지경에 이릅니다. 한마디로 생지옥이었습니다.

바람에 의해 포자로 전염되는 갈색부패균은 유럽 대륙을 휩쓸었지만, 유독 아일랜드에 치명적인 피해를 남깁니다. 이른바 농작3금農作三禁을 몰랐던 아일랜드 농부들이 자초한 참사였습니다. 농작3금은 '한 품종의 작물'單種을 '해마다 같은 땅'連作에서 더 많이 생산하기 위해 '촘촘히 심으면'密植 안 된다는 뜻입니다. 반면 농작3금을 그런대로 지켜 감자를 다른 품종의 작물과 함께 심었던 유럽 대륙에선 큰 피해를 면했습니다.

이웃 영국은 아일랜드의 참상을 동정하지만 돕지는 않습니다. 아일랜드와 영국은 당시에도 앙숙이었기 때문입니다. 그러나 신대륙 미국에 이

영화 〈바람과 함께 사라지다〉 속 스칼렛은 아일랜드 이민 자 가문의 삶과 기질을 잘 보 여줍니다.

주한 영국의 신교도들은 아일랜드의 구교도인을 돕기로 합니다. 당시 신·구교 간의 첨예했던 갈등을 감안하면 신대륙 신교도에게 베푸는 인 도주의적 시혜인 듯하지만, 사실 속내는 따로 있었습니다.

　신대륙의 영국 신교도는 영국의 구교도와 앙숙이기에 '적의 적은 나의 친구'라는 등식이 통했고, 당시 미국에는 부족한 노동력을 메울 누군가 가 필요했기 때문이었습니다. 신교도 국가인 미국은 철통같았던 이민법 을 개정하고, 구교도 국가인 아일랜드의 이민을 받아들입니다. 아일랜드 인들의 미국 이민은 봇물과 같았습니다. 무려 150만 명이 이즈음 미국 으로 이주했습니다. 아일랜드인은 서민적이고 열정적이며 진취적입니다. 보수적이고 권위적인 영국인과는 딴판입니다.

아일랜드 이민은 당시 미국의 주류를 이뤘던 신교도 사회에 새로운 활력을 더합니다. 이들은 미국의 정치·경제·문화 모든 분야에서 뛰어난 능력을 보였고, 오늘날에도 막강한 영향력을 갖고 있습니다. 만약 이때 이민이 이뤄지지 않았다면, 아일랜드계 정치 명문인 케네디 가문은 미국에 없을 것이고 미국정치사도 달라졌겠지요.

또한 마거릿 미첼의 명작 『바람과 함께 사라지다』도 쓰여지지 않았을 겁니다. 작가도, 이 소설의 주인공 스칼렛 오하라의 가문도 아일랜드 이민자의 후손입니다. 스칼렛의 마지막 대사를 기억하십니까? "오늘은 오늘일 뿐 내일은 내일의 태양이 뜰 거야!" 아일랜드인의 기질을 가장 잘 보여주는 대사입니다.

감자는 고전경제학을 태동시킵니다

감자로 인해 벌어진 아일랜드의 참사는 영국에서 매우 흥미로운 논쟁을 일으킵니다. 이 논쟁은 감자가 주식인 밀을 대신할 경우 유발할 수 있는 식량과 인구 그리고 시장과 가격의 관계에 관한 문제를 제기하고 그에 대처하는 방법을 찾는 데에서 시작되었습니다. 논쟁의 중심에는 토마스 맬더스의 『인구론』, 애덤 스미스의 『국부론』, 데이비드 리카르도의 『정치경제론과 과세 개론』이 있었습니다. 이 세 권의 저술은 이른바 고전경제학의 전범典範이지요.

만약 아일랜드에서 감자 농업과 인구 급증 그리고 감자 흉작과 대기근이 없었다면 이런 논쟁도 없었을 것이고, 당시 고전경제학이 없었다면 오늘날의 경제학도 사뭇 다른 양상으로 발전했을 법합니다. '해가 지지 않는 제국'으로 동서양을 군림하던 영국은 여유롭게 이런 논쟁을 벌이다 1794년 대흉년을 맞게 됩니다. 영국은 이때부터 감자 재배를 장려했고, 유럽에서 가장 늦게 감자를 식탁에 올린 나라가 됩니다.

감자의 식량혁명에 뒤이은 증기기관의 산업혁명은 유럽 왕국을 열강의 반열에 올려놓았습니다. 막강한 함대를 앞세운 유럽 열강은 앞다퉈 식민지 개척에 나섭니다. 포르투갈과 에스파냐는 대서양 건너 아메리카 대륙을 선점했고, 영국과 네덜란드는 인도양을 넘어 중국 대륙을 넘봅니다. 후발국가인 프러시아와 프랑스 그리고 신생 독립국가인 미국과 일본까지 가세합니다. 결국 이들 열강은 세계 곳곳에서 충돌했고, 유럽 대륙의 패권을 쥐려는 독일의 야심이 제1차 세계대전을 일으켰지만, 제2차 세계대전을 겪고서야 제정신을 차렸습니다.

두 차례 세계대전의 빌미는 식민지였습니다. 식민지 개척은 대항해로 시작되었고, 대항해는 향료·커피·실크·도자기 같은 상류층의 호사품을 얻기 위한 것이었습니다. 그 소용돌이의 가운데 이 모든 것을 가능하게 만든 식량인 감자가 있었습니다. 잘생기지도 못했고 값비싼 호사품도 아닌 하찮은 식물이었지만, 감자는 유럽을 열강의 대륙으로 바꾸어 놓았습니다. 그래서 감자는 유럽인에게 아주 특별한 식물입니다.

감자는 유럽 열강의 무역선에 실려 아시아 연안국에도 전해졌습니다. 하지만 유럽에서처럼 주식의 자리에 오르지 못했습니다. 곡류를 주식으로 하는 동양인에게 탄수화물 덩이인 감자는 그다지 매력적이지 못했기 때문입니다. 그래서 몇몇 음식에 사용되는 식재료나 간식거리로만 대접받습니다. 그러나 오래 저장할 수 있어 기근이나 흉작이 들면 훌륭한 식량 역할을 해주기에 곳간 한 켠을 지켜온 소중한 농작물입니다.

감자가 한반도에 전해진 것은 조선 말 순조 때 만주 간도에서라고 알려졌지만 정확한 기록은 없습니다. 어쨌든 일제 치하에서 굶주렸던 서민에게 매우 중요한 양식이었습니다. 특히 기근이 들 때면 감자는 주식과

세계인의 입맛을 바꾼 햄버거와 함께 감자튀김도 인기가 있었지만, 이젠 과다한 탄수화물 탓에 비만 유발 식품으로 퇴출 위기에 처했습니다.

같았지요. 그래서 감자는 서민의 구황식품 취급을 받습니다. 특히 김동인 소설 『감자』는 한국인에게 감자에 대해 애잔한 감정을 심어주었습니다. 주인공 복녀의 기구한 인생과 죽음이 감자밭에서 시작되고 마무리되는 슬픈 이야기 때문이겠지요.

한국에서 감자는 약재로 널리 사용되었습니다. 감자의 생즙은 염증을 가라앉히고 화상을 치유하는 데 효험이 있습니다. 감자의 찬 성질 덕분입니다. 그리고 감자를 매끼 먹으면 요산을 늘려 동물성 단백질 생성을 억제하고 통풍 치료에 도움이 된다고 합니다.

오늘날 감자는 동·서양을 막론하고 옛 영화를 잃었습니다. 유럽인의 식탁에서도 주식의 자리에서 밀려났습니다. 그나마 세계인이 즐기는 햄버거 덕분에 인기를 유지했던 감자튀김마저 이제는 퇴출 위기에 처했습니다. 과다한 탄수화물 탓에 비만 유발 식품으로 찍힌 탓이지요.

인간을 움직이고 역사를 뒤바꾼 식물은 감자만이 아닙니다. 오늘날 우리 식탁에 오른 갖가지 농식품은 수백 년에서 수십 년에 걸쳐 지구촌 곳곳에서 온 것입니다. 쌀은 인도에서, 배추는 중국에서, 무는 중앙아시아에서, 고추는 멕시코에서, 콩은 만주에서 왔습니다.

원산지를 떠나 우리 식탁에 오르기까지 식물이 거쳐온 기나긴 여정은 곧 인류문명의 역사입니다.

숲에서
자본주의 4.0을
찾다

숲은 큰 나무들의 세상처럼 보이지만 그렇지 않습니다.

무수한 풀과 작은 나무, 동물과 미생물이 어우러져 숲을 이룹니다.

큰 나무만 사는 숲은 세상에 없습니다.

있다면 그 숲은 이내 사라질 게 분명합니다.

다양성을 잃은 생태는 지속될 수 없기 때문이지요.

숲은 우리가 함께 어우러져 살아야 함을 보여줍니다

경제를 큰 숲이라고 생각해봅시다. 큰 나무가 대기업이라면, 작은 나무와 풀은 중소기업과 자영업자입니다. 중소기업과 자영업자가 없으면 대기업도 존립할 수 없습니다. 아무리 큰 대기업이라 해도 부품과 설비 그리고 일상용품을 모두 자체 생산할 수 없습니다. 건강한 숲에 다양한 동식물이 어울려 살듯, 경제와 산업 역시 우리 모두가 상생해야 성장을 지속할 수 있습니다.

그러나 현실은 그렇지 않습니다. 세상은 상생보다는 약육강식이, 공존보다는 승자독식이 득세하는 '정글'과 같습니다. 오늘날 자본주의 시장경제 질서는 무한 경쟁과 부富의 심각한 편중을 낳았습니다. 좌파 경

미국 뉴욕의 월스트리트 금융가는 자본주의의 중심이자, 오늘날까지 우리가 그 여파를 겪고 있는 2007년 세계 금융위기의 진원지입니다.

제학자들은 탐욕스런 자본과 시장의 무한경쟁을 방치하는 한 자본주의 시장경제 질서는 붕괴할 수밖에 없다고 경고합니다. 이런 경고를 무시할 수 없는 현실입니다. 1980년대 사회주의 체제 붕괴 이후, 세계 경제질서가 자본주의 시장경제 체제로 독주하면서 짙어진 그림자이기 때문이지요. 그렇다고 마땅한 대안도 없습니다.

이런 상황에서 닥친 2008년 미국발 세계 경제위기는 수 세기 승승장구해온 자본주의 시장경제 붕괴를 예고하는 묵시 같았습니다. 어느 날 수많은 사람이 멀쩡한 집에서 쫓겨나 길거리에 나앉았고, 불사조 같았던 은행들이 잇달아 파산했고, 평생직장인 줄 알았던 회사가 문을 닫고, 높은 연봉을 받아온 펀드매니저는 줄줄이 실직자로 전락했습니다. 세계 경제의 절대 강국인 미국에서 당시 벌어진 일이지요. 1930년대 대공황의 악몽이 미국을 넘어 지구촌을 덮쳤습니다. 그 여파는 한국의 구멍가게에까지 미쳤습니다.

경제위기의 진원지인 뉴욕 월스트리트 금융가의 탐욕과 비리의 실상이 속속 드러나면서, 자본주의의 미래는 더 이상 없어 보였습니다. 집과 직장을 잃은 많은 사람이 뉴욕에 몰려와 "월가街를 점령하라!"고 외쳤지요. 당시 분위기를 두고 "2008년 뉴욕과 프랑스 혁명 당시의 파리가 다르다면, 뉴욕에는 단두대가 없었을 뿐이다"라고 미국의 한 언론은 빗대었습니다.

종말론이 부상하면 구세주의 복음이 뒤따르기 마련이지요. 영국 언론인 아나톨 칼레츠키가 주장한 자본주의 4.0 이론이 그것입니다. 자본주의도 자연 생태계처럼 진화하지 않으면 도태하고 결국 사멸한다는 전제에서 나온 제안입니다. 칼레츠키는 자본주의의 진화 단계를 컴퓨터의 발전 단계에 비유한 소프트웨어 버전으로 설명했습니다. 그의 비유가 인터넷 시대에 어울리는 발상이어서 누구보다 언론의 관심을 끌었습니다.

그는 20세기 초 서구의 방임자본주의를 버전 1.0으로, 1930년대 대공황 이후 케인스의 수정자본주의를 2.0으로, 1970년대 호황기 이후 신자유주의 시장경제주의를 3.0으로 구분했습니다. 2000년대 들어 자본주의 3.0은 거대 금융자본의 탐욕과 빈부의 양극화 때문에 주저앉게 되었고, 자본주의가 계속 굴러가려면 4.0 버전으로 진행할 수밖에 없다는 게 칼레츠키의 주장이었습니다.

그의 논리는 그동안 우파와 좌파가 각각 주장해온 시장과 정부의 역할 중 순기능 부분을 적절히 뒤섞은 '적응형 혼합경제'와 같습니다. 핵심은 금융자본을 통제하고 기업 이윤의 일부를 소외 계층과 나눔으로써

'다 같이 행복한 성장'이 실현될 때 자본주의 4.0 버전은 가능하다는 것입니다. 그의 구상은 소박하고 이상적이어서 찻잔 속의 태풍에 그치고 말았습니다. "정부가 금융을 통제하면 더 큰 화를 부를 것" "자본의 탐욕을 나눔으로 극복하자는 게 가당하냐" "공짜 습관만 키울 뿐"이라는 비판과 함께 "유치한 발상"이라는 야유까지 받았습니다.

'함께 성장하는 따뜻한 세상'은 꿈에 불과합니다

칼레츠키의 자본주의 4.0은, 한국의 동반성장 정책과 아주 흡사합니다. 전자는 '나눔으로 다 같이 행복한 성장'을, 후자는 '함께 성장하는 따뜻한 사회'를 캐치프레이즈로 내세웁니다. 둘 다 지향하는 목표는 같습니다. 그러나 이후 전개된 양상은 전혀 다릅니다. 전자는 찻잔 속의 태풍에 그쳤지만, 후자는 대한민국 정치판에 돌풍을 일으켰습니다. 전자는 영국의 한 언론인이 내놓은 이론에 지나지 않지만, 후자는 대한민국의 국무총리와 대한민국을 대표하는 국립대학교의 총장을 지낸 저명 인사가 선거철에 제시한 정책안이었기 때문입니다.

동반성장은 당시 출범한 박근혜 정부의 '경제민주화'와 맞닥뜨리면서 자본주의 4.0을 실현하는 국가정책으로 자리 잡았습니다. 동반성장위원회이하 동반위는 2010년 12월, 민간기관이긴 하지만 법적 근거를 갖추고 출범했지요. 골목상권을 서민에게 되돌려주겠다며 내놓은 동반위의 정책에 서민들은 기대를 많이 했지만, 이내 실망한 눈빛이 역력했습니다. 대기업 빵집이 지하철 역세권에서 줄줄이 철수한 곳에는 중견기업의 빵집이 들어섰고, 동반위는 이들 간의 거리 제한을 둘러싸고 사사건건 대립했습니다. 뒷골목으로 밀려났던 서민빵집은 중견기업끼리 자리다툼을 하는 바람에 임대료가 치솟아 뒷골목조차 지키기 어렵게 되었다

지하철 역 주변을 '골목시장' 운운하는 것은 어불성설입니다.

고 하소연했습니다. 동반위가 전통시장을 보호하겠다며 대형 마트의 영업시간을 제한하고 휴일을 강제한 정책은 대형 마트에 납품하는 중소기업과 농민에게 타격을 주었습니다. 이 정책 덕에 전통시장이 살아났다는 소리는 들리지 않습니다. 당시 동반위가 '동반결박위' '압박위'라는 비아냥을 듣게 된 것도 이런 연유입니다.

2014년 세계 출판계는 프랑스의 한 소장파 경제학자가 쓴 경제 서적이 베스트셀러에 오르는 이변에 술렁거렸습니다. 인기 없는 경제 서적인데다 700쪽에 가까운 묵직한 분량과 엄청난 인용 자료를 감안하면 이변임에 틀림없습니다. 파리경제대학교 교수 토마 피케티의 저서 『21세기 자본주의』입니다. 이 책이 부의 편중에 직격탄을 날린 게 이변을 일으켰다고 출판계는 해석했습니다.

이 책의 논지는 매우 도발적입니다. 오늘날 자본주의는 세습 자본주의이기 때문에 자본에 의해 발생하는 소득에 대해 상속세나 증여세처럼 높은 누진세율을 적용해 국가가 환수해야 한다는 것입니다. 그래야 하는 이유는 이렇습니다. "돈이 돈을 버는 속도자본수익률가 사람이 노동으로 돈을 버는 속도소득증가율보다 빠르기 때문에 거대 자본에 의해 부익부 빈익빈은 날로 심화할 수밖에 없다. 이것을 방치하면 오늘날의 자본주의의 위기는 피할 수 없다. 고율의 세금으로 환수한 돈을 공공자산에 투자하여야 민주주의도 유지할 수 있다." 탐욕스런 자본에 대한 징벌적 과세가 마치 정의의 사도가 휘두르는 칼처럼 통쾌한 데다 방대한 인용자료를 보면 그래야만 할 듯합니다.

그러나 이 제안은 지구촌의 모든 나라가 동시에 함께 참여하지 않는 한 성공할 수 없습니다. 가령 한 나라라도 불참하면, 많은 부자가 그 나라로 국적을 바꾸게 될 게 뻔하기 때문이지요. 불참한 나라는 하루아침에 달러가 넘쳐나 일약 자본대국으로 변하게 될 것이며, 이내 다른 나라도 뒤따를 게 분명합니다. 그렇다고 불참한 나라를 제재할 수단도 없습니다. 그렇기 때문에 이 책의 주장 역시 칼레츠키의 자본주의 4.0처럼 뒷맛은 공허할 뿐입니다. 그럼에도 이 책이 베스트셀러에 오른 것은 날로 심화하는 부의 편중에 대한 우려가 크기 때문이겠지요.

더불어 사는 지혜는 숲에서 배울 수 있습니다

부의 편중 해소든 동반성장이든 경제민주화든 공권력으로 풀 수 있는 문제가 아닙니다. 상생공존하는 생태환경이 갖춰지면 자연스레 실현 될 수 있는 문제입니다. 숲의 생태를 알면 상생공존 환경이 어떠한 것인지 알 수 있습니다. 산과 들에 자란 식물을 두고 시인은 "풀과 나무는

©박명수

경쟁하지만 다투지 않는 식물의 상생공존 생태. 조경사가 잔디밭을 조성하면서 너무 밋밋한 듯해 소나무 한 그루를 심었습니다. 조경사는 소나무를 위해 주변에 잔디를 심지 않았지만, 잔디는 빈틈을 그냥 두지 않았지요. 소나무는 독이 든 솔잎을 떨어뜨려 잔디 뿌리의 침입을 막으려 했습니다. 그 틈에 갖가지 씨앗이 바람에 날려 이곳에 앉았습니다. 그중 생명력이 강한 쑥이 잽싸게 터를 잡습니다. 생명력이 강한 쑥은 솔잎의 독성을 견뎌냈습니다. 쑥은 잔디 뿌리 아래로 더 깊이 뿌리박고 이름처럼 쑥쑥 자랍니다. 이렇게 하여 땅속에서는 잔디와 쑥과 소나무가 세 개 층으로 나눠 일단 상생 공존하기로 합니다.

제멋대로 자라서 더욱 아름답다"라고 말합니다. 그러나 제멋대로 자란 식물은 없습니다. 하찮은 풀도 우람한 나무도 서로 부대끼며 영토 싸움 끝에 얻은 절묘한 타협의 산물입니다. 영토란 뿌리를 뻗은 땅과 햇빛 가득한 하늘입니다. 식물은 서로 앞서 땅과 하늘을 넉넉히 차지하려 쉼 없이 이웃과 다투지만, 한계에 이르면 타협하고 공존의 길을 찾습니다. 이래서 숲은 건강하고 아름답습니다.

식물이 어떻게 타협하고 상생할까요? 그 해답은 이웃 공원에서도 쉽게 찾을 수 있습니다. 얼마 전 단장한 잔디밭 빈틈에 잡초가 자리를 잡았습니다. 주변에는 키 큰 나무가 몇 그루 보입니다. 인간이 관리하는 공원 잔디밭이지만 온갖 씨앗이 바람에 실려 날아듭니다. 잔디는 다른 녀석들이 끼어들기 전에 땅을 독차지하려 애씁니다. 하지만 빈틈은 있기 마련입니다. 잡초는 대부분 빨리 성장하는 속성식물입니다. 잔디 빈틈에 떨어진 잡초 씨앗은 재빨리 뿌리를 내립니다. 잔디도 뿌리를 뻗어 막으려 합니다. 그러나 대개 속성식물인 잡초에 당할 재간은 없습니다. 잡초의 싹이 여기저기 돋습니다. 잔디는 뿌리를 뻗기보다 두터운 방어선을 치기로 합니다.

잔디가 완패한 듯합니다. 아닙니다. 땅을 파 보면 절묘한 타협을 확인할 수 있습니다. 잡초의 뿌리는 잔디 뿌리 아래층에서 길게 뻗었습니다. 깊이 박힌 잡초 뿌리는 지나치게 촘촘한 잔디 뿌리 아래로 산소와 수분을 공급하는 통로 역할을 합니다. 잔디 뿌리는 숨쉬기가 한결 쉬워집니다. 잔디와 잡초의 공존은 이렇게 시작됩니다.

그래도 둘 다 긴장을 놓지 않습니다. 만약 어느 한쪽에 틈이 생기면 비집고 들어갈 채비를 갖추고 있습니다. 마치 5분 대기조처럼 말이지요. 그런데 잡초 뿌리 아래층에는 더 굵은 뿌리가 여기저기 뻗어 있습니다.

인근 나무의 뿌리입니다. 이 공원의 잔디밭 지하는 잔디와 잡초와 나무의 뿌리가 3개 층으로 나눠 쓰는 셈입니다. 이렇듯 식물은 경쟁하지만 상생하고 공존합니다.

지표면에서 30~50cm 깊이의 토양을 근토층이라 합니다. 식물은 대부분 이 깊이에서 뿌리를 내리기 시작합니다. 다양한 식물이 뿌리를 내릴수록 근토층은 두터워지며 건강하고 비옥합니다. 식물이 다양하면 토양미생물의 종도 다양하고 개체도 그만큼 풍부해지기 때문입니다. 토양미생물은 주로 식물뿌리 곁에서 번식하는데 식물 뿌리와 미생물이 공생하기 때문이지요. 식물은 미생물에게 영양소를 주고, 미생물은 토양의 다양한 유기질을 유기화합니다. 그 덕에 식물은 무기 영양분을 흡수할 수 있습니다. 식물은 필요한 영양소의 대부분을 미생물을 통해 얻는다 해도 과언은 아닙니다.

식물은 하나를 얻으면 하나를 줍니다. 식물의 상생공존은 철저한 공정거래로 이뤄집니다. 네덜란드 암스테르담 자유대학의 토비 키어스 교수가 콩의 뿌리와 곰팡이균을 대상으로 실험했더니, 콩 뿌리는 곰팡이균과는 거래하지 않는다는 것을 발견했습니다. 곰팡이균은 주는 것 없이 받기만 하기 때문입니다. 하늘에서도 마찬가집니다. 햇빛을 얻기 위해 모든 식물은 치열한 영공전領空戰을 펼칩니다. 그러나 독식보다 나눠 갖는 게 서로 더 이득이라고 진화를 통해 일찍이 터득했습니다. 그래서 키가 큰 나무는 작은 잎을 여럿 만들고, 가지와 잎 차례도 가능한 한 서로 어긋나게 맺습니다. 아래에 있는 작은 풀을 위해 햇빛의 틈을 열어주는 배려입니다. 앞서 언급했던 황금비례와 피보나치 수열의 경이로움은 바로 이런 조화에서 비롯한 것입니다. 이래서 숲은 아름답습니다.

속성활엽수가 득세한 산림. 건강한 숲일수록 다양한 식물이 삽니다. 숲이 얼마나 건강한지를 살피는 것은 의외로 간단합니다. 식물이 땅바닥에서부터 하늘로 몇 개 층의 무리를 이루는지를 살피는 것입니다. 숲은 땅속에도 이런 층 구조를 만듭니다. 다양한 식물의 뿌리가 층을 이루고 상생공존하기 위해서입니다. 하늘이든 땅속이든 층이 많을수록 건강합니다. 사진 속 산림은 2층 구조로 건강하지 않은 상태입니다.

물론 모든 식물이 공생하기만 하는 것은 아닙니다

식물세계에도 안하무인은 있습니다. 바로 덩굴식물입니다. 대표적인 덩굴식물은 칡입니다. 칡 줄기는 길게는 10m 이상 뻗고 넓은 잎을 촘촘히 매답니다. 칡의 무성한 잎은 크고 작은 식물을 덮쳐 햇빛을 독차지합니다. 칡뿌리는 왕성한 광합성을 왕성하게 한 덕에 주변 영양분을 닥치는 대로 빨아들여 저장합니다. 칡덩굴이 덮친 나무와 풀은 영양분과 햇빛을 빼앗겨 이내 비실비실해집니다. 해를 거듭할수록 칡의 횡포는 거세집니다. 2~3년을 넘기면 칡덩굴 아래 나무와 풀은 거의 죽습니다. 소나무처럼 강한 햇빛과 바람 없이는 살 수 없는 침엽수에겐 특히 치명적입니다.

몇 년 뒤 기세등등했던 칡덩굴이 보이지 않습니다. 무슨 일이 있었던 것일까요? 칡덩굴 아래서 시달리던 나무와 풀이 칡뿌리를 견제하기 위해 경쟁 식물의 생장을 방해하는 타감물질을 일제히 발산하고 스스로 죽음을 택한 결과입니다. 살아남기 힘들게 된 칡은 다음 해 덩굴 뻗기를 중단하고 뿌리에 저장한 영양분에 기대어 몇 년간 숨죽여 지냅니다. 산림의 무법자인 칡도 어쩔 수 없이 끝내 타협을 선택하고, 이웃 식물이 살 공간을 열어준 것입니다.

생태계의 생존 방식을 둘로 나눌 수 있습니다. 동물의 법칙과 식물의 법칙입니다. 동물은 살기 위해 약한 이웃을 잡아먹지요. 반면 식물은 자신을 해치는 이웃이라 해도 고통을 주어 쫓을 뿐 죽이지 않습니다. 오히려 거래합니다. 초식동물에게 맛있는 잎과 열매를 주는 대신 씨앗을 멀리 퍼뜨리도록 심부름 시킵니다. 벌에게는 꿀을 주는 대신 꽃가루를 옮기도록 하지요. 동물이 제로섬zero-sum 게임을 한다면, 식물은 윈윈win-win 게임을 하는 셈입니다. 제로섬 게임이 생존에 유리한 듯하지만 그렇

숲의 무법자인 덩굴식물의 전횡. 사진 속 덩굴식물은 칡과 가시박입니다. 둘 다 한번 번지면 일대를 초토화하는 '산림의 무법자'이지요. 햇빛과 지력을 독차지하기 때문입니다. 칡은 콩과에 속한 토종이지만, 가시박은 박과에 속한 북아메리카 귀화종입니다. 둘 다 빈 땅을 골라 뿌리를 잽싸게 내리지요. 밭을 개간하거나 도로를 만들면서 파헤친 땅 주변에는 어김없이 이 녀석들이 끼어듭니다. 칡은 한때 사료와 벽지 원료로 활용하면서 개체 수가 많이 줄었으나, 2000년대 들어 가시박과 함께 급속히 번지고 있습니다.

지 않습니다. 식물계가 동물계보다 종의 다양성과 개체 수에서 압도적
으로 많고 풍부합니다. 그만큼 윈윈 게임이 제로섬 게임보다 더 생태적
우위에 있음을 방증하는 것입니다.

인간은 동물보다 더 동물적입니다. 맹수도 배를 채우고 나면 코 앞의
먹잇감을 사냥하지 않습니다. 그러나 사람은 그렇지 않습니다. 아무리
많아도 일단 제 주머니에 챙기고 봅니다. 욕심 때문이지요. 탐욕은 만사
를 그르치게 합니다. 인류가 식물이 보여주는 윈윈 게임의 슬기를 배우
고 따라야 하는 이유입니다.

숲의 생태환경을 찬찬히 살피면, 동반성장의 지름길이 있습니다

식물이 하늘과 땅에 층층의 상생공존의 터전을 나누는 슬기가 그것입
니다. 논란이 끊이지 않는 동반위의 골목상권 보호 정책을 사례로 삼아
설명하면 이해하기 쉬울 성싶습니다.

첫째, 상가 임대료가 만만치 않은 지하철 역세권 같은 중심 상권은 대
기업이든 중소기업이든 능력 있는 사업자가 서로 경쟁할 수 있도록 해
야 합니다. 그래야 제품의 품질과 서비스의 질이 향상되며, 좋은 품질과
나은 서비스를 갖추기만 하면 중소기업도 대기업을 압도할 수 있는 경
쟁력을 갖출 수 있습니다.

제빵 전문기업인 파리바게트가 대표적인 사례입니다. 이 회사는 품질
과 서비스로 국내 시장에서 압도적인 점유율을 확보한 데 이어 해외에서
도 괄목할 만한 성장을 지속하고 있습니다. 중국의 여러 대도시와 빵의
본고장인 뉴욕과 파리에 잇달아 가게를 열면서 세계적인 브랜드 기업으
로 발돋움하고 있지요. 열린 시장에서 품질·서비스 경쟁을 치열하게하
지 않고는 불가능한 성공 사례입니다. 만약 동반위의 골목상권 규제처

아파트 단지 입구에는 어김없이 상가가 있지요. 대형 마트가 우후죽순처럼 생기면서 이른바 '단지 상가'는 된서리를 맞았습니다. 심지어 오래된 단지 상가의 지하층은 밤이면 우범지대로 변하는 곳도 있습니다. 이런 곳에 영세상인을 위한 재래시장을 만들면 어떨까요.

럼 경쟁을 제한했다면, 오늘날 파리바게트 같은 브랜드의 출현을 기대할 수 없었을 성싶습니다.

둘째, 도심 상권을 경쟁 시장으로 내주는 대신 도시 영세서민의 생업 터전은 따로 마련해주어야만 합니다. 이 일은 중앙정부와 지방자치단체의 몫입니다. 영세서민이 생업터전을 잃게 된 데에는 중앙정부와 지방자치단체의 책임이 한몫을 했기 때문입니다. 도시 서민을 도외시한 도시 개발과 관리 정책이 그것입니다. 도시는 부자들만 사는 공간이 아닙니다. 숲처럼 다양한 소득 계층이 상생공존 해야만 제 기능을 합니다.

대한민국의 도시는 그렇지 못합니다. 대도시일수록 도심권은 고층 건물로 숲을 이루고, 그 틈새에 오래된 주택가나 재래시장이 있으면 닥치는 대로 재개발합니다. 이곳 주택가에 살던 세입자와 재래시장의 상인은 줄줄이 변두리로 밀려납니다. 아무리 변두리라 해도 역세권 주변의 집과 상가의 임대료는 떠밀려온 서민이 감당하기에 여전히 벅찹니다. 결국 뒷골목에 가게를 열지만 장사가 잘 되긴 어렵지요. 이들 중 십중팔구는 빈털터리가 되고 맙니다. 동반위가 출범 이후 강력히 추진해온 골목상권 보호 정책이 정작 보호 받아야 할 영세상인에겐 딴 세상 이야기로 전락한 이유입니다.

기존 주택가의 무분별한 재개발 정책과 신도시 개발 정책은 더욱 심각합니다. 두 정책이 실현된 곳에는 멋진 고층 아파트가 즐비하지만, 상생공존이 가능한 도시의 생태환경을 찾기는 어렵습니다. 도심 재개발 지역이나 신도시는 상당한 재산이나 소득을 가진 중산층 이상을 위한 아파트만 있기 때문입니다. 이런 곳에는 단지마다 상가가 들어서지만, 영세서민이 발 붙일 공간은 없습니다. 먹고살기 위해 중심상권 내 인도 구석진 자리에 전을 펴기라도 하면 도시 미관을 해친다거나 보행인에게 방해가 된다는 이유로 단속합니다.

이제 사람도 숲처럼 함께 살아야 합니다

정부와 지방자치단체는 이들을 내치기 전에 이들에게 생업터전을 마련해줄 의무가 있습니다. 영세서민이 먹고살 공간이 없는 도시를 만든 게 그들이기 때문입니다. 정부는 도심을 재개발하거나 신도시를 건설할 때에는 반드시 영세상인의 생업터전을 마련하도록 법제화해야 합니다. 기존 재개발 지역이나 신도시의 경우 단지마다 들어선 상가의 일부를 국가가 기부채납을 받거나 국가예산으로 장기 임대한 뒤, 지방자치단체에 맡겨 영세민을 위한 생업터전을 마련해주고 보증금 없이 매출에 따라 최소한의 이자를 받는 자립형 지원책 마련을 도입해야 합니다. 이들이 이곳에서 스스로 일어나 당당하게 역세권으로 진출할 수 있도록 돕는 것이 진정한 동반성장을 실현하는 길입니다.

아파트 단지 내 상가에 골목시장의 난전 같은 이웃 시장이 생기면, 주민은 차를 몰고 대형 마트를 찾는 일을 줄일 수 있습니다. 이곳에서 이웃 농촌에서 키운 싱싱한 채소와 육류를 팔게 하면, 주민은 대형 마트보다 싸게 살 수 있으며 필요할 때 필요한 만큼 편리하게 구입해 먹을 수 있습니다. 특히 앞집 사람 얼굴조차 모르고 사는 대한민국 아파트의 삭막한 공동체 문화를 바꾸는 따뜻한 공간도 될 성싶습니다.

'가난은 나라도 구제할 수 없다'는 옛말은 빈말이 아닙니다.

퍼주기 복지정책은 빈민을 더욱 늘게 할 뿐입니다. 일자리 창출을 한다며 벤처기업을 돕는 것도 좋지만 이보다 앞서 도시 서민이 빈곤에서 벗어날 수 있도록 '사다리'를 마련해주는 것이 더 시급합니다. 2000년대 들어 북유럽 국가들이 무차별 복지 정책을 잇달아 폐기하고, 일하려는 사람의 자립을 돕는 데 복지예산을 집중하는 것도 같은 연유입니다.

부자들의 기부로도, 부자세로도, 골목상권 보호로도 빈익빈 부익부의 굴레를 풀지 못합니다. 일할 수 있는 사람에게 일자리를 만들어주고, 스스로 부자가 될 수 있는 길을 돕는 정책만이 숲처럼 건강한 사회를 만들 수 있기 때문입니다.

숲은 자연이 가꾼 완벽한 동반성장 사회입니다. 숲 생태를 잘 살피면 대한민국이 동반성장으로 가는 지름길이 보입니다.

숲이
산불을
두려워하랴

산불은 식물에게 치명적입니다.

울창한 숲을 순식간에 잿더미로 만들지요.

식물에게 산불은 최악의 재앙입니다.

그러나 숲에게 산불은 필요악입니다.

잿더미로 만들어 버리는 산불이 왜 필요하다는 것일까요?

숲은 스스로 산불을 일으키기도 합니다

이를 자연산불이라 부릅니다. 번갯불로 발화하기도 하지만 나뭇잎과 가지의 마찰에서 불씨가 생겨 일어납니다. 건기乾期 침엽수림에서 자주 발생하지요. 흔히 송진이라 부르는 침엽수의 수액이 인화물질 구실을 합니다. 침엽수는 온몸에 화약을 바르고 사는 꼴입니다. 왜 이런 자연선택을 했을까요. 멸종을 자초하는 선택을 했을 리는 없겠지만, 잘못 선택했다면 침엽수는 이미 지구에서 사라졌어야 합니다. 그러나 지구에는 500종이 넘는 침엽수가 곳곳에 울창한 숲을 이루고 건재하지요.

침엽수는 생김새부터 특이합니다. 대체로 잎은 바늘을 닮았고 하늘 높이 쭉쭉 뻗는 습성이 있습니다. 바늘 모양의 잎은 추위에 잘 견디기 위

수북이 쌓인 침엽수의 잎이 지표면을 완전히 덮었습니다. 바람에 날려온 다른 식물의 씨앗이 땅에 닿지 못하게 하여 말라죽게 하려는 방책이지요. 자신의 씨앗도 예외일 순 없습니다. 자식과 경쟁할 수 없기 때문입니다. 이뿐만이 아닙니다. 잎의 독성은 이웃 식물의 뿌리도 접근하지 못하게 합니다.

한 선택이었고, 큰 키에 날씬한 몸매는 서로 많은 햇빛을 차지하려 경쟁한 끝에 만들어진 맵시입니다. 침엽수는 다른 종의 식물과 더불어 살기를 싫어합니다. 그래서 같은 종끼리 모여 숲을 이룹니다. 침엽수림만의 아름다움은 이런 유별스러움에서 비롯한 것이지요. 소나무 방풍림이나 편백 숲을 보면 이해가 빠를 법합니다.

침엽수는 봄부터 여름까지 새잎을 내지만, 늙은 잎을 연중 조금씩 떨굽니다. 그래서 침엽수림의 땅바닥에는 늘 낙엽이 쌓여 있습니다. 침엽수의 잎에는 다용도 이차대사산물이 있습니다. 흔히 피톤치드라고 부르는 물질이지요. 잎이 자랄 땐 병해충을 쫓는 화생방 무기이자 주변을 정탐하는 정보원 노릇을 합니다. 낙엽이 되어 땅에 떨어지면 영토를 침범하는 다른 종의 식물은 물론이고 자신의 씨앗까지 생장하지 못하게 방해합니다. 자신의 자식과 생존경쟁을 해야 하는 비참한 현실을 피하기 위한 고육지책입니다.

침엽수는 자기들끼리 숲을 이루고 삽니다

침엽수의 고향은 지구 북반부의 추운 지역입니다. 침엽수의 품종에 시베리아나 히말라야 같은 지명이 많은 것도 이 때문입니다. 한파와 강풍을 이겨내려면 서로 모여 살아야 했습니다. 그런데 점차 따뜻한 지역으로 번져 나가면서 새로운 종으로 진화했고, 열대지역을 제외한 거의 모든 기후대에서 다양한 침엽수가 출현했습니다. 가을이면 단풍 옷으로 갈아입는 낙엽침엽수도 수십 종입니다. 그러나 유아독존唯我獨尊과 군집서식群集棲息하는 버릇만은 거의 모든 침엽수가 버리지 못한 특징입니다.

단일 종의 군집서식은 산불에 더 치명적으로 영향을 받습니다. 단 한 번의 산불에 멸종할 수도 있기 때문입니다. 게다가 침엽수는 산불을 자

전형적인 관화형인 미국
요세미티 국립공원의 산불.

초하는 인화물질松진까지 뒤집어쓰고 있으니 더 심각하지요. 세상에 이런 멍청한 식물도 없어 보입니다.

그런데 침엽수는 위기를 기회로 역이용하는 기막힌 생존전략을 갖고 있습니다. 침엽수림의 산불 유형을 관화형冠火型이라 합니다. 나무의 윗부분을 태우며 급속히 번지는 모양이라 붙인 이름입니다. 키가 큰 침엽수는 아래로 갈수록 가지와 잎이 적습니다. 반면 윗부분은 무성합니다. 기발한 생존 계책은 여기에 숨어 있습니다.

숲의 생태를 거스른 그들만의 군집서식이 지나치면 과밀화로 인해 생존에 한계를 자초하게 됩니다. 이 지경에 이르면 생태환경을 개선하기 위해 산불을 이용합니다. 윗부분의 풍성한 가지와 잎을 태우는 절묘한 구조조정입니다. 그뿐 아닙니다. 치솟는 화염풍火焰風을 이용해 열매를 멀리 날려 보냅니다. 수십 킬로미터에서 수백 킬로미터를 날아가 새로운 영토를 만듭니다. 씨앗을 가능한 한 멀리 보내 근친수정을 피하고 우성종優性種을 번식하려는 전략입니다.

침엽수의 씨는 겉껍질과 속껍질 두 겹으로 싸여 있습니다. 열풍에 실려 날아가는 동안 씨앗의 겉껍질은 불타고, 땅에 떨어지면 속껍질이 터집니다. 뿌리를 내릴 준비가 된 것입니다. 빨리 착근해야 살아남아 무리를 지어 숲을 이룰 수 있기 때문입니다. 한편, 산불이 났던 숲은 검게 변했지만 재 덕분에 토양이 되살아납니다. 이듬해 까맣게 그을린 침엽수의 밑둥치에서 새싹이 돋습니다. 이 싹은 수년 내 건강한 숲으로 다시 태어날 것입니다.

산불을 겪지 않은 침엽수림은 건강하지 못합니다

산불에서 살아남는 침엽수의 씨앗은 얼마나 될까요? 건축재로 널리 사용하는 미송의 재목인 더글러스퍼Daglus-fir의 씨앗이 새싹을 틔우고 살아남는 생존율은 0.0025%에 불과하다고 합니다. 95%는 300℃ 이상의 고온에 견디지 못하고 타 죽습니다. 간신히 살아남은 5%의 95% 마저 다람쥐와 같은 포식동물의 먹이로 사라집니다. 1만 개의 열매 중 고작 25개가 살아남는 셈입니다. 이 정도로 종이 보존된 것이 신기하지요. 더글러스퍼의 선택은 절제와 고효율의 전략입니다. 많은 후손이 제한된 영토에서 지나친 경쟁을 하기보다는 소수의 자손이 더불어 살아남는 길을 선택한 것입니다. 울창한 침엽수림을 보면, 이들이 얼마나 모진 역경을 딛고 숲을 이뤘는지 경이로울 뿐입니다.

메타세쿼이아는 온대 기후에 적응하며 진화한 낙엽침엽수 중 하나입니다. 훤칠한 키에 우람한 몸집과 짙은 녹음을 뽐내는 여름 풍경, 다양한 갈색을 연출하는 단풍의 가을 풍경 그리고 눈이 내려앉은 잔가지의 겨울 풍경이 철철이 풍치를 더하는 수종입니다. 부르기도 힘든 긴 이름의 이 나무가 한국 사람에게 친숙해진 것은 영화 〈가을로〉 덕분입니

늠름한 품새 덕에 가로수로 사랑받는 메타세쿼이아. 그러나 농촌의 가로수에는 맞지 않습니다. 메타세쿼이아의 낙엽이 농작물의 생장을 방해하기 때문이랍니다.

다. 전남 담양과 순창을 잇는 9km의 메타세쿼이아 길은 이 영화에 등장하면서 '걷고 또 걷고 싶은 길'로 관광명소가 되었습니다. 메타세쿼이아는 자연 상태에선 다른 침엽수림과 마찬가지로 거대한 숲을 이루고 삽니다. 그리고 산불을 이용해 열매를 날려 보내고 자신을 불태웁니다. 겨울철 앙상한 메타세쿼이아를 보면 꼭대기 잔가지에만 솔방울보다 훨씬 작은 열매가 조랑조랑 달렸습니다. 씨앗이 산불 열기의 부력을 잽싸게 올라타 멀리 날아가기 위한 준비 자세입니다.

메타세쿼이아는 1년 새 키 10~15m의 거목으로 자랍니다. 두 해를 넘기면 숲다운 모습을 드러냅니다. 북미 대륙에서 산불과 지진은 지역에 따라 50~150년 주기로 발생합니다. 그런데 이 대륙에 자생하는 자이언트 메타세쿼이아의 열매가 가지에 매달려 있는 기간도 50~150년이라고 합니다. 자연재앙의 주기와 딱 맞아떨어집니다. '살아 있는 화석식물'인 메타세쿼이아가 무려 2억 3천만 년 동안 지각운동의 주기에 적응한 진화의 비결입니다.

한반도의 대표적인 침엽수는 소나무지요. 불과 50년 전만 해도 소나무는 한반도 산림의 절반을 차지한 가장 흔한 나무였습니다. 백두대간을 따라 태백준령에는 쭉쭉 뻗은 금강송이, 해안 산악지역에는 해풍에 뒤틀린 해송이, 동네 뒷산에는 곡선미를 뽐내는 적송이 빽빽했습니다. 일제의 수탈과 한국전쟁의 전란 그리고 전후 남벌에도 소나무 숲은 그런대로 보존되었습니다. 그러나 요즘은 울창한 소나무 숲을 보려면 수목원에나 가야 가능하지요.

1971년 이후 그린벨트 정책 덕에 산림은 짙어졌는데 유독 소나무는 왜 귀해진 걸까요. 지나친 산림보호와 기후온난화 탓입니다. 산림보호는 속성활엽수速性闊葉樹의 득세를 도왔습니다. 속성활엽수가 숲을 이

2009년도 '억새 태우기' 축제 중 돌풍으로 인해 최악의 산불로 번진 경남 창녕 화왕산.

루고 햇빛과 바람을 독차지하면 소나무는 버티지 못합니다. 이런 소나무는 잔솔방울을 많이 매답니다. 솔방울의 무게를 줄여 산불 화염풍에 실려 가능한 한 멀리 날아가보려는 최후의 도주 태세입니다.

산림보호 덕에 산불은 좀처럼 나지 않습니다. 솔방울은 한결 가벼워졌지만, 태풍을 타고 날아봤자 근처의 활엽수림 가운데 떨어지고 맙니다. 대부분 싹도 내지 못합니다. 게다가 급속한 지구온난화는 소나무의 생태환경을 송두리째 무너뜨리고 있습니다. 간벌間伐과 가지치기로 산림의 생태환경을 개선하려 하지만 역부족입니다. 그렇다고 산불을 방치할 수도, 일부러 낼 수도 없습니다. 인접한 민가와 마을의 피해가 불 보듯 하기 때문입니다.

일부러 낸 산불도 있긴 합니다. 매년 대보름 때 열렸던 경남 창녕 화왕산 정상의 '억새 태우기' 산불 축제입니다. 2009년 2월 9일 대보름날, 갑작스런 역풍으로 화염이 축제에 참가한 인파를 덮쳐 66명의 사상자를 내는 바람에 중단되었습니다. 이 축제는 지역민이 이듬해 억새를 더 건강하게 키우기 위해 대보름 액 물리치기를 겸해 벌이는 행사였습니다. 화왕산 억새는 이제 예전 같지 않습니다. 어쨌든 대한민국 산림은 지나친 보호 정책의 덫에 걸렸습니다. 활엽수의 대대적인 간벌 외 소나무를 보존하고 숲의 생태 균형을 유지할 다른 대안은 없어 보입니다.

지나친 보호가 망치는 것은 숲뿐만이 아닙니다

국가경제도 기업살림도 마찬가집니다. 국가도 기업도 식물의 겨울나기처럼 정기적으로 구조조정을 해야 합니다. 때로는 침엽수처럼 위기를 역이용하는 대대적인 구조조정도 해야 합니다. 스스로 하지 않으면 위기를 피할 수 없습니다. 흔히 대한민국 경제의 성공을 일컬어 '한강의 기적'이라고 합니다. 기적이 아니라 뼈아픈 구조조정의 결과입니다.

1963년 경제개발 정책이 시작된 이래 한국 경제는 혹독한 구조조정을 세 차례 치른 덕에 지속적인 성장을 이루었습니다. 첫 구조조정은 전두환 정부 초기의 '산업통폐합'이었고, 두 번째는 1998년 김영삼 정부 말기 이른바 'IMF 환란'이라 불렸던 외환위기였으며, 세 번째는 2003년 김대중 정부 때의 '카드 대란'이었습니다.

첫 산업통폐합 조치는 박정희 정부의 성장 위주 개발 정책과 중화학 산업 부문의 과잉 투자로 부풀려진 몸집을 줄인 것이었습니다. 시행 과정에서 숱한 부정부패 잡음과 부작용이 표출되어 제13대 국회 5공비리 청문회의 조사를 받기도 했지만, 중화학산업 국가로 재도약하는 발판이 되었습니다.

두 번째 'IMF 환란' 때의 구조조정은 재벌 그룹의 과도한 외환 차입과 문어발식 계열사 확장이 불러온 최악의 채무불이행 위기를 국제통화기금IMF의 지원을 받고 극복하는 과정에서 이뤄졌지요. IMF의 강력한 요구에 재벌 그룹은 수족과 같은 계열사를 잘라냈고, 몇몇 은행이 문을 닫거나 통폐합했습니다. 그 회오리바람 속에 중소기업은 줄줄이 파산했고, 국민은 자녀의 돌반지까지 내놓았습니다. 구조조정이 얼마나 혹독했던지 기업은 물론 가계까지 현금 흐름을 중시하는 체질로 바꿔놓았습니다. 그 덕분에 2008년 미국 금융위기로 촉발한 세계 경제위기를 무난히 넘길 수 있었지만, 현금을 쥐고도 재투자에 소극적인 역기능을 드러냈습니다.

마지막 '카드 대란'은 한마디로 어처구니가 없는 정책 실수의 연속이었습니다. 김영삼 정부의 'IMF 환란' 책임을 몰아세워 정권을 잡은 김대중 정부가 신용카드의 남발과 현금서비스의 묻지마 대출을 방치하다 자초한 금융위기였습니다. 카드 대란의 진원인 관치 금융을 방치한 채 몇몇 카드회사에 대한 제재에 그쳤고 부실을 국민세금으로 메워 구조조정 효과도 얻지 못했습니다.

세 번의 구조조정 가운데 첫 산업통폐합은 앞서 대처한 것인 반면, 나머지 둘은 방치하다 위기를 맞고야 극복한 것이었습니다. 앞서 대처하면 타격과 피해를 최소화할 수 있습니다. 그렇지 않으면 국가경제 특히 서민경제에 치명타를 줍니다. 그렇기 때문에 첫 산업통폐합의 타격과 피해는 외화 차입으로 몸집을 키웠던 해운·조선업계와 일부 재벌 그룹에 그쳤습니다. 반면 구조조정을 미루다 닥친 'IMF 환란'은 한국경제를 송두리째 태워버릴 듯한 산불과 같았습니다. 침엽수처럼 위기를 기회로 만들 계책도 없었습니다. IMF 총재의 "디폴트"Default 한 마디에 '한강의 기적'은 물거품으로 변했고, 세계인의 조롱거리로 전락한 상황이었습니다.

그런데 놀랍게도 대한민국 국민은 놀라운 생존비책을 꺼냈습니다. 장롱 속의 금붙이였습니다. 당시 대한민국이 가진 자산 가운데 국제금

융시장에서 제값을 받을 수 있는 것은 귀금속뿐이었습니다. 이 금붙이는 금괴로 뭉쳐져 한국은행 금고에 쌓였지요. 침엽수가 산불의 화염풍에 실어 보내는 씨앗과 다를 바 없었습니다. 금괴는 바닥난 외환보유고를 채웠고 나라살림을 회생하는 데 필요한 종잣돈이 되었지요. 불과 2년 새 대한민국 경제는 건강을 되찾았습니다. 세계는 이를 'IMF 조기졸업 신화'라 말했습니다. 1998년의 '환란'은 산불이 되어 한국경제의 토양과 체질을 일거에 바꾼 산업생태 환경의 일대 구조조정이었습니다.

구조조정은 산불과 닮아 있습니다

기업의 몸집 불리기는 고질병에 가깝습니다. 이윤을 추구하는 탐욕 본능 때문입니다. 특히 정부의 정책적 보호를 받거나 시장의 독과점 지위에 있는 기업일수록 심합니다. 이런 기업은 대마불사大馬不死를 신봉합니다. 그러나 그렇지 않습니다. 대마필쇠大馬必衰입니다. 덩치가 너무 크면 그만큼 둔하고 환경 변화에 대한 대응도 느려 위기에 필히 쇠망한다는 뜻입니다. 한때 잘나가던 기업이 어느 순간 사라지면 십중팔구는 겁 없이 몸집을 불리다 망한 것입니다. 그래서 정기적인 구조조정이 필요한 것이지요.

1998년 '환란'을 경험한 이후 한국 기업은 구조조정의 필요성을 알게 되었지만, 기회를 미루다가 위기가 닥칠 조짐이 보이면 한꺼번에 몰아붙입니다. 그래서 노사 갈등과 분쟁이 격화되고 심각한 사회 문제로 번집니다. 미국 GE그룹의 최고경영자였던 잭 웰치가 저서 『끝없는 도전과 용기』에서 가장 많이 쏟아낸 단어는 구조조정·워크아웃·아웃소싱 그리고 인수합병M&A일 성싶습니다. 모두 구조조정 한마디로 요약할 수 있는 단어입니다.

산림청의 간벌 작업. 대대적인 간벌은 엄두조차 내지 못한 채, 국립공원·등산로·유실수 단지 같은 접근 가능한 수림의 가지치기에 그치고 있습니다.

기업의 구조조정 중 인수합병은 매우 도전적인 기업 혁신의 수단입니다. 한마디로 침엽수림의 산불 전략과 같습니다. 무성한 숲을 태워 몸집을 줄이는 동시에 새로운 영토를 만드는 침엽수의 생존 전략이지요. 인수합병 역시 멀쩡한 기업을 팔고 다른 업종의 기업을 사들여 새로운 사업 영토를 일구고, 몇몇 기업을 통폐합하여 몸집을 대폭 줄입니다. 인수합병으로 구조조정에 성공한 대표적인 기업은 두산그룹입니다. 두산그룹의 구조조정은 침엽수림의 산불 전략과 닮은 구석이 참 많습니다. 불과 20년 새 식·음료 중심에서 중공업 중심으로 전혀 다른 업종의 기업집단으로 탈바꿈한 구조조정이 그것입니다.

1990년대 초만 해도 한국의 식·음료 시장은 몇몇 대기업이 국내 시장을 나눠먹는 이른바 독과점 체제의 '블루 오션'이었습니다. 그러나 1995년 대한민국의 세계무역기구WTO 가입은 국내 식·음료 시장을 시

챗말로 피 터지게 경쟁하는 '레드 오션'으로 바꿔놓습니다.

당시 두산그룹은 100년 역사의 창업 업종을 지키기 위해 다국적 식·음료 기업과 경쟁에 나섰고, 무리한 시설 투자와 과다한 마케팅 비용은 그룹의 재무 구조를 급속히 악화시킵니다. 두산그룹은 1995년 말 창업 업종이자 효자 제품이었던 OB맥주의 매각을 발표해 세상을 깜짝 놀라게 합니다. 공식적으로는 새로운 100년을 향한 사업 창출을 위해 선택한 것이라고 그 배경을 밝혔습니다만, 기실은 특단의 구조조정을 예고한 신호탄이었습니다. 그 기세가 산불 같았습니다.

1차 구조조정이 완료된 1997년까지 2년간 OB맥주 영등포공장을 비롯한 코카콜라 사업권, 한국코닥과 한국네슬레의 지분 등 알짜 사업을 속속 내놔 재무구조를 개선합니다. 1997년 IMF 환란으로 다시 위기를 맞자 2차 구조조정에 나서 OB맥주 사업을 포함한 대부분의 식·음료 사업을 내놓아 줄잡아 1조 원 규모의 현금을 마련합니다. IMF 환란의 위기를 넘긴 뒤, 1999년 시작한 3차 구조조정에서 한국중공업과 대우종합기계를 차례로 인수하며 중공업이란 새로운 영토를 마련합니다. 그후 해외 시장으로 눈을 돌리더니 불과 10년 새 수水처리, 발전 보일러, 터빈 설계 및 제조, 건설장비 등으로 영토를 다각화하고, 해당 분야의 세계 최고 원천기술을 가진 기업을 인수·합병합니다. 두산그룹의 해외 매출 비중은 1998년 18%에서 2008년 53%로, 2015년에는 90%대로 늘려 글로벌 기업으로 입지를 굳힐 계획이라 합니다.

두산그룹의 구조조정은 문자 그대로 전광석화이며 현재진행형입니다. 세상이 변하면 개인도 기업도 국가도 변해야 살아남습니다. 급변하는 환경에서 소극적인 구조조정은 늘 뒤쫓는 신세를 면할 수 없습니다. 세상을 앞서가려면 침엽수의 산불 전략 같은 전격적이고 획기적인 구조

두산중공업이 2003년 준공한 아랍에미리트 후자이라 담수 플랜트의 야경. 두산그룹의 단호한 구조조정을 혹자는 기적이라 말합니다. 미리 대비하고 위기가 닥치기 전 절호의 기회로 활용하는 침엽수림의 산불 전략과 닮았습니다. 두산중공업의 담수화사업은 압도적인 세계 1위입니다.

조정이 필요합니다.

기회는 위기를 알고 대비하는 사람에게 주어진 '예약된 행운'이라고 합니다. 자이언트 메타세쿼이아는 산불의 주기를 알고 열매를 매달고 때를 기다립니다. 짧게는 50년, 길게는 150년이나 말이지요. 그러고는 때가 되면 전광석화처럼 예약된 행운을 잡습니다.

국가든 기업이든 개인이든 위기를 피할 수 없습니다. 준비하기에 따라 위기는 누구에겐 파멸이고 누구에겐 기회입니다. 산불을 이용한 침엽수림의 역발상을 곱씹어 생각해봅니다.

광합성

녹색은 미세한 엽록소가 모여 생긴 빛깔입니다. 잎 하나에 수천에서 수십만 개의 엽록소가 빛 에너지를 이용하여 광합성을 합니다. 연둣빛 아주 작은 점이 있는 곳에 기공이 있지요. 기공을 통해 엽록소가 만든 산소와 수분을 내뿜고, 이산화탄소를 빨아들여 광합성의 원료로 사용합니다. 기공은 광합성 과정에서 생긴 노폐물을 내보내기도 합니다. 잎 속의 가늘고 굵은 줄기는, 뿌리로부터 수분과 양분을 잎에 공급하는 파이프 라인이자 잎의 모양을 유지하는 지지대입니다. 나뭇잎은 단순하면서도 지극히 정교한 생화학공장이지요.(p.98)

발아현미

싹눈이 발아한 발아현미는 쌀 중의 쌀입니다. 현미를 발아시키는 것은 어렵지 않습니다. 싹눈이 잘 보존된 갓 빻은 현미를 구하기가 어려울 뿐입니다. 시골 방앗간에서나 가능하기 때문입니다. 좋은 현미를 구했다면 헹구듯 살살 씻은 뒤, 생수를 붓고 실내 상온에서 열 시간 정도 둡니다. 보글보글 기포가 솟으면, 바구니에 건져놓고 보자기로 덮어둡니다. 여름엔 하루, 겨울엔 2~3일이면 싹이 돋습니다. 싹이 2mm쯤 자라면 조심스레 헹군 뒤 어느 정도 말립니다. 냉장고에 두고 먹으면 됩니다. 압력솥은 피하는 게 좋습니다. 발아현미를 먹으면 진짜 쌀밥 맛을 알게 됩니다. 백미 쌀밥과 달리 발아현미는 보약과 같습니다.(p.111)

개양귀비와 양귀비

둘 다 양귀비과에 속하는 두해살이 풀. 개양귀비는 유럽 원산지의 관상용이며, 양귀비는 소아시아 원산지의 약용입니다. 꽃 모양부터 사뭇 다릅니다. 양귀비는 중국 당 현종이 귀비 양옥환만큼 예쁘다 하여 흔히 양귀비라 부르지만, 원래의 고유 명칭은 앵속이지요. 한국에선 재배 금지 식물이라 찾아보기 어렵습니다. 반면, 개양귀비는 조경 화초로 보급되어서 흔히 볼 수 있습니다. 개양귀비의 예쁜 이름을 되찾아주고 싶습니다. 우미인초虞美人草입니다. 초왕 항우가 사랑한 여인의 이름을 빌려온 것이지요.(p.112)

속성활엽수

건강한 숲일수록 다양한 식물이 삽니다. 숲이 얼마나 건강한지를 살피는 것은 의외로 간단합니다. 식물 가지가 땅바닥에서부터 하늘로 몇 개 층의 무리를 이루는지를 살피는 것입니다. 예를 들면 이렇습니다. 땅바닥에 이끼가 여기저기 피었고, 그 사이에 풀이 무성하게 자라며, 풀 위로 진달래 가지가 뻗었고, 진달래 가지 위에 서어나무 가지가 보이며, 그 위에 소나무가 하늘로 치솟았다면 6층 구조의 숲으로 볼 수 있습니다. 5층 이상이면 건강한 숲이지요. 이런 숲은 앞으로 10층 이상의 울창한 위용을 보일 겁니다. 반면, 땅바닥에 이끼가 무성하고 그 위에 고만고만한 활엽수가 하늘을 잔뜩 가리고 있는 2층 구조라면 퇴화하는 숲으로 봐야 합니다. 숲은 땅속에도 이런 층 구조를 만듭니다. 다양한 식물의 뿌리가 층을 이루고 상생공존하기 위해서입니다. 하늘이든 땅속이든 층이 많을수록 건강합니다. 금수강산이 예전 같지 않습니다. 겉보기에 울창하지만, 속을 들여다보면 심각합니다. 떡갈나무처럼 빨리 자라면서 넓은 잎을 많이 내는 속성활엽수만 득세하는 탓입니다. 이들이 숲을 2층 구조로 만듭니다.(p.159)

간벌

산림청과 지자체는 막대한 비용 때문에 대대적인 간벌은 엄두조차 내지 못한 채, 국립공원·등산로·유실수 단지와 같은 접근 가능한 수림의 가지치기에 그치고 있습니다. 이대로 방치하면 2025년 이전 전국 산림의 생태 구조는 겉보기만 울창할 뿐 속 빈 강정 꼴을 피하기 어렵습니다. 국토의 70%인 산을 활용할 정부의 획기적인 정책 마련이 시급합니다. 대안은 스위스 모델입니다. 그린벨트 내 소규모 목초지 조성을 장려하고, 주변 산림을 관리하며 소득을 올릴 수 있는 산속 힐링 마을 조성만 허용해도 1석 4조의 이득을 얻을 수 있습니다. 첫째, 국가예산의 투입 없이 산림 관리를 민간에 위탁할 수 있습니다. 둘째, 많은 일자리와 소득이 창출되지요. 셋째, 밀집 사육 방식에 얽매인 축산산업을 목초지 방목으로 바꿀 수 있습니다. 넷째, 방목 축산을 하면 해마다 겪는 구제역과 조류독감의 피해를 근원적으로 막을 수 있습니다.(p.177)

열매

- 카카오는 초콜릿을 믿지 않는다
- 건강한 밥상은 이웃 농촌에 있다
- '터미네이터'가 식탁을 점령하다
- 콜라는 애당초 음료가 아니다
- 산새는 빨간 열매를 좋아한다
- 건강하려면 '바람둥이'가 되자

카카오는
초콜릿을
믿지 않는다

초콜릿만큼 찬사와 멸시를 동시에 받는 식품도 없는 듯합니다. 누구는 '사랑의 묘약'이라 찬탄하지만, 누구는 '악마의 미약'이라 힐난합니다. 혹자는 다이어트 식품이라 권장하지만, 혹자는 비만 식품이라 매도하지요. 심지어 마약 취급을 하는가 하면, 한편에서는 건강식품이라고 옹호하기도 합니다. 수많은 기호식품 가운데 이처럼 평가가 극명히 갈리는 것도 드물지요.

초콜릿이 뭐기에 이다지 의견이 분분할까요

라세 할스트룀 감독의 영화 〈초콜릿〉에 그 해답이 있습니다. 싱글맘 비앙줄리엣 비노쉬이 딸 아눅과 프랑스의 작은 마을에서 '마야'라는 상호의 초콜릿 가게를 열면서 벌어지는 이야기입니다. 마을 사람들은 난생처음 맛본 검붉은 과자에 이내 사로잡힙니다. 그들을 사로잡은 것은 달콤쌉쌀한 맛뿐이 아닙니다. 70대 노부부의 꺼진 사랑을 불붙이고, 정신질환을 앓는 여인을 치유하며, 까칠한 집시 사내조니 뎁를 착실한 남편으로 바꿔놓습니다. 초콜릿을 마약이라며 핍박하던 촌장도 어쩌다 초콜릿을 맛보고는 그 마력에 빠지고 맙니다. 지독한 기독교 신자인 촌장의 강요

영화 〈초콜릿〉의 한 장면. 초콜릿의 신비한 효험을 코믹하게 보여줍니다.

로 금욕을 미덕으로 삼던 마을은 이내 활기와 행복으로 가득한 동네로 변합니다.

초콜릿의 신비한 효험을 코믹 연출로 버무려 감동시킨 흥행작입니다. 영화는 초콜릿의 과장된 효험을 비앙의 출생 비화로 절묘하게 설득합니다. 약제사인 그녀의 아버지는 젊은 시절 천연 생약을 구하려고 중앙아메리카에 갔다가 원주민 마야와 사랑에 빠져 결혼했는데, 둘 사이에서 태어난 딸이 비앙입니다. 마야는 무당이자 자생 약효식물 치료사였습니다. 비앙이 만든 초콜릿에 엄마의 비법이 녹아 있다는 설정이 그럴듯해 보이지요. 그 비법은 아마도 '초코라트'인 듯합니다. 중앙아메리카 전통 카카오 음료인 초코라트는 원주민에게는 만병통치약에 버금가는 '신의 음식'입니다.

카카오 열매에는 중추신경계를 자극하는 페닐에틸아민·테오브로민·카페인 성분이 있습니다. 테오브로민은 혈관을 확장하고 대뇌피질을 부드럽게 자극해 사고력을 높여주기도 합니다. 이들은 뇌를 자극하여 기분을 좋게 하는 세로토닌과 도파민을 분비시킵니다. 특히 페닐에틸아민은 흥분과 함께 현기증을 유발하는 성분인데, 이게 실연의 고통을 치유한다는 신경물질이며 흔히 '행복 비타민'이라 부릅니다. 이 밖에도 카카오 열매에는 심혈관 청소부라 불리는 플라보노이드 성분이 많이 들어 있는 것으로 알려졌습니다. 특히 항암과 노화를 억제하는 항산화 물질인 폴리페놀·에피카테킨·카테킨·탄닌, 그리고 식이섬유인 리니그린도 풍부합니다. 이 정도면 카카오 음료가 무병장수의 영약이라고 말할 법도 하지요.

초코라트는 3세기부터 마야 족과 아즈텍 족이 마신 전통 카카오 음료입니다. 카카오 열매를 빻은 생즙에 과일즙을 희석하여 순하게 만든 것입니다. 익숙하지 않은 관광객은 쓴맛에 손사래를 치게 되지만, 약간의 현기증과 함께 기분이 좋아지는 것을 이내 느낄 수 있습니다. 이걸 마시면 고산증의 고통이 사라집니다. 원주민은 이 음료를 현대인이 커피 즐기듯 마시는데, 이 정도면 중독입니다. 미량이지만 대마초의 향정신성 물질인 카나비노이드 같은 성분이 함유되어 중독을 일으키는 것으로 알려졌습니다.

초콜릿의 진짜 맛은 쌉쌀한 데 있습니다

카카오나무는 중앙아메리카의 고산 열대 습지에서 자생하는 벽오동과에 속합니다. 그러나 오늘날 전 세계 카카오의 70%는 서아프리카 코트디부아르와 가나에서 생산됩니다. 유럽 열강이 그들의 식민지에 옮겨 심고 수탈한 아픈 역사의 산물입니다.

카카오는 앙증맞게 작은 적분홍색 꽃을 피웁니다. 꽃이 질 때면 제법

카카오 열매와 병 안
에 있는 카카오씨. 씨
를 카카오빈이라 부릅
니다.

통통한 꼬투리가 맺히고, 완전히 여물 즈음 멜론참외 크기의 황갈색 열
매로 성장합니다. 그 속에 카카오씨가 20~40개 들어 있습니다. 큰 살구
만 한 씨 안에는 분홍색 과육이 채워져 있습니다.

　씨를 며칠 동안 발효시킨 뒤 말리고 썻고 볶고 갈면 걸쭉한 반죽이 만
들어집니다. 이것을 압착하면 진한 갈색의 카카오파우더와 하얀 카카오
버터가 거의 반반씩 분리되어 나옵니다. 카카오파우더에는 항산화 물질
인 페놀이 풍부하며, 카카오버터는 지방이지만 체내에서 이로운 불포화
지방으로 바뀝니다. 파우더와 버터의 함량 비율에 따라 다양한 덩어리가
만들어지는데, 이것이 초콜릿의 주재료인 카카오매스입니다. 이것에 부
재료인 우유와 설탕과 향료를 혼합하고 견과류 등을 곁들여 과자로 제
조한 게 바로 초콜릿입니다.

　주재료의 혼합비율과 부재료의 첨가량 그리고 가공방식과 모양에 따
라 수십 종의 초콜릿이 만들어집니다. 주·부재료 혼합비율을 기준으로
크게 세 가지로 나눌 수 있습니다. 첫째, 다크초콜릿입니다. 카카오 함량

이 70% 이상으로 제법 쓴 카카오파우더 맛이 살아 있는 고급 초콜릿입니다. 그다음은 카카오 함량 30% 이하로 단맛과 우유맛이 강한 스위트 초콜릿입니다. 시중에 팔리는 스위트초콜릿 제품은 대부분 카카오 함량이 10% 수준이어서 설탕을 듬뿍 넣은 유제품 과자에 가깝습니다. 마지막으로 화이트초콜릿입니다. 카카오파우더 없이 카카오버터 20%와 유고형분乳固形粉 18%에 당분 등 첨가물을 넣어 만든 흰색 초콜릿입니다. 주로 초콜릿의 장식에 사용됩니다.

초콜릿은 유럽 전역으로 퍼져 나갔습니다

콜럼버스는 네 번째이자 마지막 항해 중이던 1502년, 카리브 해안에서 카카오 열매를 선물 받았지만 별 관심이 없었던 것 같습니다. 카카오를 본격적으로 유럽에 소개한 사람은 멕시코제국을 정복한 에스파냐의 에르난 코르테스 장군이었습니다. 1519년 아즈텍 정복 중 원주민이 즐겨 마시는 초코라트를 맛본 뒤 카카오 열매를 고국에 가져온 겁니다. 결국 초콜릿도 유럽 열강이 식민지를 수탈했던 역사의 산물입니다. 정작 에스파냐 사람들은 시큰둥했습니다. 쓴맛 때문이었습니다.

1615년 에스파냐의 공주가 프랑스 루이 13세와 결혼하면서 카카오 열매를 가져간 게 초콜릿을 세계적인 기호식품의 반열에 올려놓은 계기가 되었습니다. 한 궁중 요리사가 우유와 버터와 설탕과 향료를 곁들인 달콤쌉쌀한 프랑스식 초코라트를 만들었는데, 이 맛이 미식가들을 매료시킨 것입니다. 요즘 카푸치노 맛에 가까웠을 성싶습니다. 당시에는 커피가 유럽에 보급되기는 했지만 고작 구충제로 사용되고 있었고, 마땅한 기호 음료가 없었다고 합니다. 어쨌든 프랑스식 초코라트는 영국과 북유럽으로 번집니다. 영국에선 왕실과 귀족, 특히 신흥자본가와 문학·예술인에게 큰 인기를 얻으면서 '초콜릿 하우스'가 등장합니다.

19세기 초 네덜란드 화학자 콘라드 반 호텐이 카카오의 버터와 파우더를 분리하는 새 기술을 개발하면서 비로소 대량생산이 가능해집니다. 네덜란드는 유럽의 초콜릿 종주국으로 부상했고, 이웃 벨기에에선 견과류에 카카오매스를 코팅한 프랄리네를 개발합니다. 단맛보다 고소한 맛이 강한 건강 초콜릿입니다. 초콜릿을 대중화하고 상업화한 나라는 목축국가 스위스입니다. 1876년 제과업자 다니엘 피터는 당시 앙리 네슬레가 개발한 분말우유를 첨가하여 밀크 초콜릿을 만듭니다. 뒤이어 초콜릿 제조업자 루돌프 린트가 카카오 열매와 견과류를 분말우유와 함께 으깨 고운 가루를 만드는 콘칭 기계를 개발합니다. 오늘날까지 세계인의 입맛을 사로잡고 있는 부드럽고 고소한 맛의 스위스 초콜릿은 이렇게 탄생했습니다. 유럽 여행에서 초콜릿 맛보기는 빠뜨려서는 안 될 재미이지요. 나라마다 지방마다 가게마다 독특한 초콜릿은 여행의 맛을 더하기에 충분합니다.

당시 유럽의 사교계는 초콜릿을 사랑의 묘약으로 여겼고 남녀가 어울려 즐겼습니다. 로마교황청은 초콜릿을 최음제로 규정하고 금기령을 내립니다. 요즘 보기엔 황당한 조처이지만, 당시 카카오 열매에 페닐에틸아민 성분이 더 많았던 것으로 보입니다. 금기령은 호기심을 부추겨 유럽 대륙은 초콜릿 열풍에 휩싸입니다. 이탈리아는 교황 눈치를 볼 수밖에 없었습니다. 독실한 가톨릭 국가인 데다 로마 시 한가운데 버티고 있는 바티칸의 교황청 때문이지요. 이탈리아는 카카오매스의 함량을 줄이고 아몬드·호두·헤이즐넛 같은 견과류를 듬뿍 넣은 초콜릿답지 않은 초콜릿 '잔두야'를 만들어 금기령을 피했습니다.

갖가지 수제 초콜릿이 쌓여 있는 브뤼셀의 어느 초콜릿 가게.

대형 마트 진열대를 가득 채운 초콜릿. 한국도 초콜릿 열병에서 예외는 아닙니다.

나라와 지방마다 다른 유럽의 다양한 초콜릿은 이렇게 생겨났습니다. 초콜릿은 유럽 상류층의 부와 품격의 상징이자 낭만과 사랑의 아이콘이었습니다.

한국도 초콜릿 열병에서 예외는 아니지요

초콜릿은 유럽 열강의 무역선에 실려 세계인의 입맛을 사로잡았습니다. 한반도도 예외는 아니지요. 대한제국 말 러시아 공사 위베르가 명성황후에게 선물한 것이 처음이었다고 합니다. 일제에 이어 미군정 시대를 거치면서 한국인도 초콜릿 맛에 빠집니다.

한국에서는 언제부터인지 매년 2월이면 온 나라가 초콜릿 열병을 앓습니다. 발렌타인데이가 연출한 풍경이지요. 어쨌든 발렌타인데이 덕에 한국에도 제대로 된 초콜릿을 즐기려는 마니아들이 늘고 있습니다. 초콜릿 조리사 격인 '쇼콜라티에'가 다양한 맛의 초콜릿을 직접 만들어 파는 수제 전문점도 여럿 등장했습니다. 좀 비싸긴 해도 진짜 초콜릿을 맛보려면 이곳을 찾는 게 현명할 법합니다.

제과회사도 질세라 초콜릿 시장에 뛰어들어 카카오 함량 59%짜리와 70%짜리 고급 초콜릿 제품을 내놓았습니다. 그런데, 출시된 지 얼마 지나지 않아 대부분 바겐세일 상품 진열대에 놓이는 신세로 전락했습니다. 한국인은 이미 단맛이 강한 스위트초콜릿에 길들여진 탓에 조금 쓴맛의 59%짜리 초콜릿조차 외면한 결과인 듯합니다. 진짜 초콜릿 맛을 즐기는 마니아가 한국에 그리 많지 않음을 방증한 것입니다. 그러나 최근에는 다이어트와 건강 등의 이유로 다크초코릿을 즐기는 사람도 조금씩 늘어나고 있다고 하니 다행입니다.

하지만 여전히 전 세계에 유통되는 초콜릿의 90% 이상은 스위트초콜릿입니다. 스위트초콜릿이 세계인의 입맛을 사로잡은 진짜 이유는 단맛입니다. 단맛은 미각을 압도합니다. 그렇기 때문에, 단맛에 빠지면 다른 맛을 잃게 되고 헤어나기도 힘듭니다. 결국 비만의 늪에 빠집니다.

16세기 중앙아메리카 대륙의 초코라트는 만병통치약이었을 겁니다. 18세기 유럽의 초콜릿은 사랑의 미약이었을지 모릅니다. 요즘 초콜릿은 달콤한 과자일 뿐입니다. 카카오 함량을 확인해야 하는 이유입니다.

건강한
밥상은
이웃 농촌에 있다

요즘의 농산물 얼마나 믿으십니까.

먹거리 불신은 끝이 없습니다.

가공식품부터 농·축·수산 신선식품까지

밥상은 불안과 불신으로 가득합니다. 불신은 어디에서 생긴 걸까요?

바로 누가 어디에서 어떻게 생산했는지 알 수 없는 데서 비롯합니다.

우리는 어떤 농산물을 믿고 사야할까요

소비자가 선택할 수 있는 유일한 수단은 생산자가 붙인 상표입니다. 그런데 유명 업체의 상표조차 밥상을 배신하기 일쑤이니 정말 믿을 게 없습니다. 더구나 채소처럼 상표가 없는 신선식품은 속수무책이지요. 그래서 주부들은 정부가 인증한 친환경식품 코너를 기웃거립니다.

친환경농산물 인증제는 2001년 시행되었습니다. 2~3년 이상 화학비료와 농약을 전혀 쓰지 않으면 유기농산물, 농약은 쓰지 않고 화학비료를 정부 권장량의 3분의 1을 쓰면 무농약농산물, 화학비료와 농약을 모두 권고량의 절반 이하로 쓸 경우 저농약농산물로 분류합니다. 인증제 시작 후 친환경농산물 생산량은 급증했습니다. 2001년 8만 7,000t

한때 붐볐던 대형 마트의 친환경농산물 코너가 예전 같지 않습니다. 먹거리에 대한 불신으로 친환경식품이 일반 식품보다는 나을 성싶어 그나마 팔리는 것이지요. 그러나 턱없이 비싼 가격에 손이 쉽게 가지 않고 맛도 그저 그렇지요. 친환경식품 코너가 점점 썰렁해지는 진짜 이유입니다.

에 불과했던 친환경농산물 생산량은 2010년 221만 5,000t으로 9년 새 25배 이상 늘었습니다. 재배면적도 같은 기간에 5,000ha에서 19만 4,000ha로 38배나 증가했습니다.

급성장한 만큼 불신도 급증했습니다. 농수산부가 국회에 제출한 자료에 따르면 친환경농산물로 인증을 받았다가 인증이 취소된 사례가 2006년 352건에서 2007년 797건, 2008년 2,114건, 2009년 1,921건, 2010년 2,735건이었습니다. 불과 4년 만에 7.8배 증가한 것입니다. 2010년 들어 8월까지 인증 취소 건수는 5,132건으로, 지난해 같은 기간 대비 두 배 이상 증가한 것입니다.

수년 사이에 대형 마트의 친환경식품 코너는 초라해졌습니다. 주부가 불신하고 외면했다는 반증입니다. 왠지 믿기지 않는 데다 비싸고 더욱이 맛이 그저 그렇기 때문입니다. 그런데 생산량과 재배면적은 어떻게 급중한 걸까요? 국민세금으로 충당하는 엄청난 양의 학교 급식 덕분입니다. 친환경농업을 육성하려는 정부 정책과 학생 건강을 이유로 급식용 식재료를 친환경식품으로 제한한 교육당국의 맞장구가 맞아떨어져 연출한 이율배반입니다. 주부가 외면하는 식품을 학교에선 그들의 자녀인 학생에게 먹이는 모순이 교육 현장에서 생긴 것입니다. 이게 대한민국 친환경농업의 현주소입니다.

친환경식품인데 왜 맛은 그저 그럴까요

친환경식품 인증 법규에 관한 한 한국은 세계에서 가장 엄격한 기준을 적용하는 국가 중 하나입니다. 유기농업용 비료와 병해충 방제제를 제조하는 데 사용할 수 있는 원료 하나하나를 법으로 명시하고 있습니다. 게다가 유기농산물 인증을 받으려면 영농일지를 작성해야 하고 토양과 작물에서 부적합한 잔류성분이 나오는지 정기적으로 검사를 받아야 합니다. 가격은 비쌀 수밖에 없습니다. 그런데 사실 맛은 그저 그렇습니다. 식품은 뭐니 뭐니 해도 맛이 최우선입니다. 맛있고 안전하고 값싼 식품이 좋은 먹거리겠지요.

시골 밥상은 정겹고 맛있습니다. 굳이 고향 부모님이 정성껏 차린 밥상이 아니라도 좋습니다. 시골 장터에서 사먹은 소박한 국밥도 그렇습니다. 시골 장터 국밥에는 슈퍼마켓의 유기농 코너에서 구입한 비싼 식재료로 차린 밥상에서 맛볼 수 없는 풍미가 있습니다. 특급 호텔 레스토랑에서도 맛볼 수 없는 무언가가 있지요. 시골 아주머니가 값비싼 양념을 사용했을 리 없습니다. 흔히 시골 할머니의 손맛 덕분이라 여깁니다. 물론 고향의 향수와 묵은 손맛도 풍미를 돕는 데 일조했겠지요.

하지만 음식의 맛은 무엇보다 식재료로 결정됩니다. 아무리 좋은 양

유기농 (ORGANIC) 농림축산식품부	무농약 (NON PESTICIDE) 농림축산식품부	친환경농산물 인증 저농약농산물
농약과 화학비료를 전혀 사용하지 않고 3년 이상이 경과한 뒤 생산한 농산물.	화학비료는 권장시비량의 1/3이 하, 농약은 사용해서는 안됨.	화학비료는 권장시비량의 1/2이하, 농약은 안전 사용 기준의 1/2이하.

정부가 인증한 친환경농산물 인증마크. 2013년에 개정되었습니다.

넘과 솜씨라 해도 시들고 맛없는 배추로 담근 김치가 맛있을 수는 없는 것과 같습니다. 유기농 식품의 인기가 갈수록 시들해지는 원인은 무엇보다 일반 농산물과 맛에서 별 차이가 없다는 데 있는 듯합니다. 맛있으면 해롭다 해도 마다하지 않는 게 사람이니까요.

시골 밥상 맛의 비결은 무엇일까요

음식 맛은 뭐니 뭐니 해도 식품재료의 신선도에서 결정됩니다. 슈퍼마켓에서 구입하는 채소는 아무리 짧아도 사흘 전에 수확한 것입니다. 생선도 육류도 마찬가지입니다. 산지에서 수확하거나 도축한 뒤 선별·포장·운송을 거쳐 매장에 진열되기까지 소요되는 최소 시간이 그 정도라고 합니다. 그 후에도 냉장·냉동실에서 겉모양이 변질되지 않는 한 며칠이고 보관됩니다. 이쯤이면 수확하거나 도축한 지 일주일을 넘기는 일은 다반사입니다.

시골 밥상에 오른 채소나 육류는 아무리 길어도 수확한 지 이틀을 넘

여러 품종의 작물을 함께 심는 텃밭은 땅심을 잃지 않습니다.

기지 않은 것입니다. 식물이든 동물이든 인간이든 모든 생명체는 생명을 잃으면 세포와 조직이 급속히 해리解離되고 산패酸敗합니다. 냉장고 덕분에 한동안 그 속도를 늦출 수는 있겠지만 막을 순 없습니다. 시골 장터 국밥 속의 채소는 익혀도 여전히 아삭아삭하고 상큼한 맛을 유지합니다. 대부분 수확한 날 장터로 나온 채소를 구입한 것이기 때문입니다. 반면 마트에서 구입한 채소는 익히면 무르거나 질겨집니다. 감칠맛은 씹는 맛에서 나옵니다. 한국 음식은 특히 그렇습니다. 무르고 질긴 채소로 감칠맛을 낼 수는 없겠지요.

사실 시골 장터 난전의 채소는 친환경과는 거리가 멉니다. 때로는 화학비료를 뿌리고, 병해충이 들끓으면 농약도 사용해 키운 것입니다. 하지만 친환경농산물이 아니어도 깊은 맛이 있습니다. 그 비결은 바로 다품종 재배에 있습니다.

시골 밥상에 오른 채소나 곡물은 농민이 가족과 함께 먹고 나머지는 장터에 내다 팔기 위해 이것저것 소규모로 지은 농산물입니다. 다품종 재배 농산물의 맛이 시골 밥상을 아주 특별하게 한 것이지요. 텃밭 농업은 소규모로 짓는 농사이기에 한 밭에 여러 작물을 심고 더불어 키웁니다. 이랑을 따라 배추와 무, 고추와 가지와 당근을 나눠 심고, 밭둑에는 콩을 심는 식의 전통농법입니다. 이 농법은 토양생태를 매우 건강하고 풍요롭게 합니다.

동일한 조건이라면 미생물의 종류와 개체수에 따라 토양생태가 확연히 달라집니다. 식물은 저마다 좋아하는 미생물이 있습니다. 다양한 작물을 함께 키울수록 미생물의 종류도 많아져 토양은 풍요롭고, 이런 땅에서 자란 농작물은 당연히 건강하고 맛도 뛰어납니다.

흙에는 90여 종의 다양한 원소가 녹아 있습니다. 화학비료는 작물 생장에 필요한 세 가지 다량원소질소·인산·칼륨를 비롯한 16가지 안팎의 필수 원소를 작물과 용도에 따라 적절한 비율로 제조한 것입니다. 이런 원소는 주로 농작물의 생장과 결실 그리고 병해충을 견디는 데 필요한 영양소입니다. 결국 비료는 생산량을 늘리기 위한 수단입니다.

농작물의 깊은 맛은 식물이 생존을 위해 생성하는 이차대사산물과 토양에 녹아 있는 다양한 미량원소로 결정됩니다. 농부가 한 품종만 심고 잘 보호하면 그 농작물은 방어물질인 이차대사산물 생성을 스스로 줄입니다. 게다가 이런 농지의 토양에선 미생물이 풍부하지 않습니다. 유기농산물이라 해도 단일 품종만 키우면 맛이 나아지지 않습니다. 다양한 품종을 함께 키우는 텃밭 농작물이 더 건강하고 더 맛있는 이유이기도 합니다. 텃밭 농업은 농지를 가능한 한 자연생태에 가깝도록 유지하는 전통 농업의 슬기입니다.

화학비료는 해롭고 반反환경적이고, 유기질비료는 좋고 친환경적이라
는 주장은 옳지 않습니다. 화학비료를 적절히 사용하면 땅심을 높이고
농산물의 증산과 식품가격 안정에도 도움이 됩니다. 화학비료를 과다하
게 사용할 때 토양의 염류鹽類 축적과 같은 문제를 일으킬 뿐입니다.

농약도 마찬가지입니다. 요즘 농약은 휘발성과 광분해성光分解性이
높은 원료로 제조하기 때문에 살포 후 10일이면 거의 사라집니다. 깨끗
이 씻어 먹으면 걱정하지 않아도 됩니다. 한국 식품의약품안전평가원이
2008년 전국에서 유통 중인 각종 과일 4,776개를 무작위 수집하여 잔
류농약 검사를 한 결과 99.81%가 기준치 이하로 밝혀졌습니다. 농약
사용이 많은 과일을 대상으로 한 점을 감안하면 채소나 곡류는 걱정할
바 아닙니다. 그런데도 한국인의 87.6%는 여전히 잔류농약에 불안감을
갖고 있는 것으로 나타났습니다. 화학비료와 농약의 위해성을 지나치게
강조한 잘못된 친환경 캠페인에다 정치인과 정부 관료들이 펼친 '좋은
게 좋다' 식의 안이한 정책이 낳은 산물입니다.

요즘 농촌에선 화학비료와 농약을 가급적 사용하지 않으려 합니다.
더이상 정부가 예전같이 화학비료 구입비를 지원하지 않는 데다 주원료
인 석유 가격이 상승한 탓에 비싸기 때문입니다. 게다가 농민도 자신의
건강을 생각해 농약 살포를 좋아하지 않습니다. 간혹 언론에 보도되는
농작물의 과다한 잔류농약 문제는 일부 농민이 수확 직전에 농약을 남
용한 탓입니다.

안전한 식품은 당국의 단속만으로는 실현 불가능합니다. 그렇다고
감독기관이나 소비자보호단체가 논밭에 나가 하나하나 감시할 수도 없
는 일이지요. 최적의 감시자는 가족과 이웃입니다. 가족과 이웃이 함께

서울에서 자동차로 세 시간 거리에 있는 남부 지방의 한 양파 집산지.
한 품종을 매년 심는 집산지 농업은 토양 황폐화를 피할 수 없습니다.

먹을 식품에 농약을 마구 뿌리는 농부는 없습니다. 있다면 가족의 질타
와 이웃의 눈총을 피할 수 없을 겁니다.

그런데 가족도 이웃도 없는 농촌이 있습니다. 광활한 들판을 점령한
이른바 집산지입니다. 이곳 농부들은 저마다 한 가지 농작물만을 대량
재배하고, 먼 대도시에 내다 팝니다. 집산지 농업은 한 작물의 집중 재배
와 대량 유통을 통해 수익을 높이는 기업형 농업입니다. 집산지에서 수
확기에 병해충이 극성을 부리면 맹독성 농약을 살포하고픈 유혹을 뿌리
치기 어렵습니다. 한 해 농사를 망치면 회사가 끝장나기 때문이지요. 집
산지일수록 기업형 농업일수록 농약의 유혹에 빠지기 쉬운 이유입니다.
주변에 감시자가 없으니 더욱 그렇습니다.

친환경인증은 갖은 수단을 동원해 구색을 맞추어 받아냅니다. 감독
기관과 부정한 거래도 벌어집니다. 특히 집산지에선 재배하는 농산물을

누가 사먹을지 염두에 두지 않습니다. 소비자의 입맛과 건강도 뒷전입니다. 직접적인 고객인 유통업자의 입맛에 맞추는 게 급선무입니다. 유통업자의 최대 관심은 겉모양과 가격입니다. 도시 소비자 역시 생산한 농민이 누군지, 어디에서 어떻게 키웠는지에 대해 알 수 없습니다. 겉모양과 가격만 살펴볼 수밖에 없는 겁니다.

먹거리의 불신과 밥상의 불안은 이런 생산·유통 구조에선 해소될 수 없습니다. 이런 현실을 극복하기 위해 재배나 사육 과정을 인터넷을 통해 밝히는 생산이력제와 포장에 농민의 사진과 연락처를 넣는 생산자표시제가 등장했지만 불신과 불안은 여전합니다. 집산지 농업의 한계와 폐해는 여기에 그치지 않습니다. 단일 품종의 밀식密植 재배가 농지의 토양생태를 파괴하는 주범이기 때문입니다.

먹거리에 대한 불신과 불안은 한국만의 문제가 아닙니다

먹거리 불안은 세계적인 현상입니다. 가장 심각한 나라는 중국입니다. 멜라민 분유, 종이로 속을 채운 만두, 가짜 달걀, 독성 사료로 키운 닭고기, 성장촉진제를 과다 사용해 저절로 쪼개지는 수박, 농약 범벅의 채소 등 중국은 더 이상 음식천국이 아닙니다.

선진국이라는 미국과 유럽도 예외는 아닙니다. 세계 최고의 미국식품의약국FDA을 운영하는 미국에서도 O157바이러스 햄버거, 살모넬라 채소, 과다 잔류농약 감자 등 불량식품 사건이 줄을 잇습니다. 이 불량식품의 공통점은, 한결같이 멀리 떨어진 집산지에서 생산되었다는 점입니다. 중국은 성省을, 미국은 주州를, 유럽연합EU은 국경을 넘나듭니다. 그 거리가 수백 킬로미터에서 수천 킬로미터입니다.

식품의 운송 거리를 푸드마일리지food mileage라고 합니다. 푸드마일리지의 거리와 먹거리 불안은 비례합니다. 2011년 독일에서 발생한 에스파냐산 친환경 채소의 슈퍼바이러스 집단 감염은 푸드마일리지의 중요성을 일깨운 사건이었습니다. 220명이 감염되고 이 가운데 세 명이 숨졌습니다. 이 채소는 저온 상태에서 3일 이상 운송된 뒤 중간상을 거쳐 적어도 수확 5일 뒤부터 소비자에게 팔렸습니다. 원인 균이 어디에서 발생되었고 어떻게 오염되었는지는 결국 찾아내지 못했습니다. 독일과 에스파냐가 시비를 벌이다 흐지부지되었지요.

슈퍼박테리아는 어떤 항생제로도 죽일 수 없는 지독한 전염성 세균입니다. 14세기 이후 500년간 유럽을 죽음의 공포로 몰아넣은 페스트균과 비견되는 병원균입니다. 페스트균은 유럽을 침략한 몽골군의 보급품에 숨어 살던 쥐에 의해 옮겨졌습니다. 불과 며칠 만에 대륙을 넘나들 수 있는 오늘날의 고속도로는 해를 넘겨 운송되는 몽골군의 보급로와 비할 바 아닐 정도로 전염 속도가 빠릅니다.

파머스마켓이 안전한 먹거리의 대안입니다

먹거리 불안을 근본적으로 해소할 길은 파머스마켓Farmer's market입니다. 미국과 유럽 대도시에서 입증된 대안입니다. 파머스마켓은 도시 인근 농촌에서 재배한 농산물을 농부가 직접 파는 작은 도심 시장입니다. 누가 어디에서 어떻게 키웠는지를 알 수 있는 식품이지요. 파머스마켓의 원조는 미국 뉴욕의 그린마켓입니다. 1978년 맨해튼 유니온 광장에 생긴 이후 30년 새 뉴욕 시에서만 46곳으로 늘어났습니다.

주말이면 무려 6만 명이 뉴욕 그린마켓에서 농·축·수산 식품을 구입합니다. 뉴욕의 유명 레스토랑과 세계적인 요리사도 단골손님입니다. 요리사는 맛의 예술가입니다. 이들이 굳이 그린마켓을 찾는 이유는 신선

미국 로스앤젤레스 외곽 인구 13만 명의 작은 도시 사우전드-오크스 한 백화점 주차장에서 매주 수요일 오후 열리는 파머스마켓.

하고 맛있는 식재료가 있기 때문이지요.

그린마켓은 뉴욕 근교의 농민 7명이 먹고살기 위해 광장 한 켠에 노점을 편 게 시작이었습니다. 뉴욕 시 정부는 단속 대신 전통시장의 대안으로 육성했습니다. 농산물에 이어 축·수산물이 거래되면서, 2010년 현재 농·축·수산물의 생산자 182명이 참여하고 있습니다. 이들은 뉴욕 근교에서 올망졸망한 농장과 목장을 직접 운영하는 농부이거나, 작은 선박으로 생선을 잡는 어부입니다. 이곳에서 식품을 팔려면 우선 뉴욕 환경위원회의 생산자 심사를 받아야 합니다. 또한 환경위원회가 요구하는 생산환경과 생산물의 안전성 검사를 수시로 받습니다. 특히 소비자가 원하면 농장과 목장을 개방하고 생산지 환경을 보여줘야 합니다. 그린마켓은 이렇게 신뢰를 쌓았고, 뉴욕 시민의 사랑을 키웠습니다.

그린마켓의 고객 중에는 주말이면 농가를 찾아 일손을 돕고 함께 키운 농산물을 싸게 구입하기도 합니다. 도시와 농촌이 상생하는 윈윈 모델입니다. 원거리 집산지 농업으로는 불가능한 일이지요. 그린마켓은 뉴욕에 새로운 풍속도를 그려내고 있습니다. 바로 도시농업입니다. 정원에서 채소를 키우고, 옥상에서 꿀을 얻고, 공원 숲을 뒤져 열매를 채집하는 자급자족 시민까지 늘고 있습니다. 확인 가능한 식품이 바로 안전하고 건강한 먹거리입니다.

뉴욕 시민은, 유기농식품보다 이웃에서 생산되는 로컬푸드Local food를 선호합니다. 뉴욕환경위원회는 친환경을 고집하지도 장려하지도 않습니다. 그린마켓은 오로지 안전하고 싱싱한 식품과 저렴한 가격으로 뉴욕 시민을 만족시킵니다.

한국은 파머스마켓에서 근교 농업의 중요성을 배워야 합니다

대한민국의 농업정책은 뉴욕 그린마켓과는 정반대입니다. 원거리 집산지 중심의 대량생산과 친환경농산물 장려에 매달리고 있습니다. 식품의 원활한 수급과 물가 안정을 위해선 대량생산이 효과적이므로 집산지 농업을 무시할 순 없습니다. 그러나 지나치면 되레 화근이 되지요. 집산지의 흉작은 온 국민의 식탁을 뒤흔들기 일쑤입니다. 해마다 겪는 김장 채소와 양념류 파동이 대표적인 예입니다. 근교 농업은 집산지 농업의 이런 단점을 보완할 수 있습니다. 집산지 농업과 근교 농업의 균형 발전이 필요한 이유입니다. 친환경식품만이 안전한 식품인 양 부추기는 것은 더욱 옳지 않습니다. 친환경농산물은 화학비료나 농약을 적게 쓰거나 안 쓴 식품일 뿐입니다. 뉴욕 시민이 유기농보다 로컬푸드를 선택하는 이유를 눈여겨봐야 합니다.

파머스마켓은 여러 생산자가 재배한 농산물을 직접 판매하는 작은 도심 시장입니다.

파머스마켓은 새로운 시장이 아닙니다. 옛 시골 장터가 되살아난 것입니다. 대한민국은 근교 농업과 파머스마켓이 자리잡기에 적합한 환경을 갖추고 있습니다. 대부분의 도시는 농촌으로 둘러싸여 있기 때문입니다. 주택가에서 자전거로 10~30분이면 농촌에 도착합니다. 근교 농촌과 주택가의 거리를 로컬마일즈local miles라 합니다. 푸드마일리지와 마찬가지로 파머스마켓에 적용하는 식품 운송거리입니다. 뉴욕의 로컬마일즈는 반경이 무려 약 165km(100마일)입니다. 거의 서울과 대전 간 거리이니 '로컬'이란 이름이 무색하지요. 반면 한국은 도심 기준으로 해도 서울은 30km, 광역시는 20km, 중소도시는 10km를 넘지 않을 듯합니다. 이 정도면 근교 농업을 하기에 안성맞춤이지요.

파머스마켓은 피폐한 한국 근교 농촌을 되살릴 대안이기도 합니다. 근교 농지의 90% 이상은 외지인이 소유하고 있습니다. 나머지를 농민

경기도 일산 신도시 외곽 옛 일산마을은 시골다운 모습을 완전히 잃었습니다.

이 소유하고 농사를 짓는데, 이들이 땅 부자일지는 모르지만 대부분 먹고살기에 급급한 형편입니다. 외지인 소유의 농지는 대부분 나대지로 방치되거나 난삽한 가건물로 근교 풍경을 을씨년스럽게 합니다. 그나마 절대농지가 논으로 보존된 덕분에 농촌임을 알 수 있을 정도입니다. 부동산 투기와 도시화의 난亂개발이 빚어낸 대한민국 도시 근교의 살풍경이지요. 도시가 클수록, 신도시와 같은 개발 사업이 활발한 지역일수록 살풍경은 더 심각합니다. 지방 중소도시의 근교도 예외는 아닙니다. 한국에선 아름다운 전원마을을 보려면 오지 산골이나 관광지로 지정된 전통마을을 찾아가야 하는 지경입니다. 국토의 풍광을 이렇게 방치하는 선진국은 없습니다.

농촌을 살리려는 각계각층의 노력은 참으로 눈물겹습니다. 정부는 해마다 엄청난 예산을 농촌에 쏟아붓습니다. 밑 빠진 독에 물 붓기란 질책에도 계속되고 있지요. 지방자치단체는 저마다 지역 농산물의 우수성을 내세우며 갖가지 인증제를 내놓고, 인터넷에 사이버장터를 개설하고 직거래장터도 엽니다. 정부가 인증하는 친환경식품조차 믿을 수 없는 판국에 지방자치단체의 인증을 믿으라는 것은 애당초 무리한 기대이지요. 불신은 불신을 낳는 법입니다. 직거래장터에 나온 농민도 믿지 않습니다. 사이버장터는 언감생심입니다.

농협은 '신토불이'를 외치며 우리 농산물 지키기에 애국심까지 자극합니다. 그러나 애국심은 시장에선 통하지 않습니다. 수입농산물이 계속 증가하는 것만 봐도 알 수 있지요. 품질과 가격 그리고 신뢰만이 시장을 움직입니다. 소비자의 신뢰를 잃은 상품은 시장에서 도태됩니다. 그런데 식품만은 도태시키는 일이 간단치 않습니다. 누구든 사먹지 않으면 살아갈 수 없으니 불안한 밥상을 감수할 수밖에 없습니다. 건강한 밥상은 안전한 먹거리로만 가능합니다. 안전한 먹거리는 '친환경식품'이 아니라 '확인할 수 있는 식품'입니다.

우리는 근교 농업으로 근교 농촌을 살려야 합니다

슬로시티slow city는 생활문화의 소중한 자원입니다. 한 지역의 전통과 삶의 진면목을 보여주는 관광지이기도 합니다. 1999년 영국 엘리자베스 여왕이 내한 당시 굳이 경상북도까지 이동해 안동 하회마을을 찾은 이유이기도 합니다. 자연에서 키운 식품으로 만든 소박한 음식 슬로푸드slow food와 전원의 느린 삶인 슬로라이프slow life가 녹아 있어야 진짜 슬로시티입니다. 주변에 빼어난 자연경관과 토속 문화와 역사 유적이 있다면 금상첨화겠지요. 슬로푸드 운동의 발상지인 이탈리아의 성곽도시 오르비에토와 100년의 세월이 멈춘 듯한 시골마을 브라, 독일의 갯벌마

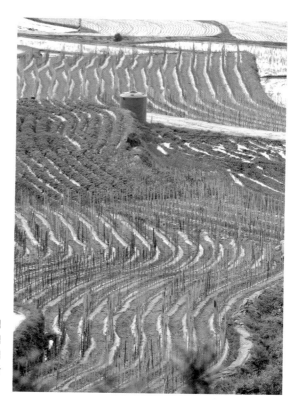

여러 품종을 섞어 심는 전통 농업의 방식은 오늘날 근교 농업과 파머스마켓의 바탕이 됩니다.

을 슐레스비히 홀슈타인과 성곽마을 헤르스부르크 그리고 영국의 전통마을 아일샴이 그러합니다.

대한민국에는 빼어난 자연경관과 문화재를 끼고 있는 근교 농촌이 수두룩합니다. 불과 20년 전만 해도 지역마다 질박한 음식과 전원의 소박한 풍광이 더러 남아 있었습니다. 세계적인 슬로시티로 손색이 없을 만한 곳이 한둘이 아니었습니다. 요즘 그런 곳을 찾아보기 힘들게 된 것은 지방 도시의 근교 농촌마저 급속한 도시화 물결에 휩쓸린 탓입니다. 슬로시티는 도시인이 쉽게 찾을 수 있는 근교일수록 성공합니다. 근교 농업이 살면 슬로시티는 저절로 생겨날 것입니다. 근교 농촌을 더 이상 방치할 수 없는 이유입니다.

근교 농업을 살리면 덤으로 얻는 게 많습니다.

첫째, 푸드마일리지를 줄여 얻는 것입니다. 한반도 땅끝 해남은 채소 집산지입니다. 이곳 채소의 90% 이상은 300km 이상 떨어진 수도권에서 팔립니다. 전국에 유통되는 농·축·수산물의 60% 이상이 이처럼 집산지에서 도시로 운송됩니다. 그래서 전국 고속도로의 밤은 집산지에서 생산한 농·수·축산물을 싣고 대도시 도매시장에 몰리는 화물차량으로 줄을 잇습니다. 근교 농업은 이런 집산지 물류에서 발생하는 유류 소비와 온실가스 배출을 획기적으로 감축합니다.

둘째, 물류 비용과 중간 유통비용 절감에 따른 물가 안정입니다. 파머스마켓이 활성화되면 농민이 두 배 비싸게 팔아도 소비자는 오히려 20~30% 싸게 구입할 수 있습니다. 중간 유통비용을 없앤 덕분입니다.

셋째, 도·농都農 상생입니다. 농번기에는 도시민이 이웃 농촌의 일손을 돕고, 수확기에는 도운 만큼 농산물을 싸게 살 수 있는 제도를 생각해 봅시다. 단절된 도시와 농촌이 다시 이웃되는 사회·문화적 효과는 돈으로 산출할 수 없는 큰 가치입니다.

넷째, 근교 농산물이 잘 팔리면 당연히 농가 소득은 늘어납니다. 다양한 가공식품산업이 번성하고 일자리는 늘어나고 지역경제도 나아집니다. 근교 농업의 활성화 효과는 줄잡아 1석 8조입니다.

근교 농업이 살아나면 집산지 농업이 몰락할 것이란 우려는 기우입니다. 오히려 집산지 농업이 더 튼실해집니다. 도시 자본과 몇몇 토호 중심의 기업형 농업이 지역 농민 중심의 전통 농업으로 전환하기 때문입니다.

바로 이웃이 있는 집산지 농업이 가능해지는 것입니다.

근교 농업을 되살리는 첫걸음은 파머스마켓입니다. 파머스마켓은 이웃 농민이 직접 키운 건강한 식품을 이웃 도시민에게 당당하게 파는 '신뢰의 공간'입니다. 세계 대도시는 파머스마켓의 매력에 푹 빠졌습니다. 미국은 물론이고 캐나다·유럽·일본의 도시를 여행하다 보면 쉽게 만날 수 있습니다. 뉴욕 그린마켓처럼 도심 광장에서, 캐나다 밴쿠버처럼 도시 외곽의 상설시장에서, 하와이 알라모아나처럼 쇼핑센터 주차장 한켠에서도 가능한 시장이기 때문입니다.

대한민국 도시에도 이런 장소는 널렸습니다. 우리도 근교 농업을 되살릴 수 있습니다. 근교 농업과 파머스 마켓을 '신뢰의 공간'으로 만드는 일은 정부와 지방자치단체의 몫입니다.

'터미네이터'가
식탁을
점령하다

번식하지 못하는 종자를 상상해보셨습니까.

요즘 농산물의 상당수는 불임입니다. 그렇기 때문에 농민은

철철이 새 종자를 구입해 심습니다. 행여 지난해 수확한

농산물의 씨앗을 심었다간 십중팔구 농사를 망칩니다.

싹이 돋긴 하지만 성장이 신통치 않습니다.

어쩌다 이런 일이 벌어진 걸까요?

첨단 과학은 유전자 조작으로 번식하지 않는 종자를 만들었습니다

영화 〈터미네이터 3〉의 개봉을 앞둔 1998년 3월, 미국 연방특허청에 특허 제5723765호가 등록됩니다. 특허 명칭은 '식물 유전자 발현 제어'이며, 출원자는 미국 농무부와 한 면실유 제조회사였습니다. 한참 뒤, 한 환경단체가 생태계에 '터미네이터'가 등장했다고 주장하면서 세상에 알려졌습니다. 영화 〈터미네이터〉의 기계인간이 벌이는 '끔찍한 재앙'을 비유한 경고였습니다. 그 '끔찍한 재앙'은 식물이 스스로 번식하고 진화할 수 없도록 한 유전자 조작입니다. 이 사건이 유전자변형작물Genetically Modified Organism: GMO 위해성 논란의 계기가 되었습니다. 이 특허 덕분에

메밀밭과 메밀씨. 메밀꽃은 본 적 없는 이에게도 친숙합니다. 이효석의 단편소설 「메밀꽃 필 무렵」 때문인 성싶습니다. "달밤에 보면 소금 뿌린 듯하다"는 작가의 표현대로, 작고 흰 꽃을 무수히 피웁니다. 메밀처럼 모든 속씨식물은 씨를 통해 후손을 잇지만, 요즘은 몇몇 종자회사가 그 역할을 대신합니다. 지구촌의 식탁을 불안케 한 유전자변형작물 때문입니다.

종자기업은 돈방석에 앉았지만, 농민은 매년 씨앗을 구입하지 않고는 농사를 지을 수 없게 되었습니다.

식물은 대개 씨앗으로 번식하고 진화합니다. 이들을 종자식물이라 합니다. 1억 4000만 년 전에 출현한 종자식물은 꽃을 피우고 많은 열매를 맺어 종을 급속히 번식했습니다. 종자식물은 지구상 식물의 대부분을 차지하며 모두 20만 종에 이릅니다.

인류는 지난 1만 년간 주로 종자식물을 농작물로 개량했습니다. 종자식물이 꽃을 피우고 맛있는 과육이 꽉 찬 열매를 맺기 때문입니다. 종자식물은 자연에서 자라든 인간이 개량하든 씨앗을 만들고 이듬해 그 씨앗이 싹을 내고 다시 열매를 맺어 다음 세대를 잇습니다. 이런 과정은 종자식물이 환경변화에 능동적으로 적응하거나 변이하고 진화하는 원동력이었습니다. 진화론을 주창한 찰스 다윈은 자연에서 스스로 진화한 것을 '자연 선택'이라 했고, 인간이 개량한 것을 '인위 선택'이라 이름했습니다.

'터미네이터' 논란의 핵심은 농작물의 진화를 '인위 선택'에서 '인공 조작'으로 바꿈으로써 생길 수 있는 폐해 여부와 그 영향에 있습니다. 첫째는, 유전자 조작으로 인한 진화 고리의 단절이 생태계 왜곡을 일으키느냐입니다. 둘째는, GMO를 장기간 먹을 경우 인체에 어떤 영향을 미치느냐입니다. 끝으로, 유전자 조작 기술을 가진 몇몇 기업이 종자 시장을 독점하면 인류의 밥상은 이들의 손아귀에 놓이게 된다는 우려입니다. 환경생태론자의 주장대로 이런 우려가 사실이라면 끔찍한 일이 아닐 수 없지요.

반론도 만만치 않았습니다. 먼저 종 번식력을 잃은 종자가 생태계를 교란시킬 것이란 주장은 억지라는 것입니다. 또한 세계 종자 시장 점유율 1%에 불과한 '불임씨앗'을 지구 표면의 1% 이하인 농경지에서 재배하는 것을 두고 지구생태의 왜곡 운운하는 것은 말장난이라 반박합니다. 특히 지난 10여 년간 불임씨앗과 작물이 널리 보급되었지만 우려할 만한 어떤 징후도 없다고 일축했습니다. 이에 대해 환경생태론자들은 생태 변화를 불과 10년을 지켜보고 판가름해선 안 된다고 거듭 반박하고 있습니다.

결론부터 밝히면, 지난 2000년 이후 10여 년간 GMO 논쟁을 지켜본 결과로는 그리 걱정할 것은 아닌 성싶습니다. 몇몇 지역에서 GMO와 관련한 이상 징후가 발견되었다는 주장이 있지만, 과학적 근거를 찾지는 못했습니다. 1998년 영국 생명공학자인 푸스타이 박사가 GMO 감자를 먹인 쥐가 발육부진과 위장장애를 일으켰다고 발표하면서 유해론이 번졌습니다. 파키스탄에서 GMO 면화의 잎을 먹은 양이 괴질을 일으켰다는 등의 주장이 잇따르면서 불안을 증폭시켰습니다. 하지만 두 사례는 GMO와 인과관계를 입증할 만한 과학적 근거가 없는 것으로 결론 났습니다.

다시 말해 GMO 감자를 먹은 쥐와 GMO 면화의 잎을 먹은 양의 이상 증상은 GMO 외 다른 요인으로 발생했을 확률이 더 높다는 뜻입니다. 과학적 근거란 일정한 경향성입니다. 경향성은 동일 조건의 GMO 사료를 먹은 동물군에서 비슷한 증상이 일정 수준으로 나타나는 추이를 말합니다. 경향성이 분명하지 않으면 인과관계가 그만큼 약하다는 것을 뜻하지요.

또 다른 과학적 입증 방법은 인과관계를 따지는 것입니다. 불임씨앗으로 재배한 농작물을 많이 먹으면 인간도 불임 피해를 입게 된다는 주장이 제기된 바 있습니다. 이 주장은 인과관계가 성립되지 않아 무관한 것으로 판명되었습니다. 수백만 명의 아프리카 난민이 유엔이 제공하는 구호용 GMO 식량으로 연명하고 있지만 해당 지역 출산율은 여전히 높기 때문입니다. 이런저런 정황과 연구 결과를 종합하면, GMO의 유해론은 기우일 확률이 높습니다.

그런데도 GMO 논란은 왜 계속 증폭되는 걸까요. 게놈프로젝트Ge-

세계 연도별 GMO 재배 면적(만 ha)

연도	1996	1999	2000	2001	2002	2003	2004	2005	2006	2007	2008	2009	2010	2011	2012
면적	170	3,990	4,420	5,260	5,870	6,770	8,100	9,000	10,200	11,430	12,500	13,400	14,800	16,000	17,030
국가 수	6	12	13	13	16	18	17	21	22	23	25	25	29	29	28

국가별 GMO 재배 면적 추이(단위: 만 ha, %)

국가명	2006년	2007년	2008년	2009년	2010년	2011년	2012년	주요 재배 GM 농산물	비율
미국	5,460	5,770	6,250	6,400	6,680	6,900	6,950	콩, 옥수수, 면화	40.8
브라질	1,150	1,500	1,580	2,140	2,540	3,030	3,660	콩, 옥수수, 면화	21.5
아르헨티나	1,800	1,910	2,100	2,130	2,290	2,370	2,390	콩, 옥수수, 면화	14.0
인도	380	620	760	840	940	1,060	1,080	면화	6.3
캐나다	610	700	760	820	880	1,040	1,160	카놀라, 옥수수, 콩	6.8
기타	800	930	1,050	1,070	1,470	1,600	1,790	콩, 옥수수, 면화, 감자, 카놀라	10.5
소계	10,200	11,430	12,500	13,400	14,800	16,000	17,030		100

GMO 작물의 특성별 비율

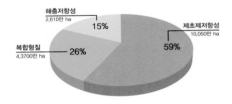

해충저항성
2,610만 ha
15%

제초제저항성
10,050만 ha
59%

복합형질
4,3700만 ha
26%

자료: 국제농업국제농업생명공학정보센터(ISAAA, 2012)

한국 식약처 승인 GMO 현황(2013. 7. 31. 현재)

품종			승인건수		
			수입	생산	기타
총계 (110)			98	1	11
농산물 (92)	콩(11)	단일 형질	9		
		후대교배종	2		
	옥수수(51)	단일 형질	16		3
		후대교배종	32		
	면화(18)	단일 형질	9		
		후대교배종	9		
	카놀라(6)	단일 형질	3		3
	사탕무(1)	단일 형질	1		
	감자(4)	단일 형질			4
	알팔파(1)	단일 형질			1
미생물(1)				1	
식품첨가물(17)			17		

세계 GMO 농산물의 재배 면적은 꾸준히 늘고 있습니다. 전체 재배면적 가운데 제초제 저항성 GMO 농산물이 절반을 넘고, 품종은 콩·옥수수·면화·감자가 주종을 이루고 있습니다. 한국은 GMO 작물을 많이 재배하지 않는 나라에 속합니다.

nome Project 덕에 유전자의 정체가 속속 드러나는 만큼 유전자 조작이 몰고 올지 모를 재앙에 대한 공포도 높아진 데 있습니다. 게다가 식품은 0.001%라도 안전에 문제가 있다면 신중해야 한다는 녹색운동가의 주장을 누구도 거부할 수 없기 때문입니다. 한편에선 GMO 논란을 강대국의 파워게임으로 보는 주장도 있습니다. 국가의 이해에 따라 찬반을 극명히 달리하기 때문입니다.

미국 국민의 절대 다수는 GMO가 안전하다고 믿거나 걱정할 게 못된다고 여깁니다. 반면 유럽에선 '프랑켄슈타인 식품'이라 매도하고 기피합니다. 미국은 GMO 기술을 선도하는 데다 대기업 주도의 농업국가이자 수출국입니다. 유럽연합은 GMO 기술의 후발국인 데다 중소 규모의 자영농민이 주류를 이룬 나라이자 수입국입니다. 수입국인 한국과 일본은 유럽의 주장 쪽에, 수출국인 중국과 러시아는 미국의 주장 쪽에 가깝습니다. 자국 농업에 유리하냐 불리하냐에 따라 GMO에 대한 인식이 다른 셈이지요. GMO 논란은 글로벌 농산물 시장에서 벌어지는 유·불리의 진흙탕 싸움에 불과하다는 주장을 뒷받침하는 논거입니다.

GMO 논란이 증폭된 또 다른 원인은 유전자 변형이 단기간에 다양한 농작물에 급속히 적용되는 데 있습니다. 병해충에 강한 농작물, 잡초를 이기는 농작물, 무르지 않는 토마토 등등 갖가지입니다. 잡초는 농민을 무척 힘들게 합니다. 병해충은 한 해 농사를 망쳐 놓기 일쑤입니다. 농민에게 천적과 같은 잡초와 병해충을 손쉽게 제거할 수 있다면 농사일은 60% 이상 줄어듭니다. 그만큼 노동력과 비용이 절감되는 셈입니다. 이런 점에서 GMO는 획기적인 기술이지요. 그래서 대규모 농지에 농기계로 농사짓는 농업회사는 이 기술을 당연히 반깁니다.

잡초에 강한 GMO의 대표 농작물은 콩·유채·사탕무·아마 등입니다. 병해충에 강한 GMO의 대표 작물은 옥수수·감자·파파야·호박 등입니다. 토양에 서식하는 병해충 저항성 박테리아Bacillus thuringiensis: Bt의 유전자를 심은 것입니다. Bt는 비소계 독소를 생성하여 병해충을 물리칩니다. 이처럼 많은 GMO 식품이 단기간에 식탁을 점령하다 보니 우려와 불안이 터져나오는 건 당연한 일이지요.

불과 10여 년 사이에 GMO는 지구촌의 식탁을 점령했습니다

1986년 미국기업 칼진이 담배모자이크병의 항抗바이러스 유전자 일부를 토마토의 유전자에 착상하는 실험에 성공하면서 GMO의 산업화는 본격적으로 시작되었습니다. 1994년 병해충에 강하고 무르지 않는 GMO 토마토 품종이 개발되었고, FDA의 승인을 거쳐 출시되자 날개 돋친 듯 팔려 나갔습니다.

1996년 미국의 다국적 종자기업 몬산토가 GMO 콩을 출시한 뒤 옥수수·감자·유채·면화·아마·사탕무·파파야 등 GMO 품종이 봇물처럼 쏟아졌습니다. 몬산토의 GMO 감자인 뉴리프는 맥도날드를 비롯한 세계 패스트푸드 체인을 고객으로 만들었습니다. 2007년 현재 전 세계 23개국에서 124개의 GMO가 상품화되었고, 당시 지구촌 인구 66억 명의 66%인 44억 명이 GMO 식품을 먹었습니다. 2013년을 기준으로 추정하면, 세계 인구의 80% 이상이 먹고 있다는 겁니다.

한국에선 1999년 시판 두부의 82%가 GMO 콩으로 제조한 것으로 밝혀지면서 GMO 유해론이 부상했습니다. 2001년 한국 정부는 GMO 식품에 '유전자재조합식품'이란 표시를 하도록 입법했습니다. 이를 어기면 2년 이하의 징역 또는 1,000만 원 이하의 벌금을 물어야 합니다. GMO의 생산·유통을 허용하는 대신 GMO로 제조되었음을 표기토록

다국적 종자기업 몬산토 사가 개발한 GMO 감자 '뉴리프'. 맥도날드가 한때 이 감자를 사용했으나 GMO 유해 논란에 휩싸이자 매출 감소와 브랜드 이미지 추락을 우려한 나머지 뉴리프의 자사 사용을 중단했습니다.

하고 소비자들이 알아서 선택하라는 것이지요. 소비자에게 선택의 책임을 미루는 얄팍한 입법이란 비난이 쏟아졌습니다. GMO 논란과 불안을 오히려 정부가 부추긴다는 우려의 목소리도 높았습니다.

논란은 여전하지만, GMO 식품은 식량난의 해결사로 자리를 굳혔습니다. GMO는 농업 생산량은 획기적으로 늘리는 반면 비용은 줄입니다. 식량 증산과 식품 가격 안정이라는 경쟁력 앞에 GMO 유해론의 목소리는 작아질 수밖에 없습니다. 미래 인류의 식량 부족은 물론 당장 빈곤 국가와 난민의 식량난 해결에 GMO보다 나은 대안이 없기 때문입니다.

모든 나라가 GMO 농산물의 경작을 전면 중단하면 어떻게 될까요? 국제 농산물 가격은 단기간에 2.5배 폭등한 뒤 이어 5배 이상 서서히 오르고, 대부분의 후진국에서는 굶는 사람이 급증하고, 지구촌은 인접 국가 간 식량 확보를 둘러싼 분쟁으로 총성이 그치지 않으며, 국제난민은

1년 내 50% 이상 숨질 것이라고 미국의 한 구호재단은 예상했습니다. 악몽과 다를 바 없습니다. 심지어 GMO 식품에 유해성을 경고하는 표지 부착을 법률화하는 것만으로도 식품 물가가 24%까지 오를 것이라는 분석도 나왔습니다.

우리는 불안한 마음을 안고서 GMO를 먹을 수밖에 없습니다

GMO 유해론은 2013년 초 세계적인 환경운동가의 양심고백으로 치명타를 입었습니다. 주인공은 1990년대 후반부터 원월드넷OneWorld.net 등에서 지구온난화와 GMO의 심각성을 알려온 영국인 마크 라이너스입니다. 그의 저서 『지구의 미래로 떠난 여행』은 2008년 환경재단이 선정한 기후변화 필독서에 꼽혔고, 다큐멘터리로 제작된 〈지구의 온난화, 6도의 악몽〉은 한국 TV에도 방영되었습니다.

그의 양심고백은 충격이었습니다. 그는 2008년 기후변화를 연구하면서 GMO 유해 주장의 과학적 근거에 회의를 갖기 시작했다고 합니다. 그는 "환경운동가들은 지구온난화에 대한 공신력 있는 학회의 견해를 인용하면서도 같은 학회에서 내놓은 GMO 무해론은 애써 무시했다"고 털어 놓았습니다. 또한 "GMO 식품은 과학적으로 검증되었고 안전성을 보장할 수 있다"고 자신했습니다. 그는 "이런 잘못을 밝히는 게 힘들었지만 환경운동가로서 잘못을 바로잡기 위해 고백한 것"이라 덧붙였습니다. 세계 환경운동가들은 그의 변절을 비난하면서도 이렇다 할 반론은 내놓지 못하고 있습니다.

어쩌면 우리는 이미 GMO의 덫에 걸려 있는지도 모릅니다. 지난 10여 년간 지구촌 곳곳에서 갖가지 GMO 농작물이 일반 농작물과 자연 교배로 후손을 만들고 퍼뜨려 왔습니다.

결국 우리는 알게 모르게 GMO 식품을 먹어왔고 또 먹을 것입니다. 먹을 수밖에 없다면 즐겁게 먹는 것이 좋을 성싶습니다. 그럼에도 GMO 공포에서 헤어나기 어렵다면, 2016년 생존하는 노벨수상자 120여명이 GMO 반대 운동의 중단을 촉구한 공동 성명을 주목해볼 필요가 있을 법합니다. 이들은 그린피스 등 일부 환경단체가 "왜 과학적인 실험결과와 수많은 과학자들의 외침을 애써 외면하고 일부 검증되지 않은 결과를 신봉하면서 억지 주장만을 되풀이하는지 정말 알 수 없다"고 주장했습니다. 사실 세계보건기구(WHO), 미국의사협회(AMA), 영국왕립학회(BRS), 미국과학진흥협회(AAAS) 등은 일찍이 "GMO는 안전하다"고 밝혔으며, 신중했던 미국한림원(NAS)도 20여 년 간 발표된 연구결과를 종합해 GMO가 일반식품과 같이 안전하다고 발표한 바 있습니다.

GMO 논란은 더 이상 '뜨거운 감자'는 아닙니다.

콜라는
애당초 음료가
아니었다

여러분은 콜라를 얼마나 자주 드십니까.

콜라가 맛있습니까? 맛있다면 중독을 의심해 봐야 합니다.

김빠진 콜라도 맛있다면 분명 중독입니다.

김빠진 콜라의 맛은 사실 한방 탕제에 단맛을 가미한 것과

다를 바 없습니다. 우리는 왜 이런 맛에 매료될까요?

단순히 톡 쏘는 탄산가스와 단맛 때문일까요?

그렇다면 우리는 사이다에 더 열광해야 할 텐데 말이지요.

우리는 왜 유독 콜라 맛에 끌릴까요

콜라 중에서도 가장 대표적인 코카콜라는 청량음료 가운데 제왕이라 해도 과언이 아닐 것입니다. 제왕에겐 넘볼 수 없는 카리스마가 있지요. 코카콜라의 카리스마는 식물의 약효성분을 비밀주의로 포장하고 독특한 이미지를 각인하는 마케팅의 산물입니다. 코카콜라는 1886년 창업한 이래로 원료의 성분과 제조법을 일절 공개하지 않고 있습니다. 특허 출원도 마다하고 창업주 가문의 승계자 외에는 비공개를 철저하게 고수하고 있습니다.

아프리카 세네갈 중부 탐바쿤 다 감비아 강변 5일장에서 콜라 나무 열매를 파는 소년. 이곳에 서는 콜라 열매를 피로회복용과 최음용으로 즐깁니다.

그러나 세상에 완벽한 비밀은 없는 법이죠. 코카콜라 제조법의 99% 는 밝혀졌습니다. 과학자이자 논픽션 작가인 미국인 윌리엄 파운드스톤 은 1983년 연작『빅 시크리츠』에서 지난 80년간 과학자들이 추적한 코 카콜라의 제조법을 일목요연하게 정리하여 폭로했습니다. 1993년에는 언론인 마크 프랜더가스트가 저서『신과 국가와 코카콜라를 위하여』에 서 핵심 향료의 조성 비율까지 밝힙니다.

콜라의 주성분은 카페인과 코카인이고 부성분은 구연산·라임·설 탕·물·캐러멜·바닐라입니다. 이 밖에 '7X'라 불리는 향료가 있는데, 일 곱가지의 원료로 만들어진다고 해서 붙인 이름입니다. 주성분인 카페인

달콤한 향기를 내는 고급 향신료 넛맥의 과육과 씨앗.

은 콜라나무의 열매에서 추출한 액이며, 코카인은 코카나무의 잎에서 뽑아낸 것입니다. 두 식물의 이름을 조합한 것이 '코카−콜라'입니다.

두 성분은 알려진 대로 적정량을 먹으면 기분이 좋아지고 피로를 풀어주지만, 많이 먹으면 환각과 신경마비 증상을 일으키는 마약의 원료이지요. 식품 기준치 이하의 미량이겠지만 코카콜라의 중독성은 바로 이 때문입니다.

자꾸만 먹고 싶어지는 콜라의 비밀은 식물의 이차대사물질이 가진 성분에 있었습니다. 부성분의 원료는 일반식품 재료입니다. 문제의 7X는 오렌지, 레몬, 계피, 육두구肉豆蔲, 등화유橙花油, 고수의 잎이나 꽃에서 추출한 여섯 가지 기름을 알코올과 혼합한 뒤 24시간 발효시켜 만든다고 합니다. 몇 가지는 한국인에게 생소한 식물입니다.

육두구nutmeg는 인도네시아 몰루카 제도가 원산지로 살구와 비슷한 모양의 열매를 맺습니다. 후추, 정향과 함께 3대 향신료입니다. 육두구의 씨앗과 씨눈을 넛맥, 씨앗을 싸고 있는 껍질을 메이스mace라고 합니다. 둘 다 서양요리에 없어선 안 되는 고급 향신료입니다. 넛맥은 영문으로 '사향 향기가 나는 호두'라는 뜻이라니 인기를 짐작할 만하지요. 넛맥은 소화와 강장 효능이 탁월합니다. 1512년 포르투갈 원정대가 몰루카 제도에서 집단 서식지를 발견한 뒤, 유럽 열강의 식민지 쟁탈전의 불씨를 지핀 향료이기도 합니다.

한편 네롤리유neroli-oil으로도 알려진 등화유는 운향과 식물인 광귤꽃을 증류해 얻은 기름입니다. 향기가 뛰어나고 위를 튼튼하게 하는 '건위'建胃 효능이 있어 캔디와 음료 그리고 화장품 원료로 두루 쓰입니다.

고수Coriander는 빈대 냄새가 난다고 해서 한국에선 '빈대풀'이란 별명을 갖고 있습니다. '차이니스 파슬리'라고 불릴 만큼 중국을 대표하는 향신료이며, 샹차이香菜 중 으뜸입니다. 중국 음식을 싫어한다면 십중팔구는 바로 고수풀 탓이지요. 중국 사람이 고수를 즐겨 먹는 이유는 기름진 음식을 많이 먹으려면 소화제가 필요했기 때문입니다. 고수에는 소화를 촉진하는 약효성분이 풍부합니다.

육두구·등화유·고수의 공통점은 독특한 향기에 소화·건위·방부 효능을 두루 갖고 있다는 점입니다. 지방이 많은 햄버거나 피자를 먹을 때 코카콜라를 곁들이면 개운하고 소화가 잘 되는 이유입니다.

발효는 자연의 화학작용입니다. 발효는 물성物性을 재창조합니다. 그래서 전혀 새로운 맛을 만들어냅니다. 배추에 소금 간을 해서 양념을 버무린 뒤 시원한 곳에 두면 전혀 새로운 맛의 김치가 만들어지는 것과 같습니다. 그런데 발효를 촉진하는 효모에도 중독 성분이 있습니다. 김치와 된장 냄새에 질색팔색하던 외국인도 일단 맛을 들이면 헤어나기 어려운 게 이 때문입니다.

코카콜라 컴퍼니의 창업자 아사 캔들러의 동상과 그의 사진.

콜라 맛에 쉽게 매료되는 이유는 육감六感을 자극하기 때문이라고도 합니다. 잡는 순간 차가운 용기에서 전해지는 시원함, 식욕을 돋우는 캐러멜 빛깔, 솟아오르는 거품 소리, 발효로 생긴 묘한 내음, 인산의 톡 쏘는 맛, 마신 뒤 긴장이 풀리고 언뜻언뜻 느껴지는 공복감이 차례로 인체를 자극하여 중독에 이르게 한다는 것입니다. 틀린 말은 아닌 듯합니다.

코카콜라는 당초 소화제였습니다

미국 애틀랜타의 제약사 존 펨버튼은 어느 날 농장주인들이 흑인 노동자에게 코카나무의 잎과 콜라나무의 열매를 먹이는 것을 보았습니다. 지칠 줄 모르는 흑인들의 노동력이 열악한 음식을 소화시키는 두 식물에서 나온다고 생각한 펨버튼은 코카잎과 콜라 열매를 이용해 소화제를 만들었습니다. 그 소화제가 바로 코카콜라지요. 그가 만든 소화제

병입 공정. 코카콜라 원액을 희석한 뒤 병에 담는 1930년대 작업장의 모습입니다.

코카콜라는 실패작이었습니다. 쓴맛을 줄이려 생즙에 물과 향료를 가미했지만 백인이 먹기엔 여전히 고약했고, 물과 향료를 섞은 탓에 약효도 신통치 않았기 때문이었습니다.

같은 도시에서 약국의 점원으로 일하던 아사 캔들러는 이 소화제를 맛보고 청량음료로 만들 궁리를 합니다. 그는 불과 2,300달러에 제조·판매권을 사들여 1887년 코카콜라사社를 설립합니다. K로 시작했던 콜라의 상표명을 C로 바꿔 오늘날의 코카콜라Coca-cola라는 브랜드를 내놓았습니다.

코카콜라사는 은밀히 만든 원액과 자체 제작한 병을 가맹점주에게 팔면서 물과 희석하는 비율만 알려주는 방식으로 판매망을 만들어 나갔습니다. 이른바 병입Bottling 방식으로, 제조법은 철저히 비밀로 했습니다. 또한 가맹점주에게 그 지역의 독점권과 높은 유통마진을 보장하는,

당시로서는 새롭고 파격적인 영업전략을 폈습니다. 이 영업방식은 지금도 그대로입니다.

당시 미국의 대도시는 급속한 산업화로 인구 집중이 심화되었고, 노동자들이 넘쳐났습니다. 이들에게 여유 있는 식사는 사치였습니다. 하루세 끼니를 햄버거로 때우기 일쑤였고, 코카콜라는 소화제를 겸한 음료로 불타나게 팔렸습니다.

캔들러는 브랜드 디자인에 투자합니다. 코카콜라 상표의 붉은 바탕과 하얀 물결 모양 그리고 '상쾌함을 마시자!'Drink Refresh라는 카피는 미국을 넘어 세계인의 뇌리에 '원초적' 이미지를 심습니다. 캔들러는 샐러리맨의 출근 시간에 맞춰 코카콜라 간판을 깨끗이 닦도록 가맹점주를 채근합니다. 깔끔한 코카콜라의 이미지는 우중충한 대도시의 풍경과 대비되어 신선함을 각인시켰습니다.

그가 신선하고 상쾌한 이미지를 강조한 이유는 역설적으로 코카콜라의 맛이 신선하지도 상쾌하지도 않았기 때문입니다. 냉장고가 없었던 당시, 미지근한 코카콜라의 맛을 상상하면 이해하기 쉬울 것 같습니다. 코카콜라의 맛은 중독 성분의 원초적 자극에 더해 이미지 마케팅으로 만들어낸 환상에 가깝습니다. 코카콜라의 마케팅은 세계 유통업계와 광고계의 교과서가 되었고, 오늘날 세계 1위의 브랜드 가치를 창출했습니다. 캔들러는 성공한 뒤에야 자신에게 그런 능력이 있는 줄 알았다고 털어놓았답니다.

코카콜라의 아성은 난공불락처럼 보입니다

오늘날 코카콜라는 유엔 가맹국보다 많은 195개국에서 1초에 4만병 이상 팔립니다. 코카콜라는 미국을 상징하는 대표적인 양키푸드입니

1, 2 코카콜라 팸플릿에는 '달콤하고 상쾌한'Delicious-Refreshing이란 카피가 빠지지 않습니다.
3 코카콜라 컴퍼니는 코카콜라 외에도 무려 500여 개의 식음료 브랜드를 생산하고 있습니다.

다. 반미를 표방한 북한과 쿠바만이 고집스레 코카콜라의 생산·판매를 불허합니다. 반미 성향이 강한 나라일수록 독자 브랜드의 콜라를 내놓으려는 움직임이 있지만 코카콜라의 상대는 되지 못합니다. 한국에서도 '815'라는 브랜드의 '토종' 콜라가 애국심을 자극하며 도전했으나 시장의 외면으로 이내 사라졌습니다.

중국은 개방 직후인 1980년대까지만 해도 코카콜라를 "자본주의의 아편"이라 매도하며 수입조차 불허했습니다. 당시 코카콜라를 '쿠지아쿠라이'苦加苦來라고 불렀습니다. '마실수록 고통만 커진다'는 뜻입니다. 그러나 개방이 본격화되면서 중국 정부는 결국 중국 진출을 허용했고, 상표명은 '마시면 즐겁다'는 뜻인 '커쿠어커러'可口可樂로 바뀌었습니다. 오늘날 서너 개의 중국산 콜라의 맹공에도 코카콜라는 여전히 중국 대륙을 사로잡고 있습니다.

한때 미국 펩시컴퍼니의 펩시콜라는 코카콜라의 철옹성에 도전장을 냈습니다. '블라인드 테이스트 테스트'Blind taste test였습니다. 길거리 행인에게 상표를 가린 콜라를 무작위로 맛보도록 한 뒤 어떤 게 더 맛있는지를 선택하게 하는 방식이었지요. 맛으로 승부를 가리겠다는 야심 찬 전략이었습니다. 펩시콜라는 이 테스트에서 승리했지만 코카콜라의 높은 아성을 깨는 데는 실패했습니다. 콜라는 맛으로 먹는 음료가 아니기 때문이지요. 맛으로 승부를 건 발상이 실수였던 것입니다. 그러나 펩시컴퍼니는 후에 건강음료 붐을 일으키며 과일음료와 이온음료로 큰 성공을 거둡니다.

콜라에 관한 한 코카콜라를 넘기 어려운 것은 육감을 통해 세계인의 뇌리에 심어놓은 코카콜라의 이미지 때문입니다. 무려 120년간 무한 질주해온 코카콜라는 2000년대 들어 위기를 맞습니다. 패스트푸드와 함

미국 애틀랜타 코카콜라 박물관에 전시된 판촉물들.

께 비만의 주범으로 찍혔기 때문입니다. 많은 나라의 초·중·고교와 아동보호시설에서 판매를 금지했고, 광고도 제한당하는 수모를 겪었습니다. 그러나 여전히 코카콜라의 아성은 무너지지 않고 있습니다.

세계 모든 국가는 독성이 함유된 음료의 제조·유통을 엄격히 규제하고 약효성이 인정되면 의약품으로 분류합니다. 한국인의 대표적인 피로회복제 '박카스'는 약국에서만 팔다가, 논란 끝에 최근 편의점으로 판매처를 확대했습니다. 대한약사회가 편의점 판매를 강력히 반대한 이유도 박카스에 함유된 타우린을 과량 또는 상습 복용 시 중독과 함께 부작용이 발생할 수 있기 때문입니다.

콜라에 든 코카인이나 카페인 역시 과량 또는 상습 복용 시 위험합니다. 박카스와 콜라 모두 중독성과 부작용을 일으킬 가능성이 있지만 의

약품인 박카스와 달리 코카콜라는 청량음료로 분류됩니다. 의약품으로서의 제재를 비켜가는 엄청난 특혜지요.

아직도 콜라는 거부하기 힘든 유혹입니다

코카콜라는 1927년 미국 FDA가 설립되기 30여 년 전부터 판매되었고, 50년 가까이 이렇다 할 부작용이 발견되지 않았다는 점을 주장하며 소송을 벌인 끝에 청량음료로 공인되어 있습니다. FDA가 공인했다 해도 코카콜라를 미국 사람만 마신다면 우리가 이러쿵저러쿵할 사안은 아닙니다.

문제는 세계인이 두루 마신다는 사실입니다. 모든 나라는 고유한 식품안전성 기준이 있습니다. 이런 점에서 코카콜라는 '식품주권'에 대해 초월적 지위를 누리는 음료입니다. 심지어 코카콜라는 제조 성분에 대한 정확한 정보도 공개하지 않고 있습니다.

1960년대 반미 성향이 강했던 인도에서 코카콜라의 중독성을 들어 판매금지를 요구하는 소송이 제기된 바 있습니다. 인도 법원은 판매금지에 앞서 코카콜라의 중독성에 의문을 제기하며 원료 공개를 명령했습니다. 그러자 코카콜라사는 비밀주의를 고수하겠다며 인도에서 스스로 철수해버렸습니다. 외국인 거주지역을 중심으로 밀매가 성행하면서 코카콜라 맛에 빠진 인도인이 늘자 소송은 유야무야되었고 얼마 후 코카콜라는 인도에 당당히 상륙했습니다.

코카콜라가 한국에 상륙한 것은 1968년 두산음료의 전신인 한양식품을 통해서입니다. 이후 지역별로 여러 곳에 코카콜라 제조회사를 운영하다가 1997년 회사를 인수합병하고 직영 체제로 전환했습니다. 한국인은 콜라 맛에 금세 빠졌고, 콜라산업은 해마다 급성장했습니다.

콜라를 대체할 음료가 나온다면 어떤 음료일까요. 사이다와 과일음료에 이어 이온음료, 심지어 고高카페인 에너지 음료까지 도전장을 냈지만 아직은 역부족입니다.

콜라가 난공불락인 이유는 애당초 음료가 아니었기 때문입니다. 코카콜라가 청량음료의 지존인 이유는 식물의 이차대사산물에 함유한 원초적 자극과 이미지를 팔기 때문입니다.

산새는
빨간 열매를
좋아한다

식물이 동물을 이용하는 수법은 정말 놀랍습니다.

새를 이용하는 산삼山蔘이 그렇습니다.

산삼 팔자는 산새가 좌우한다고 합니다.

천종삼天種蔘이 으뜸이고 아래 등급이 지종삼地種蔘이며 그 아래가

인종삼人種蔘입니다.

사람이 심은 씨앗과 동물이 심은 씨앗에 차이가 있을까요

천종삼은 이름처럼 하늘에서 떨어진 씨앗에서 싹이 돋아 자란 산삼입니다. 하늘에서 떨어진 씨앗은 산새가 산삼의 열매를 따먹고 갈긴 똥에 섞인 것입니다. 새의 뱃속을 통과했다 해서 조복삼鳥腹蔘이라고도 합니다. 지종삼은 익은 열매가 땅에 떨어진 뒤 2년 이상 굴러다니다 그 속의 씨에서 싹을 틔워 자란 것입니다. 산삼 중의 하급인 인종삼은 사람이 산삼 씨앗을 깊은 산에 심은 것입니다. 꼭지腦 모양이 길게 생겼다고 해서 장뇌삼長腦蔘이라고도 부릅니다. 산삼은 같은 씨라 해도 이처럼 태생에 따라 다르고 가격차도 엄청납니다.

인종삼은 사람이 심고 보살핀 것이니 차치하더라도 천종삼과 지종삼

빨간 산삼 열매는 보석보다 아름답습니다.

은 얼핏 별 차이가 없어 보입니다. 둘 다 스스로 싹을 틔워 나온 산삼인데, 씨앗이 새의 창자를 거쳤느냐 아니냐의 차이일 뿐입니다. 불과 반나절 남짓 새의 창자 속에 머문 게 무슨 대수이겠냐고 생각할지 모릅니다. 하지만 둘의 운명은 판이합니다.

대다수의 산삼 열매는 빨갛게 익은 상태로 땅에 떨어집니다. 열매의 과육이 벗겨지면서 씨앗이 여무는 데 걸리는 시간은 2년 이상입니다. 그후 적절한 생존 환경을 만나면 발아합니다. 그 사이 너무 깊이 파묻히거나 부서질 수도 있고, 다행히 싹을 내도 생존을 장담할 순 없습니다.

그러나 천종삼의 씨는, 새똥에 섞여 땅에 떨어지면 거의 모두가 이듬해 봄싹을 내고 뿌리를 힘차게 내린다고 합니다. 신기하지요. 열매가 새의 창자에서 소화되면서 과육 부분이 소화액에 의해 완전히 벗겨지고 씨앗이 드러납니다. 씨앗은 새의 체온 덕분에 쉽게 배아를 트고, 소화 효소는 새싹이 건강하게 자라도록 합니다. 게다가 함께 떨어진 새똥은 훌륭

높은 가지에 매달린 열매는 모두 새를 위해 식물이 마련한 성찬입니다. 익지 않은 열매가 푸른 것은, 새가 잎으로 착각해 군침을 흘리지 못하도록 한 것이지요. 여물지 않은 씨앗을 따먹으면 한 해 자식농사를 그르치기 때문입니다. 한겨울 앙상한 가지에 매달린 빨간 열매는 나무가 알몸으로 새들에게 던지는 빨간 추파와 같습니다.

한 비료가 됩니다. 천종삼은 지종삼과 비교할 수 없는 유리한 발아 조건을 갖추고 출발하는 셈입니다.

산삼은 가능한 한 많은 산새를 불러 열매를 따먹도록 유혹합니다. 유혹의 손짓은 열매의 빨간색입니다. 산삼은 온통 녹색인 숲 속에서 산새의 눈에 잘 뜨이기 위해 보색補色인 빨간색을 자연 선택한 것입니다. 건강한 후세를 가능한 한 많이 남기기 위해 산삼과 산새가 수만 년에 걸쳐 선택한 공진화共進化의 산물입니다.

천종삼이 부르는 게 값이니 요즘은 천종삼을 키우는 '농부 심마니'가 등장했습니다. 산새를 잡아 닭처럼 가두어 키우면서 산삼 열매를 사료에 섞어 먹입니다. 그런 뒤 씨앗이 섞인 똥을 골라 깊은 산 나만의 은밀한 곳에 심어 천종삼을 만든다고 합니다. 기발한 발상이지요. 이런 산삼을 캘 때도 "심봤다"를 외칠까 궁금합니다.

그런데 최소한 10년, 길게는 30~40년 뒤 종자를 심었던 외진 곳을 농부 심마니가 어떻게 다시 찾아낼지 궁금합니다. 한두 곳도 아닌 수십, 수백 곳을 말입니다. 십중팔구는 찾지 못할 것 같지만 디지털 시대의 심마니에게 그런 실수는 없습니다. 위치추적장치GPS에 입력해 두었다가 정확하게 찾아 캔다고 합니다. 첨단 문명이, 산삼과 산새의 공진화에 끼어들어 물을 흐린 셈입니다.

똥과 얽힌 씨앗 이야기 중 백미는 코피루왁Kopi Luwak입니다

코피루왁은 세상에서 가장 독특한 향을 지닌 덕분에 가장 비싼 커피입니다. 영국의 한 백화점에서는 이 커피 한 잔이 10만 원에 팔린다고 합니다. 과연 어떤 맛일까요? 그 명성은 잭 니콜슨과 모건 프리먼이 주연한 영화 〈버킷 리스트〉에 등장하면서 널리 알려졌습니다.

이 커피의 주산지는 인도네시아의 자바와 수마트라입니다. 두 섬은 야생 사향고양이의 서식지입니다. 사향고양이는 주로 작은 들짐승이나 곤충을 잡아먹지만 커피나무잎과 열매를 좋아합니다. 잎의 섬유소와 열매 과육의 카페인과 타닌과 지방산을 섭취하기 위해서입니다. 이런 물질은 소화를 돕고 기분을 상쾌하게 해주는 중독성 약효성분입니다.

원주민은 1년을 하루같이 사향고양이 똥을 찾는 데 보냅니다. 넓은 밀림에서 사향고양이 똥을 찾기도 힘들지만, 씨앗이 든 똥을 찾기란 넓은 강바닥에서 사금沙金 찾기와 다를 바 없습니다. 그래서 귀합니다. 코피루왁이 특별한 첫째 이유입니다. 둘째 이유는 각별한 맛입니다. 커피 열매의 과육은 사향고양이의 뱃속에서 소화되지만 씨앗은 소화되지 않

광택이 흐르는 오른쪽이 코피루왁 원두입니다. 깊은 향과 부드러운 맛이 일품이라 합니다.

고 그대로 배설됩니다. 이게 코피루왁의 생두生豆입니다. 원주민이 똥과 함께 수집한 생두를 세척해도, 소화 효소와 사향 내음은 생두에 그대로 남아 있습니다. 특히 사향은 사랑의 묘약으로 불리는 페로몬 물질이지요. 코피루왁의 맛이 각별할 수밖에 없는 이유입니다.

19세기 말, 코피루왁이 유럽에 알려지자 부유층의 수요가 폭발합니다. 당시 대영제국의 무역상들은 식민지 원주민을 동원해 코피루왁 생두 수집에 열을 올리지만 몰려드는 수요를 감당할 수 없었습니다. 결국 야생 사향고양이를 사로잡아 가둬놓고 커피나무잎과 열매를 먹여 키웁니다. 수집량은 늘었지만 그래도 급증하는 수요를 따를 수는 없었습니다. 무역상은 현지에 회사를 차려놓고 사향고양이를 닥치는 대로 생포하고 사육했습니다. 야생동물을 사육하면 번식이 어렵습니다. 심한 스트레스와 운동 부족 탓에 쉽게 병들고 죽어버립니다. 사육하던 사향고양이가 죽으면 다시 생포해오는 악순환이 거듭되었습니다.

코피루왁을 만들기 위해 잡혀와 우리 안에 갇힌 사향고양이.

20세기 초, 불과 30~40년 만에 사향고양이는 멸종 위기에 놓입니다. 그런데 이상한 일이 벌어집니다. 커피나무도 예전과 같지 않았던 겁니다. 잎도 열매도 부실했습니다. 포식자 사향고양이가 사라지면 커피나무는 번성해야 하는 게 논리적으로 맞을 텐데 말입니다.

그러나 현실은 정반대였습니다. 세상에 초식동물이 사라지면 종자식물은 씨앗을 모조리 자기 발치에 떨어뜨릴 수밖에 없습니다. 어미와 자식 간의 '영토전쟁'에 근친수정까지 피할 수 없게 되지요. 열성화로 끝내 공멸의 위기에 처합니다.

오늘날 코피루왁은 간신히 명맥을 유지하고 있습니다. 한 해 가공되는 원두가 고작 500~600kg에 불과합니다. 당연히 비쌀 수밖에 없습니다. 베트남의 코피루왁이라 불리는 콘삭 커피도 비슷한 운명을 겪습니다. 다른 점이 있다면 베트남을 식민지로 만든 프랑스의 무역상은 야생 다람쥐를 이용했다는 겁니다.

동물의 배설물을 이용해 만든 커피는 이 밖에도 여러 종류입니다. 라오스의 블랙아이보리 커피는 코끼리 똥에서, 브라질의 자쿠버드 커피는 자쿠버드라는 새의 똥에서 얻은 생두로 가공한 것입니다. 자쿠버드 커피는 특유의 신맛과 과일향이 있어 모닝커피로 그만이랍니다.

종자식물의 가장 큰 고민은 씨앗을 멀리 보내는 것입니다

움직일 수 없는 식물은 누군가의 도움이 있어야만 씨앗을 멀리 보낼 수 있습니다. 그래서 갖가지 수법을 동원합니다. 단풍나무는 씨앗에 바람개비를 달고, 민들레는 솜털로 감싸 바람에 실어 보냅니다. 엉겅퀴는 가시를 매달아 동물의 털에 붙여 멀리 이동하게 합니다. 씨앗이 크거나 무거우면 이런 방법으론 어렵지요.

그래서 대부분의 종자 식물은 초식동물에게 열매의 맛있는 과육을 주고 그 속에 숨겨둔 씨앗을 맡깁니다. 아주 먼 곳으로 옮겨주는 데다 똥과 함께 떨어지면 살아날 확률도 높고 건강하게 자랄 수 있어 1석3조이기 때문이지요. 식물과 동물은 이런 거래를 통해 공진화한 결과 풍요로운 자연생태계를 만들었습니다.

공진화의 압권은 상수리나무와 다람쥐일 성싶습니다. 상수리나무는 떡갈나무·갈참나무·굴참나무와 함께 참나무과에 속합니다. 상수리나무는 매년 엄청 많은 도토리를 매답니다. 다람쥐는 부지런히 나무를 오르내리며 도토리를 훔칩니다.

그러나 사실은 다릅니다. 훔치는 게 아니라 상수리나무가 도토리 향기를 이용하여 다람쥐를 끌어들인 것입니다. 다람쥐는 모아온 도토리를 여기저기 바위틈에 숨깁니다. 겨울을 무사히 지내기 위해 양식을 비축하려는 것이지요. 설치류인 다람쥐는 날카로운 앞니로 도토리를 야금야금

ⓒ이숙희

머리가 나쁘지만 매우 부지런한 다람쥐는 도토리를 먹이로 삼지만 상수리나무의 성실한 심부름꾼이기도 합니다.

갉아먹습니다. 겉씨인 도토리는 열매가 아니라 씨앗이기 때문에 갉아먹으면 발아할 수 없습니다. 다람쥐가 상수리나무의 대(代)를 끊는 셈이 되니, 둘은 공생 관계가 아니라 천적 관계입니다. 그렇다면 상수리는 이미 멸종되었어야 합니다.

그런데 상수리나무는 아주 번성한 종입니다. 상수리나무가 다람쥐를 역이용하기 때문입니다. 다람쥐는 기억력이 형편없습니다. 가을에 도토리를 100개 숨겨놓았다면 적어도 15개는 못 찾는다고 합니다. 15개는 일상 행동반경에서 벗어났거나 너무 깊은 곳에 숨겨놓은 것입니다.

상수리나무는 다람쥐에게 도토리 85개를 먹이로 주는 대신 찾지 못하는 15개를 2세로 남기는 꼼수를 쓴 것입니다. 멀고 깊은 곳에 숨겨진 도토리 15개는 상수리나무의 고민을 일거에 해결해줍니다. 상수리나무가 뛰어난 책략가라면 다람쥐는 아둔하지만 성실한 심부름꾼입니다. 공진화는 약점을 서로 보완하고 상생·공존하는 자연 선택의 슬기입니다.

공진화를 거부하는 식물도 있습니다

모든 식물이 공진화하는 것은 아니지요. 무화과는 이름과는 달리 열매 속에서 많은 꽃을 피웁니다. 겉으로 보이지 않을 뿐이지요. 무화과의 뚜쟁이는 무화과꽃벌레입니다. 이 녀석은 무화과꽃의 달콤한 향기에 홀려 열매 꼭지의 작은 구멍으로 들어가, 입구 쪽 수술의 꽃가루를 잔뜩 묻히고는 안쪽 암술의 꿀을 차례로 빨아들입니다. 이때 수분受粉이 진행됩니다.

암술의 수분이 끝날 즈음이면 열매의 속살이 부풀면서 입구가 막힙니다. 무화과꽃벌레는 갇혀 죽고, 무화과는 그 사체를 동물성 단백질로 섭취합니다. 무화과꽃벌레는 꿀을 적당히 빨아먹고 단호히 되돌아 나와야 했지만 그런 자제력이 없는 데다 통로가 일방통행이어서 살아서 나오는 녀석은 전무하다고 합니다. 결국 무화과꽃벌레는 귀해졌고, 무화과는 자가수정을 통한 번식을 선택했습니다.

무화과가 열성화를 자초하는 자가수정을 선택한 이유는 분분합니다. 한때 무화과나무가 너무 많아 선택한 고육지책이었다는 설, 본디 동물성 단백질을 좋아하는 식충식물이었다는 설 그리고 뿌리에서 새순을 내는 안전한 자기복제 번식을 선택했다는 설 등등입니다. 자기복제 번식은 후손을 많이 퍼뜨리긴 어렵지만 적어도 열성화를 원천적으로 막고, 후손과의 영토전쟁도 통제할 수 있습니다. 게다가 동물 단백질도 섭취할 수 있습니다. 그러고 보면 무화과는 식물답지 않은 식물입니다. 어쨌든 무화과와 무화과꽃벌레는 공진화를 거부하면서 공생하는 매우 특이한 관계입니다.

동·식물 간의 공진화는 대부분 식물이 우위에 있습니다.

식물이 동물에게 먹이를 주는 대신, 동물이 씨앗을 퍼뜨리는 심부름을

반으로 자른 무화과 속 붉은 과 즙 사이로 보이는 수많은 흰 줄 기 하나하나가 꽃입니다. 무화과 꽃벌레는 꼭지의 붉은 부분에 있 는 통로로 들어와 갇히고 맙니다.

해주는 관계로 진화했습니다. 인류는 정반대입니다. 인류는 다양한 동·식물을 농작물과 가축으로 키우며 종을 보존해주는 방식으로 공진화했습니다. 인류가 압도적 우위에서 공진화한 셈입니다. 그 덕에 인류는 먹이사슬의 최상위에서 풍요로운 문명을 누리고 있습니다.

인류의 공진화는 새로운 국면을 맞고 있습니다. 유전자 변형 기술 때문입니다. 미래 인류는 더 이상 동·식물과의 공진화에 얽매일 필요가 없을 듯합니다. 인간이 필요한 동·식물을 만들 수 있기 때문이지요. 이것이 축복일지 재앙일지는 장담할 수 없습니다.

건강하려면
'바람둥이'가 되자

실내에서 키우는 식물에 병해충이 유독 설치는 것을 보신 적이
있을 겁니다. 실내식물에는 병해충의 먹이가 많기 때문입니다.
그 먹이는 식물이 잎 뒷면에 있는 숨구멍을 통해 산소와 수분을
증산蒸散하면서 배출한 노폐물입니다. 이 노폐물은
광합성 작용과 대사 과정에서 쓰고 남은 유기물입니다.
이 유기물 때문에 바람이 필요합니다.

바람이 식물에게 어떤 영향을 주는 걸까요

식물은 배출한 노폐물을 스스로 처리할 능력이 없습니다. 동물처럼
움직일 수 없어서입니다. 그래서 주로 바람을 이용해 노폐물을 날려 보
냅니다. 바람을 쐬지 못하면 잎에는 노폐물이 쌓이고 온갖 해충과 세균
을 불러들입니다. 여름철 바람 없는 저기압 날씨가 계속되면, 농작물은
물론이고 산과 들의 야생식물에도 병해충이 설칩니다. 하물며 실내에서
기르는 분식물은 오죽하겠습니까.

사람도 마찬가지입니다. 실내에 박혀 살면 병치레를 하기 마련입니다.
운동 부족 탓만은 아닙니다. 통풍이 원활하지 않은 실내 공기가 건강을

ⓒ정병윤(사진 2)

바람이 없으면 식물이 건강하기 어렵습니다. 바람을 쐬지 못하면 베란다에서 키우는 실내의 분식물은 물론, 노지 채소에도 병해충이 득실댑니다. 1 베란다의 분식물. 2 병든 고추밭

해치기 때문입니다. 조선시대 임금들은 대부분 등창 같은 피부 질환이나 천식 같은 호흡기 질환에 시달렸다고 합니다. 통풍이 원활하지 못한 구중궁궐과 법도에 따라 겹겹이 껴입은 의복이 화근입니다. 아무리 잘 먹고 잘 입고 좋은 집에서 살아도 사방이 막힌 곳에서 생활하면 권좌의 왕도 건강할 수 없음을 입증하는 증거입니다. 이런 점에서 현대 도시인은 조선시대 임금의 일상 행태와 닮은 구석이 많지요. 좋은 집에서 건강에 좋다는 온갖 걸 먹고 치장은 하면서도 하루 평균 16시간을 실내에서 살고 있으니 말입니다.

세균과 바이러스는 갇힌 공기 중에서 습기를 얻으면 빨리 증식합니다. 이런 곳에서 장시간 지내면 호흡기와 피부 질환을 앓기 쉽습니다. 바람은 인체에 유해한 병원성 세균과 곰팡이 그리고 바이러스를 몰아냅니다. 바람은 이런 녀석들이 좋아하는 습기를 빼앗아 아예 살 수 없게 만들기 때문입니다. 반면 유산균 같은 인체에 유익한 세균이나 발효를 일으키

는 효모의 증식을 돕습니다. 신선한 바람에 산소가 풍부하기 때문에 그만큼 발효를 촉진한 결과입니다.

인체는 놀랄 만큼 바람에 빨리 반응합니다. 시원한 바람을 쐬면 당장 기분이 상쾌해지고 정신이 이내 맑아집니다. 피부 촉감이 뚜렷해지고 행동이 민첩해지며, 숨쉬기가 훨씬 나아지면서 소화가 잘 됩니다. 바람이 곧 건강의 근원임을 일깨우는 것이 바로 '풍욕'風浴 치유입니다.

바람은 생명의 기운입니다

예나 지금이나 우리는 집을 짓거나 묏자리를 볼 때 풍수風水를 따집니다. 풍수는 장풍득수藏風得水의 줄임말로 '바람을 갈무리하고 물을 얻는다'는 뜻입니다. 바람은 산의 정기精氣를, 물은 들의 재록財祿을 가리킵니다. 바람의 정기를 보듬은 산세와 들의 재록을 감싼 강줄기를 갖춘 곳이 바로 명당입니다. 물이 생명의 근원이라면, 바람은 생명의 기운인 셈입니다.

그 때문인지 장수마을은 산골이든 해안이든 물과 바람이 잘 흐르는 곳입니다. 세계적인 장수마을인 중앙아시아 캅카스코카서스의 아브하지아, 티벳 접경 네팔의 훈자, 남미 에콰도르의 빌카밤바, 중국 광시좡족자치구 바마 현 그리고 일본 오키나와가 모두 그렇습니다. 한국의 장수촌이 태백준령을 등진 경상·전라도에 집중한 것도 맑은 물과 바람길이 탁 트인 지리적 환경 덕입니다. 풍수는 바람으로 건강하고 물로써 넉넉한 삶을 추구하는 전래의 자연사상입니다.

바람은 보이지도 잡히지도 않습니다. 그러나 그 힘은 놀랍지요. 태풍이나 토네이도는 닥치는 대로 부수고 날려 보냅니다. 산들바람도 얕봐선 안 됩니다. 거세든 약하든 바람은 세상의 어떤 것도 깎아냅니다. 풍화

요르단 페트라 유적지의 붉은 사암 협곡은 바람이 만든 걸작 중의 걸작입니다.

風化이지요. 바람이 만든 최고의 걸작은 요르단 고대 도시 페트라의 사암 협곡과 터키 카파도키아의 버섯 바위 그리고 미국 콜로라도 평원의 그랜드캐니언 대협곡일 듯합니다. 바람은 적어도 25억 년간 지구 표면을 물과 함께 조각하고 다듬었습니다. 세상의 어떤 예술가도 이런 작품을 만들지 못합니다. 지금도 바람은 때론 거칠게 때론 부드럽게 세상을 유연한 곡선으로 다듬고 있습니다.

그러나 현대 문명의 상징인 거대 도시만은 바람의 손길을 거부합니다. 대도시의 과밀화와 고층화는 바람이 흐르는 길목을 가로막고 방향을 뒤틀어 놓습니다. 바람길이 막히면 도시 열기는 대기에 갇혀 이른바

고층 빌딩 숲은 도시의 자랑거리가 아니라 공해이자 흉기입니다.

열섬 현상을 일으킵니다. 열섬에 매연이 쌓이면 도시를 질식하게 만드는 스모그를 일으키지요. 악명 높았던 영국 런던의 스모그는 1872년 243명을 숨지게 한 뒤에도 1962년까지 거의 10년 간격으로 발생하여 수천 명의 목숨을 앗았습니다. 열섬과 스모그의 인명 피해는 오늘날 중국·브라질·베트남 등 신흥공업국의 대도시에서 되풀이되고 있습니다.

열섬의 폐해는 여기서 그치지 않습니다. 한낮에 대기 온도를 순식간에 끌어올려 상승기류를 만듭니다. 흔히 '먼로 효과'라 부르는 도시풍都市風입니다. 도시풍은 가뭄과 호우가 교차하는 사막기후를 촉발합니다. 먼로 효과는 영화배우 마릴린 먼로의 치마를 뒤집히게 하는 바람처럼 급상승하는 기류라 하여 붙인 이름입니다.

특히 고층화는 도심 기류의 '협곡 현상'을 일으킵니다. 협곡 현상이 일어나면 평상시에는 바람이 통하지 않아 대기오염이 심화됩니다. 2013년 초 환경부가 서울 테헤란로 주변 고층 빌딩 밀집지역과 3km 떨어진 주택가를 비교하여 조사했더니, 전자가 후자에 비해 대기오염 물질이 최고 14배나 많았다고 합니다. 도심의 매연이 고층 건물 사이에 갇혀 쌓인 결과입니다. 반면 강풍이 불면, 고층 건물 사이에서는 협곡처럼 골바람이 일어나 대형 간판을 종잇장처럼 날립니다. 매년 여름 태풍이 불 때면, 도시의 가로는 공포의 거리로 돌변합니다.

현대 건축가들은 바람에 굴복하고 타협했습니다. 고층 건물 가운데 큰 구멍을 뚫어 바람길을 내고, 외관을 유선형으로 만들어 바람 흐름을 매끄럽게 유도합니다. 전자의 대표적 건축물은 2008년 베이징 올림픽 때 완공한 중국중앙방송CCTV 본사 빌딩이며, 후자는 1962년 완공한 미국 뉴욕 JFK공항 내 TWA터미널일 성싶습니다. 한국에도 2000년대 들어 바람길을 튼 건축물이 속속 등장하고 있습니다. 2014년 준공하여

세계의 도시는 바람길을 트는 데 골몰하고 있습니다.
1 세계적인 여성 건축가 자하 하디드가 설계한 동대
문디자인플라자DDP. 당초 주변 경관과 어울리지 않
는다는 비난이 있었으나, 밀집한 도심을 여유롭게 틔
워 바람길을 열고 구조물 내부로 흐르게 한 배려가
압권입니다.
2 2008년 베이징 올림픽에 맞춰 지은 중국 CCTV
건물은 도시 바람길을 튼 고층 빌딩의 혁신적 시도
입니다.

큰 반향을 일으킨 동대문디자인플라자DDP는 구조물 내부까지 바람길을 연, 괄목할 만한 건축물입니다.

세계의 대도시는 바람길 트기에 골몰하고 있습니다

사람이 살기 좋은 도시의 첫째 조건은 맑은 공기입니다. 1980년대만 해도 세계 주요 도시는 배출가스의 총량을 줄여 대기오염을 해결하려 했습니다. 대표적인 도시가 미국 캘리포니아 주의 중심 도시 로스앤젤레스LA입니다. 1960년대 이후 날로 심각해지는 대기오염을 견디지 못한 LA 시정부는 1996년 캘리포니아 주정부를 내세워 자동차 배기가스 규제법을 제정했습니다. 배기가스를 일정 기준 이상 내뿜는 자동차를 생산하는 회사의 차를 캘리포니아 주에서 팔지 못하도록 한 특단의 규제였습니다. 이 법은 세계 자동차 시장에 혁신 바람을 일으켰습니다. 자동차 메이커는 너 나 할 것 없이 고高연비 엔진과 배기가스 저감 기술 개발에 목을 맸고, 하이브리드 자동차와 전기차 개발에 막대한 돈을 들어붓게 한 계기가 되었습니다.

이런 조처에도 LA의 공기는 좀체 나아지지 않습니다. 전 세계 자동차 회사가 투자한 비용을 감안하면 소득은 낙제점입니다. 배출량 규제로 차량이나 발전소 같은 배출원 개개의 배출량은 다소 줄었을지 모르지만, 인구와 차량이 증가하는 한 배출 총량은 상대적으로 계속 늘고 있기 때문이지요. 배출량 규제와 같은 대처만으로는 도시 공기를 맑게 할 수 없음을 보여준 대표적인 사례입니다.

도시 공기를 맑게 하는 최상의 대안은 바람길을 트는 것입니다. 외곽의 맑은 공기가 도심을 관통하여 자연스레 흘러가도록 만드는 친환경 도시 계획입니다. 영국 런던 시가 찾은 묘책입니다.

런던 시정부는 템스 강변의 낙후 시설을 정비하고 강변을 따라 녹지를 조성했습니다. 원래의 목적은 단지 시민의 휴식공간을 넓히는 것이었습니다. 그런데 뜻밖에 신선한 바람이 불어왔고, 런던 도심의 공기가 달라지며 기온이 2~3℃ 떨어졌습니다. 오늘날 템스 강변의 숲은 이렇게 조성된 것입니다. 그런 덕에, 악명 높았던 런던 스모그도 거의 사라졌습니다.

바람길 트기를 새로운 도시 계획의 지표로 삼는 도시는 일본 수도 도쿄입니다. 도쿄는 녹지와 호소가 비교적 많습니다. 왕궁을 비롯한 넓은 공원이 많은 덕분이지요. 그러나 도쿄 도심은 배기가스를 엄격하게 규제하고 시민이 자발적으로 참여하는데도 외곽보다 기온이 2~3℃나 높은 탓에 늘 열섬과 스모그에 갇혀 있습니다. 1,200만 명에 육박하는 인구와 밀집한 건축물이 뿜어내는 열기가 그 주범입니다. 하구 분지에 위치한 지리적 약점도 한몫을 더했습니다. 1990년대 이후 도쿄 도정부가 도쿄를 관통하는 10여 개의 본·지류 강변에 녹지대를 조성하자 기온이 떨어지기 시작했습니다.

최근에는 도쿄 도심을 관통하는 니혼바시 강을 비롯한 하천 위에 건설된 모든 도시고속도로를 걷어내고 지하에 도로를 건설하는 정책을 추진하고 있습니다. 도쿄 도심을 거미줄처럼 연결한 도시고속도로는 1964년 도쿄 올림픽 직전에 건설된 것입니다. 건설비용을 줄이고 공사 기간도 단축하기 위해 도심을 관통하는 강 위에 건설했습니다. 그런데 이 도시고속도로가 악명 높은 도쿄의 열섬과 스모그를 부른 화근이 된 것입니다. 게다가 강변을 따라 수백 년에 걸쳐 조성된 전통 가로의 도심 미관을 가로막는 바람에 도쿄의 흉물로 전락했습니다. 도정부는 특히 니혼바시 강변에 조성한 녹지대 바람이 고속도로에 막혀 흐르지 못한다

1 일본 도쿄 도정부는 지난 50년간 도심 곳곳에 호수와 공원을 만들었으나 공기는 나아지지 않았습니다. 대기가 강바람을 타지 못해 순환하지 못하고 있음을 뒤늦게 깨달았습니다. 2 서울 강북 도심 공기는 청계천 복원 이후 한층 좋아졌습니다. 도쿄 도정부는 청계천 복원 효과를 주목하고 도쿄 도심 하천 위에 건설된 순환도로를 모두 철거하는 바람 길 트기 계획을 추진하고 있습니다. 3 영국 런던 시정부가 템스 강변에 숲을 조성하자 악명 높은 런던 스모그가 줄어들었습니다. 숲이 만든 작은 바람에 강바람이 상승하면서 대서양의 바람을 움직인 것입니다. 4 파리 센 강이 아름다운 것은 강변 숲 덕분입니다.

는 사실에 주목했습니다. 엄청난 예산과 당장의 불편을 감수해야 하지만 도쿄 도민은 기꺼이 호응하고 있습니다. 이 고속도로가 사라지고 도쿄의 모든 강에 햇빛이 들면 강변 녹지대의 바람이 도쿄 만의 바닷바람을 실어와 도심 기온을 1℃ 이상 낮출 것으로 도정부는 보고 있습니다.

니혼바시 강은 1970년대 복개와 고가도로의 건설로 사라졌던 서울의 청계천과 닮은 꼴입니다. 청계천은 여러 논란과 우여곡절 끝에 2005년 복원되었지요. 그 덕에 강북 지역의 바람길이 열렸고 도심 기온이 1℃ 이상 떨어졌습니다.

최근 대기오염으로 가장 골머리를 앓는 곳은 중국입니다

상주 인구 1,300만 명의 중국 수도 베이징은 최악의 대기로 도시 기능이 수시로 마비됩니다. 2013년 9월, 베이징 시정부는 신규 차량의 등록을 제한하는 고육책을 내놓기도 했습니다.

베이징 시정부의 발표에 따르면 2010년 현재 베이징 시 전역의 녹지 비율은 40%를 웃돕니다. 수치로만 보면 세계 최고 수준의 녹지 비율을 자랑하는 런던보다도 배 가까이 높습니다. 베이징 시정부가 2002년부터 빈 땅이 생기면 나무를 심는 '묻지마' 식 도시녹화 정책이 만든 실적입니다. 이 녹지들은 대부분 외곽의 산림이나 도로변을 따라 조성한 꽃밭과 가로수 그리고 황사 방풍림입니다. 이런 식의 녹화는 베이징의 대기를 개선하는 데 별 도움이 되지 못했습니다.

베이징 시정부는 2008년 베이징 올림픽을 계기로 도시녹화 계획을 전면 수정하고, 도심에 그린벨트를 만들어 바람길을 만들기로 결정했습니다. 베이징 올림픽 공원 같은 대형 공원을 건설하고 '환로'環路로 불리는 6개의 도시 순환 도로변에 녹지대를 조성한 것입니다. 또한 외곽 농촌

베이징 시정부는 2008년 올림픽을 계기로 바람
길을 트기 위해 획기적인 도시녹화 계획을 추진
하고 있습니다. 그러나 악화일로입니다. 베이징
에는 도심을 관통하는 강이 없기 때문입니다.
1 베이징 도시녹화 계획 조감도 모형.
2 톈안먼天安門 광장 녹화.

지역에서 도심으로 넓은 그린벨트 띠를 만들고, 환로 주변의 녹지대와
연결하여 베이징 도심의 숨통을 트겠다는 원대한 계획을 세웠습니다.

이 계획이 성공적으로 완성된다 해도 베이징의 대기를 획기적으로 개
선하기는 어려울 듯합니다. 베이징에는 도심을 관통하는 큰 강이 없기
때문입니다. 넓은 강은, 바람의 고속도로입니다. 그린벨트 정책만으로는
베이징의 숨통을 틔우기 어려운 이유입니다. 대부분의 문명도 도시도 강
을 끼고 발원하지만, 베이징은 그렇지 않았습니다. 베이징은 철저히 계획
된 내륙 도시이기 때문입니다.

오늘날 베이징은 1403년 조카를 내쫓고 황제 자리에 앉은 명나라 영

락제가 난징에서 천도하면서 모습을 갖추었습니다. 고대 연나라와 요나라의 수도였지만, 직전 왕조인 원나라가 이곳을 불태우고 북쪽에 상도를 세우는 바람에 폐허로 변했던 하북 평야의 중심지였습니다. 영락제가 이곳을 새 왕조의 수도로 택한 명분은, 북쪽 오랑캐 침략에 대응하기 위해서였습니다. 다른 속사정도 있었습니다. 양쯔 강변 난징에서 창업한 명 왕조는, 매년 홍수에 시달려야 했고 습한 날씨도 마뜩잖았습니다. 그래서 영락제는 강에서 먼 곳에 베이징 황궁을 두고 운하와 호수로 강을 대신하는 도시를 계획한 것입니다.

오늘날 베이징 시 외곽에는 제법 큰 강이 세 개나 있지만 멀찍이 에둘러 남쪽으로 흐릅니다. 하이허書河·융딩허永定河 그리고 차오바이허潮白河입니다. 세 강이 베이징의 바람길이 되기에는 '너무 먼 당신'입니다. 게다가 이들 강물로 만든 운하나 호수는 흐르지 않기 때문에 바람길을 트지 못합니다. 영락제의 잘못된 선택인지 오늘날 베이징이 너무 비대한 탓인지 모르지만, 이래저래 베이징은 미래 중국의 수도가 되기에는 한계가 있는 듯합니다. 중국에서는 이런저런 이유로 수도를 이전하자는 현대판 천도론까지 등장하는 형편입니다. 반면 대한민국 수도 서울에는 한강이 유장하게 관통하고 있습니다. 서울 대기가 그나마 쾌적한 것은 한강이 튼 바람길 덕분입니다.

바람은 기술 문명의 원동력이 되기도 했습니다

바람이 없다면 대항해 시대는 열리지 않았겠지요. 망망대해에서 인간의 힘만으로는 거대한 범선을 앞으로 나아가게 할 수 없으니 말입니다. 바람이 없다면 풍차도 없을 것이고 네덜란드도 오늘날과 같지 않았을 겁니다. 바람을 활용해 첨단 농업을 이룬 인류도 있습니다. 바로 안데

페루 마추픽추의 원형 농장 '모라이'. 마치 고대 로마제국의 원형 극장처럼 보이지만 식량 신품종을 개발한
육종 농장입니다. 계곡을 타고 치솟는 바람과 강한 햇빛을 이용하여 기온차를 만들고, 고산 지대의 기온에 맞
는 품종을 개발했습니다. 요즘 온실과 비슷한 원리입니다.

스 잉카 문명의 잉카인입니다.

잉카 유적 마추픽추에서 발견된 원형농장과 곡물창고를 보면 그저 놀라울 뿐입니다. 잉카의 원형농장은 고대 로마 원형극장의 축소판이라 할 만큼 닮았습니다. 잉카인은 원형농장 내부의 계단밭에 옥수수나 감자 같은 식량 작물을 층층이 심었습니다. 하필 고지대 가파른 곳에 이런 구조물을 만들어 농사를 지었을까요. 마추픽추의 정상 주변에도 가파른 계단식 밭이 여럿 있습니다. 이 유적을 발굴한 고고학자들은 권력층의 비상식량을 조달하기 위한 농장으로 짐작했지만 풀리지 않는 의문점은 한둘이 아니었습니다. 식량을 조달하기에는 재배 면적이 너무 좁고, 더욱이 원형농장을 만들 이유도 없어 보였기 때문이지요.

그 답을 찾아낸 건 농학자였습니다. 원형농장은 종묘장이었습니다. 맨 아래 계단과 맨 위 계단의 기온 차이가 무려 5℃인 것을 밝혀냈습니다. 안데스 산맥의 계곡 아래에서 불어오는 바람과 강한 햇빛을 원형농장에 끌어들여 기온차를 크게 만들었다는 것입니다. 기온의 차이는 한 품종을 다양하게 육종하는 데 필수조건입니다. 재배 작물에 따라 기온을 조절하는 요즘 온실의 원리와 같다고 보면 될 법합니다. 잉카제국의 권력자는 이곳에서 품종을 개량한 뒤 아래 고원지대 농지에서 씨앗을 대량생산했고, 이를 농민에게 공급하여 증산을 장려한 것입니다.

곡물창고 역시 압권입니다. 무려 200~500m의 깎아지른 계곡 절벽에 매달아놓은 듯한 창고는 보기에도 아찔합니다. 흙과 돌로 지어진 이 창고 가운데 몇몇은 발견 당시 거의 온전한 상태였고 곡식도 발견되었습니다. 신기한 것은 이 곡식을 심었더니 수백 년의 세월을 넘어 건강하게 싹을 냈습니다. 고고학자들은 잉카인이 적에게서 식량을 보호하기 위해 이런 험한 곳에 비상 창고를 지었다고 여겼습니다.

전남 담양에 있는 소쇄원 제월당. 마루는 철철이 변하는 자연 풍광과 함께 바람을 맞는 공간입니다. 책 읽고 자연과 벗 삼으면 더할 게 없다는 선비의 품격을 담은 조선조 건축예술의 압권입니다.

　　그러나 비밀은 따로 있었습니다. 깊은 계곡과 접한 이 절벽은 양지바르고 바람이 강한 곳이었습니다. 강한 햇빛과 시원한 바람은 종자를 보관하는 데 필수조건입니다. 햇빛과 바람은 자연이 만든 최상의 병해충방지 시스템입니다. 잉카 문명은 바람을 이용한 첨단 농업기술로 번영을누린 것입니다. 아쉽게도 숲을 파괴하는 바람에 몰락을 자초했다고 하지요. 잉카 문명이 에스파냐 정복군에 의해 멸망했지만, 그들의 무자비한 살육이 없었더라도 그리 오래 지탱하진 못했을 듯합니다.

　인류 역사상 바람의 덕을 가장 많이 본 곳은 네덜란드겠지요. 풍차는물구덩이뿐인 땅 네덜란드를 세계 최고의 원예국가로 만들었고, 멋진 풍광까지 더해주었습니다. 바람의 힘은 기름값이 치솟으면서 진가를 드러내고 있기도 합니다. 바람을 이용하는 발전인 풍력발전은 청정·무한 에너지원으로 부상하고 있지요.

바람을 실생활에 멋지게 응용한 인류는 한민족입니다

한복과 한옥은 한민족이 바람을 생활에 응용한 예입니다. 한복만큼 통풍을 중시한 옷은 세상에 없습니다. 넉넉한 품에 헐렁한 소매통과 바지통은 몸을 숨 쉬게 하는 데 그만입니다. 한옥보다 통풍이 좋은 주거양식은 없습니다. 건축물 내부 한가운데를 비우고 대청마루와 뒷문을 적절히 활용해 바람이 통하도록 짓는 주택은 한옥밖에 없기 때문입니다. 대청마루와 뒷문이 통풍의 길입니다. 집의 방향으로 계절풍이 부는 남향을 선호한 민족도 우리뿐입니다. 한복과 한옥은 바람을 활용해 건강을 지키려는 조상의 남다른 지혜입니다.

요즘 옷과 집은 한복과 한옥과는 전혀 딴판입니다. 옷은 멋과 개성을 드러내는 수단으로, 집은 사회적 지위와 부를 과시하는 척도로 전락했습니다. 꼭 조이는 옷이 멋있고, 콘크리트와 유리창으로 꽉 막힌 고층아파트가 좋은 집으로 여겨집니다. 그런데 둘 모두 건강에 좋지 않습니다. 꼭 조이는 옷은 피부질환과 남성의 불임을 촉발하고, 꽉 막힌 실내는 만병의 근원이 됩니다.

바람을 멀리하면 만성질환이 찾아옵니다

만성질환은 의사도 고치기 어려운 병입니다. 아토피·알레르기·우울증·천식·고혈압·당뇨·암 등은 유전적 요인으로 발병하기도 하지만, 잘못된 생활습관과 환경에서 생기고 키운 질병입니다. 그래서 투약이나 수술만으로 치유가 어렵지요. 환자 스스로 생활환경과 습관을 바꾸어야 합니다.

그러나 말처럼 쉬운 일은 아니지요. 생활환경을 바꾸기 어려운 현대인은 습관성 질환을 한둘쯤 달고 삽니다. 가장 효과적인 치유 방법은 숲

하루 한 시간 숲길을 걸으며 바람 쐬는 것만으로도 건강을 지킬 수 있습니다. 만성피로증후군과 충동적 식욕을 줄이고, 고혈당과 체지방을 낮추며 항암 효과까지 얻을 수 있다고 합니다.

에 있습니다. 숲은 바람의 원천입니다. 숲 속 바람은 생명의 기운입니다.

인제대 서울백병원 정신건강의학과 우종민 교수는 2012년 성인 남녀 72명을 대상으로 매우 흥미로운 숲 산책 실험을 했습니다. 숲 경관을 감상하며 산책하게 하고 뇌파를 통해 스트레스를 관찰한 것이지요. 그런데 이들에게서 놀라운 치유 효과가 나타났습니다. 스트레스를 관할하는 전前전두엽의 뇌파가 안정되면서 만성피로증후군과 충동적 식욕이 줄고, 부교감신경계의 증진으로 혈압이 감소하였으며, 스트레스 호르몬인 코르티솔의 감소로 혈당과 체지방이 함께 떨어졌습니다. 심지어 암세포를 잡아먹는 세포NK의 증가로 항암 효과까지 있었다고 합니다. 숲의 치유 효과는 상상 그 이상입니다.

일본의 한 예방의학연구소가 발표한 숲 치료 효과 보고서에 따르면, 아토피를 3년 이상 앓던 어린이 21명을 한 달간 산골마을에서 살게 했더니 18명은 거의 나았으며, 나머지 3명도 현저한 차도를 보였답니다. 우울증과 천식 환자는 65%가 3개월 사이 괄목할 만한 치유 효과를 보였고, 고혈압과 당뇨 환자는 80% 이상이 정상치에 근접했으며, 암 말기 환자의 75%에서 항암 면역력이 크게 증가한 것으로 나타났습니다.

흔히 사람은 흙을 밟고 살아야 건강하다고 말합니다. 신발을 신고 걷든 맨발로 걷든 바람 부는 숲을 걷는 게 진짜 보약입니다.

창문을 열고 밖으로 나가 바람을 쏩시다

현대인은 어쩐 일인지 바람을 가능한 한 피하려고만 합니다. 창문을 열기보다 닫고 사는 데 익숙합니다. 선풍기와 에어컨을 선호합니다. 운동도 실외보다는 집 안이나 피트니스에서 하는 것을 더 좋아합니다. 자연 바람은 대기가 흐르면서 발생하는 지구의 기류입니다. 선풍기나 에

어컨에서 생긴 바람은 전기기기가 내보낸 실내 공기일 뿐입니다. 공기도 물처럼 갇히면 썩습니다. 실내에 가둔 공기를 청정기로 아무리 걸러내도 창 밖에서 불어오는 바람과 비할 수는 없습니다.

집 안에서 키우는 분식물을 보면 실내 공기의 질을 헤아릴 수 있습니다. 잎에 광택이 없으면 환기를 자주하라는 신호입니다. 묵은 때가 앉은 듯 잎이 지저분해지면 건강을 해칠 정도라는 경고입니다. 잎에 얼룩이 지고 가지에 점박이가 생기면, 병해충이 득실거릴 정도로 위험하다는 통첩과 같습니다.

사람이든 식물이든 수시로 창문을 활짝 열고, 자주 밖으로 나가 바람을 맞아야 건강합니다.

바람은 생명의 기운입니다. 건강하려면 '바람둥이'가 됩시다.

친환경농산물

한때 붐볐던 대형 마트의 친환경농산물 코너의 인기가 예전 같지 않습니다. 하지만 신문과 TV를 통해 몇몇 일반 농산물에서 잔류농약이 다량으로 검출되었다는 보도가 잇따르면 친환경농산물의 인기가 잠깐 오르겠지요. 언론 매체의 보도 내용에 따라 친환경식품 판매량이 들쭉날쭉 달라진다는 것은 믿을 만한 먹거리가 아니라는 뜻입니다. 먹거리에 대한 불신으로 친환경식품이 일반 식품보다는 나을 성싶어 그나마 팔리는 것이지요. 그러나 턱없이 비싼 가격 탓에 쉽게 손이 가지 않지요. 그저 그런 맛을 보면 더더욱 믿어도 될까 싶습니다. 친환경식품 코너가 점점 썰렁해지는 진짜 이유입니다.(p.195)

콜라 열매

"아프리카 세네갈 중부 탐바쿤다 감비아 강변 5일장에서 콜라나무 열매를 파는 소년이다. 소년이 맛보라고 권한 열매 한 알을 깨문 순간, 덜 익은 땡감만큼 떫었지만 이내 입안이 화해지면서 개운해졌다. 커피 원두 두세 배의 높은 카페인과 콜라린 함량 때문에 이곳에선 피로회복용과 최음용으로 즐긴단다. 몇 알에 정신이 깨끗해졌다. 콜라에 왜 중독되는지 알 것 같다." 콜라 열매를 촬영한 박정호 님의 글을 요약해 옮겼습니다.

콜라나무 열매는 현지에서도 비쌉니다. 세계인이 1초마다 수만 병을 마신다고 합니다. 콜라음료의 엄청난 양을 비싼 열매의 추출액으로 모두 감당할 수 없습니다. 그러면 무엇으로 만들까요? 제조사가 공개하지 않아 알 길이 없지만, 합성향료로 만든다고 합니다. 콜라 열매 추출액과 합성향료를 섞는다고도 합니다. 대량생산을 하면서 품질을 유지하고 중독성 논란을 피하기 위해서 합성향료 사용은 피할 수 없을 법합니다.(p.223)

산삼

산삼의 빨간 열매는 보석보다 아름답습니다. 아침 이슬을 머금으면 영롱한 빛을 내지요. 산새에게 보내는 조찬 초대 신호입니다. 산새는 유독 빨간색을 잘 구별합니다. 여름철 푸른 잎 사이에 숨어 있거나 겨울철 앙상한 가지에 매달린, 잘 익은 열매를 쉽게 찾기 위해서입니다. 산삼이 열매를 빨갛게

채색한 이유이기도 하지요. 산삼은 낙엽이 많이 쌓여 부엽토층이 두텁고 촉촉한 땅을 좋아하기 때문에 깊은 산 계곡 주변 경사지에 주로 서식합니다. 열매가 떨어지면 경사지 아래 파인 곳으로 구르기 때문에 끼리끼리 모여 살 수밖에 없습니다. 어미 산삼은 안타까울 겁니다. 넓고 넓은 산을 두고 자식들이 옹기종기 모여 경쟁하며 사는 꼴이 그러하지요. 심마니 눈에 뜨이기라도 하면 몰사할 게 분명합니다. 그래서 산삼은 꽃을 피우기보다는 열매를 빨갛게 물들이는 데 정성을 더 쏟습니다. 산새가 열매를 따먹어야 자식들이 멀리 흩어져 살 수 있기 때문입니다. 산새가 옮겨다준 씨앗은 살아남을 확률이 매우 높아 일석이조입니다.(p.235)

코피루왁

영화 〈버킷 리스트〉의 주인공(잭 니콜슨)이 세계 최고라 떠벌린 코피루왁은 과연 어떤 맛일까요? 보통 한 잔에 4~5만 원, 최상품은 10만 원까지 한다니 말입니다. 커피 마니아 배정철 님의 시음 소감은 이렇습니다. "봉지를 뜯자 강한 커피 향이 코를 찌른다. 알갱이는 크고 윤기가 난다. 일반 커피 내리듯 했더니 진하다. 뜨거운 물을 조금 더했더니, 깊은 향기와 함께 착 들러붙는 맛이 역시 다르다."(p.238)

베란다 분식물

아파트 베란다는 화초를 키우기에 좋은 장소 같지만 꼭 그렇지만은 않습니다. 베란다 유리창을 닫아놓으면 바람이 통하지 않는 데다, 한낮이면 강한 햇빛으로 인한 온실 효과 때문에 겨울에도 병해충이 번식하기 좋은 환경이 됩니다. 한여름에 창문을 활짝 열어놓거나, 장마나 저기압 날씨가 계속되어도 같은 현상이 생깁니다. 겨울에도 한낮에는 창문을 열어 환기를 하고, 여름에는 가끔 선풍기 바람을 약하게 쐬어주면 병해충을 막을 수 있습니다.(p.245)

뿌리

- '뿌리 깊은 나무'에는 특별한 게 있다
- 인류가 진화를 거부하다
- 숲이 사라지면 문명도 없다
- 지구는 말기 암환자다
- '온난화의 핵폭탄' 지층 메탄이 꿈틀거리다
- 녹색성장은 허풍이다

뿌리 깊은
나무에는
특별한 게 있다

"뿌리 깊은 나무는 바람에도 아니 흔들리니 꽃이 좋고 열매도 많아."
세종대왕이 훈민정음을 창제한 뒤, 실용성을 검증하기 위해 펴낸
장편 서사시 『용비어천가』 제2장의 머리글입니다.
"조선이란 나무가 성장하기까지 건실한 뿌리가 있었기에
아름다운 꽃이 피고 풍성한 열매를 얻게 되었다"라고
담담히 노래한 것이지요.

예로부터 창업과 번영을 나무에 비유합니다

기념식수를 하는 것도 이런 의미를 담고 있기 때문입니다. 신축 건축
물의 준공, 귀한 분의 방문, 소중한 분의 생일, 자녀의 출생 등 명분도 갖
가집니다. 기념식수는 단순한 축하와 조경을 위한 게 아니라 『용비어천
가』의 '뿌리 깊은 나무'와 같은 깊은 뜻을 담고 있습니다. 기업 경영도,
자녀 양육도, 대인 관계도 나무 가꾸듯 하면 반드시 훌륭한 결실을 얻게
된다는 인생 지침과 같습니다.

이는 결코 빈말이 아닙니다. 대한민국 재계가 이를 입증합니다. 대한민
국 3대 재벌의 창업주는 모두 예사롭지 않은 식물 전문가입니다. 삼성

그룹의 이병철 회장은 만년에 그룹 경영을 아들 이건희 회장에게 맡기고 경기도 용인 야산을 울창한 숲으로 가꾸었습니다. 손수 나무를 심고 그 속에 자연농원과 호암미술관을 세웠지요. 당시 조경 전문가들도 식물에 관한 그의 해박한 지식에 혀를 내둘렀다고 합니다. LG그룹의 구자경 회장 역시 아들에게 경영권을 넘긴 뒤, 아버지 구인회 회장의 호를 따 설립한 천안연암대학의 농업대학 실험농장에서 육종가의 길을 걷고 있습니다. 서울대 농대 출신인 SK그룹 최종현 회장은 독림가篤林家였던 부친에 이어 평생 수백만 그루의 나무를 심어 산림녹화에 앞장섰습니다. 산림청은 그를 기려 광릉수목원 내 '숲의 명예전당'에 헌정하기도 했지요.

이 밖에도 식물사랑이라면 교보그룹의 창업주 신용호 회장과 태평양화학 창업주인 서성환 회장을 빼놓을 수 없습니다. 그는 먹고살기도 힘든 시절에 교육보험으로 사업하면서 전국 곳곳에 수목원을 조성했습니다. 특히 광화문 사옥 로비에 '그린하우스'라는 대형 실내 정원을 만들어 그의 식물사랑을 고객에게 선사했습니다. 한편 서성환 회장의 식물사랑은 후계자의 서경배 현 회장으로 이어져 태평양화학이 세계적인 화장품 기업으로 성장하는 데 밑거름이 되었습니다. 2015년 아모레퍼시픽이 향료식물 100종을 세밀화로 옮겨 펴낸 책 『비욘드 플라워』에 그 사랑이 오롯이 담겨 있습니다.

한국현대사의 격랑 속에 수많은 기업이 부침했습니다. 그러나 이들 3대 재벌과 교보그룹은 대를 이어 거목으로 성장하고 있습니다. 네 창업주의 경영철학에는 '뿌리 깊은 나무'의 지혜가 녹아 있습니다. 네 그룹의 기업 문화를 들여다보면 창업주 특유의 식물사랑이 오롯이 드러납니다.

삼성의 이병철 회장은 용인을 입지로 선정한 뒤 언론의 숱한 질타에도 야산을 차근차근 사들였고, 토양과 기후에 어울리지 않는 나무를 심는

1 서울 광화문 교보빌딩을 처음 방문한 사람은 넓은 로비의 절반을 차지하고 있는 실내 정원에 놀랍니다. 창업주 신용호 회장의 식물사랑이 얼마나 깊었는지를 알면 놀랄 일도 아닙니다. 그는 틈만 나면 식물도감을 펼쳐놓고 자녀와 놀았다고 합니다. 교보그룹의 건강한 기업문화는 대를 이어 식물에서 나왔다 해도 지나치지 않습니다.

2 삼성그룹 창업주 이병철 회장의 식물사랑이 없었다면, 오늘날의 숲 속 에버랜드는 없었겠지요. 설사 있다 해도, 휑한 들판에 요란한 놀이기구 소리만 가득했을 겁니다.

다는 비난에도 식물의 생명력을 믿었습니다. 명실공히 대한민국 대표 위락 공간인 에버랜드는 이렇게 탄생했습니다. 일단 투자하면 도전적인 정신력과 품질을 중시하는 삼성그룹의 기업 문화와 상통합니다.

LG그룹은 신품종을 개발하는 육종가처럼 화학과 전자 분야의 첨단 기술 개발에 집중해왔습니다. SK그룹은 벌거벗은 야산 여기저기에 조림하듯 과감한 인수·합병으로 다양한 분야의 기업집단을 일구었습니다.

반면 현대그룹 정주영 회장은 타고난 농사꾼입니다. 식물 가꾸기를 즐기기보다는 재배해서 팔아 돈을 버는 형이지요. 그래서 사업도 개간 농업을 하듯 해안을 매립하여 현대자동차와 현대중공업 같은 거대 플랜트를 세웠고, 서산간척지의 광대한 땅에 벼농사를 하며 소를 키워 북한에 끌고 가기도 했습니다. 정주영 회장이 식물을 심고 가꾸며 '뿌리 깊은 나무'의 지혜를 한 번 더 생각했더라면 현대그룹의 기업 문화도 흥망성쇠도 조금 달랐을 법합니다.

큰 기업이 오랫동안 존속하게 하는 경영철학은 '뿌리 깊은 나무'의 지혜였습니다. 이는 식물이 상생공존하며 숲을 이루는 비결과 통합니다.

식물이 서로 공존하는 첫째 비결은 신비한 정보 시스템입니다

이 정보 시스템은 수집부터 연산, 공유, 대응까지 완벽에 가깝습니다. 식물의 잎과 뿌리는 온통 센서로 덮여 있습니다. 그 센서는 흔히 피톤치드라 불리는 이차대사산물을 통해 작동됩니다. 기온·햇빛·습도·바람 같은 공기의 변화부터 벌레나 짐승 그리고 이웃 식물에 이르기까지 그들이 적인지 친구인지를 감지합니다. 병해충이나 포식자면 즉각 독성물질을 보내 내치는 한편 뿌리를 통해 다른 쪽 가지에게 대응케 합니다. 심지어 이웃 식물과 정보를 공유하며 공동전선을 폅니다.

영화 〈아바타〉 속 나비족과 교감하는 '영혼의 나무'는 서로 소통하는 식물과 닮았습니다.

영국 애버딘대학교의 연구팀이 식물의 생체 정보 체계를 실험한 결과, 식물의 뿌리털에서 공생하는 곰팡이 균근菌根이 이웃 간의 정보를 소통하는 매체 역할을 하고 있음을 밝혔습니다. 마치 영화 〈아바타〉에 등장하는 판도라 행성의 나비족이 '영혼의 나무'와 뇌신경망을 통해 정보를 공유하며 적과 대항하듯 말입니다.

식물의 대응은 지상과 지하에서 입체적으로 밤낮없이 가동됩니다. 식물은 대낮에 일조량이 줄면 누군가가 위에서 햇빛을 가린다고 판단합니다. 그러고는 곧바로 키가 자라는 데 모든 에너지를 집중합니다. 더 많은 햇빛을 얻기 위해 영공領空을 더 높이는 키다리 전략이지요. 그래서 실내에서 키우는 분식물盆植物은 천장 등불을 향해 자꾸 키를 키워, 꺽다리가 됩니다.

한편 한쪽 가지가 계속 부러지면 그쪽의 성장을 아예 중단하거나 가지를 굽혀버립니다. 청주시의 명물인 플라타너스 터널 길은 주행 차선에 따라 높이가 다릅니다. 대형차량이 주로 다니는 바깥 차선 위는 높고, 그다음은 승용차와 인도 순입니다. 통과하는 차량과 사람이 가지를 계속 부러뜨리자 플라타너스가 그만큼 새순을 더 내지 않아 생겨난 모양입니다. 대도시 가로수에도 노선버스의 높이만큼 생긴 공간을 볼 수 있습니다.

식물의 정보 시스템이 어떻게 작동하는지에 관해서는 분명치 않습니다. 인간이나 동물에 비해 식물의 생체 시스템에 관한 연구가 미진했기 때문입니다. 1990년대 이후 첨단 분석기기를 이용한 분자생물학의 획기적인 발달 덕분에 비밀이 조금씩 밝혀지고 있습니다.

널리 알려진 대로 식물에는 신경계가 없습니다. 그래서 감각이 없을 뿐 아니라 희로애락의 감정도 느끼지 못합니다. 반면 이차대사산물 덕택에 외부 환경에 대한 반응은 뛰어납니다. 단백질의 활성화를 억제하거나 촉진하는 조절 기능이 신호를 발생하여 환경 변화에 대응하는 것으로 알려졌지만 아직 확실하지는 않습니다. 어쨌든 식물은 동물과 인간의 신경계를 갖지 못하는 대신 뛰어난 반응 체계를 갖추고 있습니다. 대응은 비록 느리지만 효율적이지요. 포식자의 공격과 인간의 파괴에도 불구하고 지구상에서 식물종이 가장 풍요로운 것이 그 증거입니다.

식물의 반응 체계는 디지털 방식입니다. 반응은 '이냐' '아니냐'입니다. 디지털의 기본 신호 '0' '1'과 같습니다. 예를 들면 이웃에 이사온 낯선 식물을 '친구냐' '적이냐'로만 구별하고 신호를 보낸다는 것이지요. 그런데 잎과 뿌리의 수많은 센서가 동시에 감지하는 다른 신호를 어떻게 통합하고 처리하길래 이렇게 효율적으로 대응하는지는 밝혀진 게 없습니다. 신기할 따름입니다.

청주시 플라타너스 가로수길. 휘어진 기둥줄기는 질주하는 차량에 부딪히지 않으려 스스로 굽힌 것입니다.
쉼 없이 주변 정보를 수집하고 대응하는 식물이 경이롭습니다.

컴퓨터는 인간이 하드디스크에 입력해둔 연산기능과 알고리즘을 통해 정보를 처리합니다. 식물도 컴퓨터처럼 이차대사산물의 반응으로 입력된 정보를 계산하고 일정한 알고리즘으로 대응하지 않을까 추측하는 정도입니다. 분명한 것은 식물이 컴퓨터보다 더 정교하고 효율적인 알고리즘을 갖고 있을 것이란 점입니다. 식물은 적어도 수억 년에 걸쳐 자연선택을 통해 업그레이드해온 생체 메커니즘으로 지구생태계를 만들었기 때문입니다. 신생 첨단과학인 식물생체시스템공학이 그 신비를 밝혀낼 것으로 기대합니다. 신비가 밝혀지면 가장 반길 사람은 컴퓨터 소프트웨어를 개발하는 과학자일 성싶습니다.

혹자는 식물도 통증을 느끼고 생각을 한다고 주장합니다. 대표적인 인물은 『식물도 생각한다, 식물의 정신세계』의 공동 저자인 미국인 피터 톰킨스와 크리스토퍼 버드입니다. 전자는 저널리스트이며, 후자는 대학에서 생물학을 전공한 인류학자입니다. 두 사람은 거짓말 탐지기를 이용해 식물도 사람처럼 판단하고 반응하고 대응하는 능력이 있음을 입증했다고 주장해 비상한 관심을 모았습니다.

이 책은 "식물은 인간의 귀에 들리지 않는 소리와 보이지 않는 적외선이나 자외선 같은 색깔의 파장까지 구별하고, 특히 엑스레이나 TV 고주파에도 민감하게 반응했다"고 주장합니다. 심지어 식물은 클래식 음악, 특히 바흐 음악을 좋아한다는 논거를 제시했습니다. 이 바람에 한국 농민들도 온실에 클래식 음악을 틀어놓고 작물이 건강하게 자라기를 기대하는 모습을 자주 볼 수 있습니다. 최근 체코의 한 식물학자가 식물도 통증을 느낀다는 연구물을 내놓자, 영국 BBC방송이 보도해 논란을 일으키기도 했습니다. 이런 유의 주장이 심심찮게 제기되지만, 과학적으로 입증된 것은 없습니다.

식물은 주어진 환경을 탓하지 않습니다. 대응하고 적응하고 변이하지요.

상생공존의 둘째 비결은 뛰어난 환경적응력입니다

식물만큼 제 운명에 충실한 생명체는 없습니다. 일단 뿌리를 내리면 그곳은 일생의 터전이자 무덤입니다. 자연재해나 포식자에 의해 옮겨질 뿐입니다. 식물은 씨앗에 생존 환경을 파악하는 아주 유효한 센서를 씨눈 끝에 심어놓았습니다. 센서가 감지하는 것은 기온과 수분입니다. 만약 이 두 요소가 적당치 않으면 씨앗은 적당한 환경이 나타날 때까지 싹을 틔우지 않고 버팁니다. 2009년 경남 함안 성산산성 발굴 작업 중 발견된 고려시대의 연꽃 씨앗 세 개는 심은 뒤 4일 만에 스스로 발아했고 이듬해 우아한 꽃을 피웠습니다. 무려 700년을 기다린 씨앗의 인고가 경이롭지요. 하지만 식물계에서 이런 일은 일상사입니다. 식물은 자연재해와 포식자의 파괴가 없는 한 주어진 환경에 적응하며 최선을 다하고

2009년 경남 함안 성산산성 발굴 작업 중 발견된 고려시대 연꽃 씨앗이 무려 700년의 세월을 견디고
스스로 이토록 예쁜 꽃을 피웠습니다. 식물의 종 보존력은 상상을 초월합니다.

소나무의 변신은 무척 다양합니다. 1 경기도 고양시 일산호수공원에 이식한 금강송의 날씬한 몸매는 이름처럼 멋집니다. 2 경남 사천 사천읍성에 있는 적송은 뒤틀려 더 아름답습니다. 씨앗을 멀리 보내지 못해 부대끼며 살아갈 수밖에 없는 탓에 서로 햇빛을 공유하며 상존하려 몸을 튼 것입니다. 3 경남 사천 대포항의 송림은 남해안 어촌에서 흔히 볼 수 있는 방풍림입니다. 기둥줄기가 검은 해송이지만, 너른 들과 풍부한 햇빛 덕에 곧게 자랐습니다.

일생을 마감합니다.

식물의 환경적응력은 소나무가 잘 보여줍니다. 한반도 토종 소나무를 이름으로 헤아리면 수십 종이 넘습니다. 적송·해송·곰솔·흑송·미인송·금강송·대왕송·춘양송 등 이름이 많지요. 식물학적으로 엄밀히 구분하면, 두 종뿐입니다. 적송이라 부르는 육송陸松과 곰솔 또는 흑송이라 부르는 해송海松이 있습니다. 이 두 종이 생존 환경에 적응하면서 변형되거나, 자연 교배를 거치면서 수많은 아종亞種이 탄생한 것입니다. 예를 들면 같은 해송도 자라는 환경에 따라 딴판입니다. 가파른 해안 바위틈에서 자란 녀석은 뒤틀리고 납작 엎드린 모습이지만, 방풍림으로 자란 녀석은 훤칠하고 우람한 몸매를 뽐냅니다. 살아남기 위해 주어진 환경에 적응하며 스스로 변신한 결과입니다.

변신만으로 생존이 어려우면 변이를 시도하기도 합니다. 해송은 파도에 떠밀려 온 육송의 씨가 바닷물의 염분과 해풍을 견디다 변이했을 확률이 높다고 합니다. 춘양송은 두 종이 자연 교배로 생긴 아종입니다. 침엽수는 본디 북반구 내륙 식물입니다. 한국 토종 소나무는 모두 뒤틀리고 굽은 게 제 모습인 양 알려져 있지만 그렇지 않습니다. 본디 우리나라에서도 햇빛과 통풍이 좋고 기름진 땅에서 모여 자란 소나무는 금강송처럼 곧게 자랍니다. 강원도 원주 치악산과 경북 울진 백두대간의 육송은 물론 충남 안면도 해송을 보면 납득하기 쉽습니다. 토종 소나무가 굽은 모습으로 잘못 알려진 까닭은 무엇일까요? 보기 좋은 소나무는 주로 베어 쓰고 나니 남은 게 대부분 뒤틀린 것이어서라고 합니다. 어쩌면 소나무가 인간의 남벌을 피하기 위해 스스로 몸을 뒤틀고 변신했는지도 모르겠습니다.

전남 강진 만덕산 백련사의 단풍은 사람에게 큰 즐거움을 줍니다. 그러나 나무에겐 살을 자르는 고통의 시간입니다.

상생공존의 셋째 비결은 절묘한 구조조정입니다

식물은 동절기나 건기를 이용하여 혹독한 다이어트를 합니다. 식물은 계절을 기온의 변화로 인지합니다. 잎의 이차대사산물이 기온의 변화를 밤낮없이 감지해 뿌리에 전달합니다. 뿌리는 기온에 따라 수분의 흡수와 공급을 조절하며 계절의 변화에 대응합니다. 온대식물은 대개 밤 기온이 10℃로 떨어지면 생장활동을 서서히 줄이다가 5℃ 이하가 되면 중단합니다. 한국에선 가을 밤 쌀쌀한 기운이 느껴질 때부터 초겨울에 들어서는 기간입니다.

이즈음이면 뿌리는 수분 흡수를 차츰 줄입니다. 잎과 가지는 서서히 마릅니다. 푸르렀던 잎은 금세 울긋불긋해지고 단풍은 절정을 이룹니다. 행락객은 탄성을 지르지만, 식물에겐 제 살을 자르는 인고의 계절이 시작된 겁니다. 잎과 가지에 수분 함량이 많은 상태에서 추위가 닥치면 냉해冷害를, 심하면 동해凍害까지 입습니다. 식물에게 단풍은 냉·동해를 막기 위한 몸부림일 뿐입니다.

기온이 더 떨어지면 뿌리는 수분 흡수를 중단하고 모든 잎을 떨굽니다. 이내 모진 삭풍이 닥치고, 잔가지는 서로 부대끼다 뚝뚝 부러집니다. 간혹 굵은 줄기도 한순간 부러집니다. 틀림없이 병해충이나 이웃의 큰 식물에 치여 부실해진 가지입니다. 지난여름 잔뜩 불렸던 몸집이 확 줄어듭니다. 이듬해 봄에 살아남은 가지에서 더 많은 가지와 새로운 잎이 돋습니다. 약하고 부실한 부분을 잘라내고 내실을 다지는 '구조조정'인 셈입니다.

기업의 구조조정도 식물의 겨울나기와 다를 바 없습니다. 구조조정은 태초 생명이 탄생하면서 시작한 자연의 법칙입니다. 기업의 구조조정은 샐러리맨에게 공포 그 자체입니다. 구조조정의 낌새만 보여도 노조는 파업으로 맞서고, 격화되면 단식 투쟁이나 고공 항거도 마다하지 않습니다. 이쯤이면 정치인까지 가세하여 구조조정의 칼을 휘두르는 경영인을 '악덕'으로 몰아세웁니다. 반면 경영인은 회생을 위한 불가피한 선택이라 항변하지요. 경영인의 항변은 구차스러워 보입니다. 구조조정이 부실 경영 책임을 회피하려는 수단처럼 보이기 때문입니다. 경기가 호황일 때는 경쟁하듯 몸집을 부풀리다가 불황이 닥치면 단번에 줄이려다 보니 생기는 일입니다.

식물의 구조조정은 연례행사입니다. 식물의 구조조정 대상은 뿌리가 올려준 수분을 제대로 빨아들이지 못하는 가지입니다. 기업처럼 구조조정팀을 가동할 수 없는 식물은 초가을부터 수분 공급을 서서히 줄여 부실한 가지에 경고를 줍니다. 그럼에도 삭풍을 이겨내지 못하면 스스로 부러지게 하는 수법을 사용합니다. 1990년대 기업 회생의 마술사란 칭송과 노동자의 사형 집행인이란 악명을 동시에 받았던 미국 GE그룹의 CEO 잭 웰치의 경영법과도 꼭 닮았지요.

구조조정은 성장하는 모든 생명체의 숙명입니다. 열대식물도 한대식물도 예외는 없습니다. 열대식물은 매년 건기에 부실한 가지부터 말리는 방식으로 구조조정을 합니다. 수림이 지나치게 조밀하면 강렬한 햇빛을 이용한 자연발화로 대지를 태워 아예 새로운 밀림을 만들기도 합니다. 침엽수림의 산불 전략처럼 말입니다. 한대식물은 성장이 느려 정도가 좀 덜할 뿐 혹한기 겨울나기로 구조조정을 합니다. 반면 야생동물은 치열한 먹이다툼과 서열경쟁, 그리고 번식억제로 개체수를 줄이는 방법으로 구조조정을 합니다.

상생공존의 넷째 비결은 절제와 효율입니다

식물에게 과욕과 낭비란 없습니다. 필요한 만큼만 취하고 모조리 성장과 생존에 투자합니다. 식물은 고효율과 재활용의 달인입니다. 낙엽은 비료로, 수분은 구름과 비로, 산소는 탄산가스로 되돌려 받습니다. 식물은 낭비 0%, 재활용 100%를 실천하는 완벽한 시스템 관리자이자 친환경 실천가입니다.

이외에도 식물에게 배울 경영의 지혜는 무궁무진합니다. 앞에서 살펴본 것처럼 식물은 상생공존의 생태를 추구합니다. 만일의 사태에 대비해 2중 3중으로 번식 수단을 마련해둡니다.

흔히 제 기능을 못 하는 사람이나 조직을 일컬을 때 '식물'이란 접두사를 붙입니다. 식물인간, 식물국회, 식물정부 등이 그 예입니다. 이는 한

마디로 식물 생태에 관한 무지의 소산입니다. 식물이 동물이나 인간처럼 스스로 움직이지 못하고 생리적 반응을 곧바로 하지 않는다고 해서 생긴 편견이기도 합니다. 식물은 제 기능조차 못 하는 하찮은 생명체가 결코 아닙니다. 식물은 매우 지혜로운 생명체이며 뛰어난 경영자입니다.

혹자는 기업과 시장을 맹수와 정글에 비유합니다. 그렇지 않습니다. 기업이 굶주린 맹수처럼 보이지만, 오히려 식물처럼 한 번 뿌리를 내리면 쉽게 옮기기도 변신하기도 어려운 붙박이입니다. 시장이 약육강식의 정글처럼 보이지만, 사실은 온갖 '사자'와 '팔자'가 모여 가격을 결정하는 흥정 테이블일 뿐입니다.

시장은 온갖 생명이 모여 경쟁하고 상생하는 숲과 같습니다. 기업은 나무와 같습니다. '뿌리 깊은 나무'의 지혜 속에 세상을 경영하는 모든 비법이 있습니다.

인류가
진화를
거부하다

봄날 들녘은 민들레와 제비꽃 세상입니다.

민들레꽃은 봄과 함께 지지만, 제비꽃은 여름까지 핍니다.

두 계절을 넘기며 꽃을 피우는 식물은 흔치 않습니다.

한 계절에 에너지를 집중하는 것이

종 번식에 더 효율적이기 때문입니다.

제비꽃은 왜 멍청한 선택을 한 걸까요.

제비꽃의 꽃 모양에 그 답이 있습니다

제비꽃은 한 개체에서 피는 꽃인데도 봄에 피는 꽃과 여름에 피는 꽃의 모양이 약간 다릅니다. 봄꽃의 꽃잎은 활짝 열려 있지만, 여름꽃은 거의 닫혀 있습니다. 봄꽃의 모양은 다른 꽃의 꽃가루를 받아 타가수정을 하기 위해 뚜쟁이 곤충을 불러들이려는 유혹의 몸짓인 반면, 여름꽃의 품새는 곤충의 출입을 막고 자기 꽃가루로 자가수정을 하기 위한 몸단속입니다.

여름꽃이 자가수정을 하는 이유는 제비꽃이 너무 작은 데다 봄날은 짧기에 뚜쟁이 역할을 해줄 곤충을 찾지 못해 타가수정에 실패할 것을

제비꽃과 민들레는 봄날 한반도 들녘에서 가장 흔히 볼 수 있는 야생초입니다. 경쟁이라도 하는 양 여기저기 터를 잡지만, 실은 서로에게 무관심합니다. 둘의 번식 방법이 전혀 다르기 때문입니다.

대비한 유비무환입니다. 이뿐 아닙니다. 자가수정의 실패를 대비해 뿌리에서 새싹을 내는 복제번식도 합니다.

이런 3중의 종 보존 전략 덕분에 제비꽃만큼 흔하면서도 다양한 종을 가진 식물은 드뭅니다. 한반도 남쪽에 자생하는 종만도 50여 종에 이릅니다. 꽃 색깔은 자줏빛 외에도 연둣빛 노란색과 흰색 얼룩무늬가 있습니다. 심지어 잎 모양도 각양각색입니다.

반면 민들레는 봄철 주로 바람을 이용해 씨앗을 날려보내는 자가수정을 합니다. 그래서인지 민들레의 종은 외래종까지 합쳐도 10여 종에 그칩니다. 그러나 꽃송이마다 수십 개의 씨를 매달아 바람에 날려 보내는 물량 전략 덕에 종을 보존합니다.

동물도 인간도 심지어 미생물도 번식은 유전적 본능입니다

모든 생명체는 건강하고 많은 후손을 남기기 위해 자기 희생도 기꺼이 감수합니다. 진화도 번식을 통해 가능합니다. 그런데 자연법칙에 맞서는 종種이 등장했습니다. 현대인류입니다. 결혼을 기피하고, 결혼을 해도 하나만 낳거나 아예 낳지 않습니다. 이런 현상은 선진국에서 주로 나타났지만, 지난 20~30년 사이 개발도상국과 후진국에서도 나타나고 있습니다.

1960년대 합계출산율TFR을 보면 선진국은 2.5명, 개발도상국은 6명이었으나, 2010년에는 각각 1.5명과 2.5명으로 50년 새 모두 크게 떨어졌습니다. 지구촌이 온통 출산율 급락에 비상이 걸렸습니다. 현대 인류는 멸종을 자초한 최초이자 유일한 종이 되기를 작심한 듯합니다. TFR은 여성의 가임 연령인 15~45세에 평균 몇 명의 자녀를 출산하는지를 나타내는 지표입니다. 2.1명을 낳는다는 것은 인구가 현상 유지된다는 것을 의미합니다. 그러나 모두 한 명씩만 낳는다면 인구는 절반으로 줄어들겠지요.

프랑스 소설가 베르나르 베르베르의 상상력은 엉뚱하지만, 그의 관찰력은 예사롭지 않습니다. 대표작 『개미』를 읽었다면 수긍할 법합니다. 그의 다른 저서 『파라다이스』에는 「꽃 섹스 - 있을 법한 미래」라는 소제목의 이야기가 있습니다. 미래 인류의 성생활과 신인류의 탄생을 지극히 냉소적으로 그렸습니다.

소설 속 현대 인류는 쾌감을 위한 섹스에만 탐닉하다 생식기능이 점차 퇴화합니다. 주인공 아드리앵 올스텐은 자위를 하다 정액이 꽃가루처럼 날리는 '신비한' 사정을 합니다. 그 꽃가루는 모나크 나비의 일종인 다니우스 플렉시푸스의 매개로 여성의 난자와 수정을 하게 됩니다.

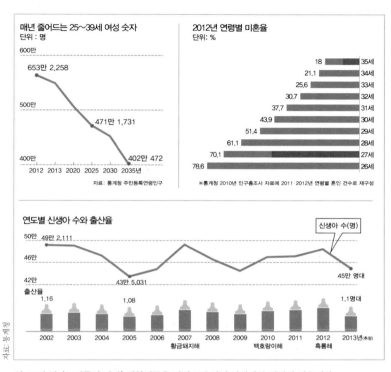

약 30년 뒤, '노인들의 나라' 대한민국은 어떤 모습일지 상상하기 어렵지 않습니다.

이 돌연변이가 유전적 우성을 지니면서 올스텐 같은 변이 인간이 하나둘 태어납니다. 식물의 탁월한 번식 본능을 받은 올스텐의 후손은 급증하고, 점차 식물을 닮아갑니다. 인류는 열성화로 지구상에서 사라지고 맙니다. 5000만 년이 흐른 어느 날 외계인이 지구에 옵니다. 그들은 식물처럼 변이된 나무인간의 숲과 모나크 나비가 번성한 지구를 보며 그들이 인간처럼 행세합니다.

황당한 내용이지요. 하지만 그럴 수도 있겠다는 생각이 듭니다. 수억 년 전 단세포 생물이 살았던 지구에 다양한 동식물이 출현했고, 그중에서 진화한 게 인류입니다. 또 어떤 방향으로 진화할 지는 모르는 일이지요. 이쯤이면 베르베르의 상상이 황당하다고만 치부할 수는 없습니다. 어쨌든 결혼과 출산을 기피하는 현대인이 왕성한 번식력을 가진 식물을 통해 진화의 동력을 되찾는다는 기발한 발상에 감탄할 뿐입니다.

인류의 가족은 결혼과 출산을 통해 이뤄집니다

결혼제도는 부부의 역할을 분담시켰고, 여러 자녀의 출산과 공동 양육을 가능케 했습니다. 그 덕에 가족 단위의 가정이 사회를 안정시켰고, 인구가 증가하면서 인류는 번성해왔습니다. 그런데 현대인은 왜 수천 년 동안 이어온 전통을 거부하게 되었을까요?

1992년 노벨 경제학상을 수상한 게리 베커 미국 시카고대학 교수는 이렇게 답합니다.

"부유한 선진국일수록 자식은 악성 소비재이지만, 가난한 후진국에선 훌륭한 생산재이기 때문이다."

베커 교수는 국가별 출산율을 살펴보다 상반된 현상에 주목했습니다. 선진국의 출산율은 급속히 떨어지는 반면, 후진국은 높은 출산율을 유지하는 것이었습니다. 베커 교수는 그 이유를 이렇게 결론지었습니다.

"선진국에서는 부모가 자녀 양육과 교육에 엄청난 투자를 하지만 되돌려 받기 어려워 결혼과 출산을 기피하는 반면, 후진국에선 자녀가 건강하게 성장하기만 하면 최소 가사 노동력을 얻고, 만약 한 명이라도 성공하면 노후를 보장하는 보험이 되기 때문에 출산을 가급적 늘린다."

경제학자다운 분석이긴 하지만, 자식을 경제적 가치로만 따지는 게 좀 야속하기도 합니다.

세계적인 인구학자인 미국 듀크대학 필립 모건 교수의 주장은 조금

주말 붐비는 공원에서 두 자녀를 둔 젊은 부부의 사진을 찍기까지 한 시간 반을 기다려야 했습니다. "동네에 아이의 울음소리가 그쳤다"는 말을 실감했습니다.

다릅니다.

"더 나은 직장과 배우자를 원하는 신세대의 사회적 욕구 상승이 결혼을 미루고, 결혼 후에는 자녀를 위해 더 좋은 양육 환경을 준비하다 출산을 미룬다."

두 교수의 분석을 비교하면 흥미로운 차이를 발견할 수 있습니다. 전자는 부모를, 후자는 당사자를 각각 원인 제공자로 지목했습니다.

2010년 5월 한국을 방문한 모건 교수는 다음과 같이 지적했습니다.

"한국을 비롯한 일본과 중국에서 특히 사회적 욕구 상승이 출산율 저하에 크게 작용하고 있으며, 한국 정부의 출산장려금 지원 일변도의 정책은 재검토할 필요가 있다."

모건 교수는 특히 "소득이 높지만 출산율을 유지하는 미국과 프랑스를 유심히 지켜보라"고 충고했습니다.

대한민국의 TFR은 2005년 세계 최저치인 1.08명을 기록했다가, 각종 출산 장려 정책에 힘입어 2012년 1.3명으로 증가했지만 2013년 다시 추락했습니다. 대한민국은 현상 유지선인 2.1명에 한참 모자란, 아주 심각한 상황입니다.

미국은 유연한 이민정책으로 출산율을 유지했습니다. 아메리칸 드림을 꿈꾸는 이민자는 대개 가족 단위로 이주해왔습니다. 그들은 어느 정도 미국 생활에 적응하면 자녀를 가능한 한 많이 낳습니다. 그 덕에 미국의 TFR은 2.1명으로 현상 유지해왔지만, 2007년 금융위기 이후 1.9명으로 급락해 미국 정부의 고민이 깊어졌습니다.

반면 프랑스는 결혼과 가족제도 자체를 유명무실하게 만들어 출산율을 높였습니다. 가톨릭 국가인 프랑스는 전통적으로 일생일혼과 일부일처의 보수적인 결혼문화를 유지했지만, 제2차 세계대전 이후 성문화 개

프랑스에서는 아이들을 쉽게 볼 수 있습니다. 고비용 결혼 관습과 제도를 벗어던진 후 출산율이 증가한 덕분입니다.

방풍조와 1960년대 베이비 붐은 새로운 결혼풍속을 만들었습니다. 결혼이라는 절차 없이 동거하는 부부와 그 가정이 보편화된 것입니다. 실존주의 철학의 거두 장 폴 사르트르와 시몬 드 보부아르의 계약결혼도 이런 풍조에 한몫을 더했습니다. 이즈음만 해도 결혼과 이혼의 과다한 비용 부담을 피하기 위해 선택했던 고육지책이었으나, 현실적으로 장점이 많자 너도나도 따른 결과입니다.

　프랑스 정부는 동거 가정이 급증하자, 1999년 모든 형태의 동거 부부와 미혼모에게 불이익을 줄 수 없게 하는 동시에, 동거 부부의 사회적 책임도 명시한 시민연대협약법률PACS을 제정합니다. 2000년대 프랑스에서 태어난 신생아 2명 중 1명은 동거 부부의 자녀입니다. 한국에서라면 신생아 절반이 법적인 미혼모의 사생아인 셈입니다. 프랑스에서 동거는 곧 결혼이며, 미혼모도 아무런 차별 없이 자녀의 출산과 양육 지원 혜택

고비용 결혼 관습과 제도가 사라지지 않는 한 대한민국의 출산율이 회복되기는 어려워 보입니다.

을 받습니다. 동성 부부도 마찬가집니다. 프랑스의 TFR은 2.0명으로 유럽에서 최고입니다.

독일과 북유럽국가가 잇달아 프랑스를 본받으면서, 유럽의 전통적인 결혼과 가족문화는 흘러간 유행가처럼 추억거리로 변했습니다. 가정꾸리기에 관한 한 프랑스는 세계에서 가장 자유로운 나라입니다. 그렇다고 프랑스의 성 윤리가 문란하지 않습니다. 가족 붕괴로 생길 법한 사회 문제도 그리 많지 않습니다. 미혼모와 사생아는 더 이상 문제가 되지 않으며, 평생 짊어졌던 결혼과 이혼 비용의 부담을 일시에 날려버렸으니 결혼과 출산에 관한 한 더없이 자유로운 사회인 셈입니다.

한국인이 외신을 통해 접하는 오늘날 프랑스 사람들의 결혼풍속은 낯설고 야만스러워 보이기도 합니다. 프랑스 대통령이자 사회당 당수인 올랑드와 프랑스 최초 여성 대통령 후보였던 루아얄은 22년간 동거하며 자녀를 네 명이나 두었으나 헤어졌고, 미테랑 대통령은 재임 중에 숨겨둔 애인과 사이에서 태어난 자식까지 들통났지만 당당히 인정한 뒤 임기를 멋지게 마쳤습니다. 사르코지 대통령은 취임 직후 조강지처를 버리고 염문설로 시끌시끌한 패션모델과 결혼한 뒤, 그녀와 전 남편 사이의 자녀를 공식 석상에 데려 나와 소개하기도 했습니다. 정치 지도자가 이 정도로 개방적이니 소시민은 어떠할지 짐작하시겠지요.

한국이 미국의 이민정책을 따르기는 어렵겠지요. 지난 10년 새 한국에도 다문화 가정이 급증하고 있으나, 대부분 외국 여성이 결혼을 통해 한국의 전통적 가정에 흡수되기 때문에 출산율을 획기적으로 높이지는 못합니다. 그렇다면 프랑스식은 가능할까요? 2000년대 이후 젊은 세대의 결혼관을 보면 어쩌면 가능할 것도 같습니다.

한 인터넷 여론조사기관의 조사 결과는 믿어도 되나 싶을 정도로 놀랍습니다. 이성 친구가 혼전 동거를 제안할 경우 어떻게 하겠느냐는 질문에 남성은 45%가, 여성은 무려 63%가 '생각해보겠다'고 답했다고 합니다. 다른 조사기관의 조사 결과도 혼전 동거에 대해 남·녀 모두 30~40%가 긍정적이었습니다. 한국도 프랑스처럼 결혼과 가족제도가 빠르게 붕괴될 조짐을 보여줍니다. 감당하기 어려운 결혼비용과 주택마련, 그리고 자녀 양육 부담이 수백 년 전통을 일순간 무너뜨릴 수 있다는 경고이기도 합니다.

종족을 보존하려는 것이 생물의 본능입니다

식물은 자가수정과 타가수정, 그리고 복제번식을 이용해 2중 3중으로 종을 번식합니다. 동물은 수시로 짝짓기를 하고 종을 남깁니다. 가능한 한 후손을 많이 만들기 위한 자연 선택의 결과입니다. 동물세계에는 일부일처나 일생일혼 같은 제약은 없지요. 미국 UCLA대학교 패트리서 고워티 박사는 세상에 한 쌍의 암·수가 일생을 유일한 동반자로 지내는 동물은 없다고 말합니다. 그는 일부일처를 지키는 동물로 알려진 180종을 대상으로 유전자 분석을 했더니 90%는 몰래 바람을 피우는 것으로 밝혀냈습니다. 나머지 10%는 암컷이 새끼의 공동 양육을 위해 수컷을 페로몬으로 유혹해 붙잡아 두기 때문인데, 새끼가 성장하면 둘 다 바람을 피운다고 합니다. 부부금실의 상징인 원앙도 암수 모두 틈만 나면 외도를 즐깁니다.

미국 제30대 대통령 쿨리지는 유머가 매우 뛰어난 정치인이었습니다. 휴가 중 부인과 농장을 산책하던 중 교미하는 암탉과 수탉을 보았습니다. 영부인이 "수탉은 하루에 교미를 12번 한대요"라고 말하자, 쿨리지 대통령은 "매번 똑같은 암탉과 한답디까?"라고 대꾸했답니다. 암컷이 바뀔수록 성적으로 새로운 자극을 얻는다는 '쿨리지 효과'는 이 일화에서 비롯된 말입니다.

수컷은 더 많은 종을 남기기 위해 더 많은 암컷을 찾고, 암컷은 더 강한 후세를 잉태하기 위해 더 건강한 수컷을 찾다 보니, 결과적으로 암·수 모두 틈만 나면 외도를 하게 된 것이지요. 동물은 수컷이 암컷보다 아름답습니다. 공작 수컷의 화려한 깃털과 사슴 수컷의 거대한 뿔은 환상적이지만, 암컷의 구애를 받기 위해 목숨을 건 진화 결과입니다. 리처드 도킨스는 저서 『이기적 유전자』에서 "종을 남기려는 수컷의 이기적 본능 때문에 치명적인 위험도 감수한다"고 설명합니다. 식물과 동물은 번식을 위해 생존한다 해도 과언이 아닙니다.

오로지 현대인만 번식의 유일무이한 수단인 출산을 기피하고 있습니다. 이대로 가면 수십 년 내 '종 단절'의 위기에 처할지도 모릅니다. 그런데도 세계인구는 급증하고 있습니다. 노년층의 장수로 총인구가 늘어났기 때문입니다. 젊은이는 줄고 노인은 늘어나는 기형적인 지구촌의 미래는 재앙에 가깝습니다. 세계는 고령화 사회를 지탱할 젊은 인구의 부족을 메우기 위해 엄청난 국가예산을 쏟아붓습니다.

대한민국은 특히 심각한 상황입니다.

정부 주도의 출산 장려와 경제적 지원으로 해결될 일은 아닙니다. 결혼과 주거 마련, 출산과 양육 그리고 교육에 이르기까지 고비용 구조를 근본적으로 혁신하지 않고는 TFR 바닥권 탈출도 불가능해 보입니다. 하나같이 쉬운 일은 아닙니다.

프랑스 PACS가 남의 일 같지 않은 이유입니다.

숲이
사라지면
문명도 없다

모든 인류 문명은 큰 강을 끼고 발원했습니다.

강은 상류 숲이나 높은 산의 만년설에서 발원합니다.

중류에 이르면 드넓은 초원을, 하류에 닿으면 비옥한 농지를

품습니다. 강은 식량의 원천입니다. 식량이 풍족하면,

인구가 늘고 도시와 나라가 출현합니다.

4대 문명도 이렇게 탄생했지요. 메소포타미아 문명은

티그리스와 유프라테스 강에서, 이집트 문명은

나일 강에서, 인도 문명은 인더스 강과 갠지스 강에서,

그리고 중국 문명은 황허 강에서 발현했습니다.

문명의 흥망성쇠는 숲에 달려 있습니다

4대 문명 모두 비옥한 땅을 바탕으로 번성했음에도 어떤 문명은 멸망해버렸습니다. 그토록 번성했던 문명이 어쩌다가 몰락한 것일까요? 그 답은 숲에 있습니다.

문명의 몰락은 숲을 파괴한 인간의 자업자득이었습니다. 상류의 울창했던 숲이 사라지면 강은 홍수와 갈수를 반복하며 자연 재앙을 부릅니

수메르 제국의 수도 바빌론과 가까운 메소포타미아 키쉬 사원 유적. 기단은 구운 벽돌로 지어져 튼튼하게 남아 있지만 개축된 윗부분은 흙벽돌로 지어져 더 많이 부서졌습니다. 대대적인 벌채로 숲이 황폐화되고 땔감이 사라진 후에는 굽지 않은 흙벽돌을 사용할 수밖에 없었기 때문입니다.

다. 우기에 물을 저장했다가 건기에 내보내는 울창한 산림이 없어졌기 때문이지요. 아무리 강대한 제국도 홍수와 가뭄이 거듭되면 버틸 수 없습니다. 메소포타미아·인도·마야 등 몰락한 문명은 가뭄과 갈수로 사라졌습니다. 앙코르와트의 크메르 문명은 홍수에 무너졌습니다. 갈수든 홍수든 둘 다 숲을 파괴한 대가입니다. 이집트 문명과 황허 문명은 나일 강과 황허 강이 워낙 길어서 상류의 숲을 모두 파괴할 수 없었기에 몰락을 면했습니다.

숲을 파괴한 이유는 한결같습니다. 거대하고 아름다운 도시와 신전을 건설하기 위해서였습니다. 메소포타미아 문명과 인도 문명은 도시건설에 필요한 벽돌을 굽기 위해, 마야 문명은 거대한 신전을 건설하기 위해, 크메르는 아름다운 왕궁과 신전건립을 위해 나무를 마구 벤 게 몰락의 화근이었습니다.

숲을 잃으면 문명도 잃게 됩니다

메소포타미아 문명의 몰락 이야기는 『구약성서』에도 등장합니다. 환락의 도시 소돔과 고모라, 하늘을 찌를 듯한 바벨탑, 노아의 방주 등에 등장하는 건물은 모두 벽돌이나 목재로 지어졌습니다. 이를 위해 대규모 벌목은 불가피했겠지요.

기원전 3500년경 발현했던 메소포타미아 문명은 약 1,500년간 전대미문의 번영을 누리다가, 기원전 2000년 이후 유프라테스 강과 티그리스 강의 상류 산악지대가 황폐화되면서 쇠락의 길을 걸었습니다. 산림의 파괴는 수원水源인 고산설봉의 만년설을 급속히 녹였고, 우기와 건기에 두 강이 홍수와 갈수를 거듭하자 중·상류의 초원과 농경지는 점차 황무지로 변했습니다. 삶의 터전을 잃은 백성들이 뿔뿔이 흩어지면서 메소포타미아의 영화는 빛을 잃었습니다. 노아의 방주는 이즈음의 잦은 가뭄과 홍수를 배경으로 전해진 이야기입니다.

메소포타미아 문명은 하류의 삼각주 지대에서 명맥을 유지했으나, 기원전 323년 그리스 마케도니아의 젊은 왕 알렉산드로스의 침공에 맥없이 무너진 뒤 역사 속으로 사라졌습니다. 메소포타미아 유적은 1920년대 발굴되기 전까지 흙에 묻힌 채 역사책에서나 읽을 수 있었습니다. 오늘날 이라크 땅인 이곳은 지금까지도 먹을 물조차 구하기 힘든 사막이 대부분입니다.

기원전 2500년경 인더스 강 유역에서 드라비다 족이 일군 인더스 문명도 마찬가지입니다. 상류에 건설한 고대 도시 하라파와 하류의 모헨조다로 유적을 보면, 상상을 초월하는 상·하수도와 건축물로 꾸민 수준 높은 계획도시였습니다. 이런 시설과 건물은 대부분 구운 벽돌로 건설되었습니다. 이 수많은 벽돌을 구워내기까지 산림을 얼마나 벌채했을

지 짐작조차 어렵습니다. 기원전 1500년경 중앙아시아 유목민족 아리안이 이곳을 정복할 즈음, 인더스 강은 상류의 산림이 파괴된 탓에 가뭄과 홍수를 반복했습니다. 아리안은 기원전 1000년경 이곳을 버리고 갠지스 강 유역으로 이동하여 갠지스 문명을 일으킵니다. 이곳도 인더스 문명의 전철을 밟고 몰락합니다.

반면 기원전 3000년쯤 발현한 이후 무려 3,000년간 번성했던 이집트 문명은 오늘날까지 면면히 이어지고 있습니다. 한때 로마제국의 지배를 받긴 했지만 문명의 맥은 끊기지 않았지요. 이집트 문명이 존속할 수 있었던 것은 마르지 않는 나일 강과 양질의 암석 덕분이었습니다.

길이 6,671km인 나일 강은 중부 아프리카 열대우림에서 발원한 아마존 강 다음으로 세계에서 가장 긴 강입니다. 이집트는 예전에도 사막이었지만, 나일 강의 풍부한 물 덕분에 풍요로운 농업국가로 번영을 누려왔습니다. 특히 우기마다 홍수가 남긴 퇴적물은 나일 강변을 비옥하게 했고 농업의 번성을 도왔습니다.

태양신은 이집트에 숲 대신 양질의 바위산을 주었습니다. 그 덕에 피라미드와 스핑크스를 비롯한 모든 건축물

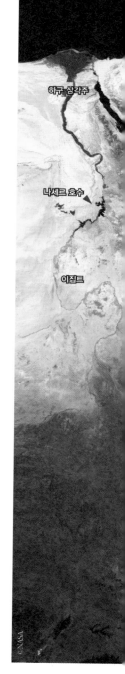

위성에서 본 나일 강은 마치 유영하는 실뱀장어 같습니다. 노란색 부분은 온통 사막으로 이집트 땅이고, 아래 녹색 부분은 상류 열대우림 지대인 수단과 에티오피아 땅입니다. 사진 맨 윗부분의 녹색 삼각형 모양이 나일 강 하구의 삼각주입니다. 녹조가 얼마나 심한지 위성사진으로도 확인할 수 있습니다.

을 암석으로 지었습니다. 만약 나일 강이 가까운 상류의 숲에서 발원했다면, 피라미드를 나무땔감으로 구운 벽돌로 건축했을 게 틀림없습니다. 벽돌 건축은 짧은 기간에, 쉽게, 더 섬세한 건축물을 지을 수 있기 때문입니다. 이집트 문명은 파괴할 숲이 주변에 없어서 살아남았다 해도 과언은 아닙니다.

2010년대 들어 이집트에 비상이 걸렸습니다. 나일 강 상류의 청靑나일 강이 통과하는 에티오피아에 한국 소양강댐의 30배 규모인 시간당 6,000MKW의 전력을 생산할 대형 댐이 건설되면서입니다. 이집트가 사용하는 나일 강물 중 86%는 청나일에서 흘러온 것입니다. 에티오피아는 전력 수출국으로 경제 부흥을 벼르며, 댐 이름을 르네상스란 뜻의 '나흐다'라 붙였습니다. 반면 농업국가인 이집트는 청나일의 강물 없이는 한 해도 버티기 힘듭니다. 이집트는 전쟁도 불사하겠다며 에티오피아를 압박하고 한편으로는 협상에 목을 매고 있습니다. 결론이 어떻게 되든 청나일 강은 에티오피아에 '새로운 문명'을 선사할 듯합니다.

인류 문명의 역사를 살펴보면 숲의 중요성을 깨닫게 됩니다

중국의 황허 문명 역시 길이 5,464km²의 긴 강에 의지해 발현한 덕분에 상류의 숲이 보존되었습니다. 특히 황허 문명인은 거대한 신전도 도시도 짓지 않았습니다. 중국 전역의 큰 강변에서 황허 문명에 버금가는 선사 유적이 속속 발굴되는 것을 보면, 적어도 기원전 1000년 이전까지만 해도 대규모 산림 파괴는 없었던 것으로 보입니다. 기원전 700년대 열국이 흥망성쇠를 거듭한 춘추전국시대에 이르면 상황은 달라집니다. 화려하고 웅장한 궁전을 지었고, 더 많은 식량을 얻으려 산림을 파괴하고 초원을 개간했습니다. 이런 산림 파괴는 오늘날까지 계속되고 있습

이집트 피라미드를 보고 지은 듯한 마야 유적. 마야 문명은 중앙아메리카 평지 밀림에서 출현한 독창적인 문명입니다.

니다. 중국 대륙 곳곳의 황막荒漠지대가 그 흔적이라 해도 지나치지 않습니다.

한편 마야 문명은 숲 파괴에 이은 지구온난화 탓에 몰락했습니다. 마야 문명은 기원전 300년즈음 오늘날 중앙아메리카 과테말라에서 발현하여 멕시코 유카탄 반도까지 세를 넓혔고, 기원후 800년 즈음에는 60여 곳에 큰 도시를 세울 만큼 흥성했습니다. 도시에는 상상을 초월하는 피라미드와 신전이 건설되었고, 마을과 농지가 조성되었습니다. 마야 문명은 강이 아닌 '세노테'라고 부르는 큰 샘에 의지해 탄생한 문명입니다. 평원의 밀림에서 출현했기 때문입니다. 숲이 파괴되어 샘이 마르면 새로운 도시를 건설하여 이주했습니다. 새로운 도시를 거듭 건설하는 만큼 숲은 무참히 파괴되었습니다.

그런데 어느 날부터 지구의 기온이 갑자기 높아집니다. 950년부터

1250년까지 지속된 '중세 온난화'가 덮친 것입니다. 강우량이 줄고 토양이 마르자 밀림은 급속히 황폐해졌고, 샘은 바닥을 드러냈습니다. 1100년께 마야인은 뿔뿔이 흩어졌고, 그 후 마야 도시는 무려 800년 동안 세상에서 잊혀졌습니다. 미국 콜럼비아대학교 기후과학자 벤자민 쿡은 마야 문명의 몰락을 "숲을 파괴한 자업자득"이라고 주장합니다. 마야 문명은 지구온난화에 전전긍긍하는 현대인의 반면교사입니다.

크메르 문명의 몰락은 정말 어처구니없습니다. 크메르는 메콩 강과 톤레사프 호수와 밀림에 둘러싸인 덕에 예로부터 물고기와 과일이 풍부합니다. 그물처럼 얽힌 수로를 이용해 이것들을 내다 팔아 부를 쌓았습니다. 802년 자야바르만 2세는 오늘날 시엠레아프 시市인 앙코르에 크메르 왕국을 세웁니다. 당시 앙코르는 습지였습니다. 습지에 나라를 세운 데는 이유가 있었습니다. 우선 적의 침입이 어려웠고, 수로를 이용해 무역을 장려하기 좋았으며, 평지는 농지로 활용해 식량을 확보하기 위해섭니다.

12세기 들어 왕권을 쥔 정복왕 수리야바르만 2세는 인도차이나 반도를 지배하고 제국을 건설합니다. 앙코르는 명실상부한 제국의 수도였고, 인구가 100만 명에 육박했을 정도로 번성했습니다. 이 정복왕은 앙코르에 동서 1.5km, 남북 1.3km 규모의 왕궁인 와트를 건설합니다.

뒤이어 왕위에 오른 자야바르만 7세는 와트 중앙에 사원인 톰을 건립했습니다. 습지를 석재로 매립하면서 수리시설로 수십 킬로미터의 배수로와 해자, 그리고 거대한 집수호集水湖를 설치합니다. 그다음 웅장한 석조 신전을 지었습니다. 석재는 40km 떨어진 쿨렌 산에서 채석했습니다. 개당 1~1.5t짜리 석재를 수송하기 위해 수로의 폭을 넓히고 바닥을 깊이 파냈습니다. 수로 변 수림이 잘려 나갔습니다. 광활한 열대우림에

앙코르와트 타 프롬 사원을 휘감은 나무뿌리는 크메르 우림에 서식하는 보리수나무과에 속한 스퐁이라는 나무입니다.

이 정도의 벌채는 대수롭지 않아 보였겠지요.

그러나 아니었습니다. 수로가 넓어지면서 물 흐름이 빨라지자 우기에는 홍수가 덮치고, 건기에는 수로의 바닥이 드러납니다. 해마다 겪는 물난리와 가뭄이 제국을 혼란에 빠뜨리자, 인접 부족이 넓혀놓은 수로를 이용하여 침입합니다. 크메르제국은 안팎으로 시달리다 몰락했습니다. 새 주인도 앙코르와트를 감당하기 어렵자 떠나버리고, 밀림의 원숭이가 무려 400년간 주인 노릇을 했습니다.

1861년 프랑스 식물학자 앙리 무어가 전설의 제국을 탐사하고 난 후에야 이곳이 세상에 알려졌습니다. 수도 앙코르의 시가지는 대부분 목조로 지어져 사라졌지만, 와트와 톰은 석조 건축물인 데다 외곽의 해자와 내부의 배수로 덕분에 나무뿌리의 공격을 막을 수 있었습니다. 몇몇 석조물은 자생한 나무줄기에 칭칭 감긴 채 발견되어 신비감을 더했고, 오늘날 세계문화유산으로 지정되어 세계적인 관광지로 사랑받고 있습니다.

문명이나 숲은 우리가 대비하도록 기다려주지 않습니다

문명은 서서히 몰락하는 예가 드뭅니다. 숲도 마찬가집니다. 둘 다 어느 한계에 이르면 갑자기 쇠락합니다.

문명은 강변 초원을 개간하여 의식주를 해결하고 도시를 만들면서 흥성합니다. 도시가 커지면 목재 수요가 급증합니다. 목재는 건축자재이기도 하지만 벽돌을 굽는 데 사용하는 땔감이기도 합니다. 화려한 왕궁과 거대한 신전이 모습을 드러낼 즈음이면, 상류의 울창한 삼림은 거의 사라집니다. 한번 망가진 숲이 스스로 되살아나기는 어렵습니다. 단 한 번의 폭우에도 근토층根土層이 유실되기 때문이지요. 근토층은 풀과 나무의 뿌리가 자리 잡는 데 필요한, 표토에서 30~50cm 깊이의 토양층입니다. 초지와 숲이 사라지면 근토층을 적셔줄 지표수地表水가 급속히 줄고, 구름 없는 날이 연중 지속되며, 비가 오지 않습니다. 사막화는 이렇게 시작됩니다.

지구상에서 가장 황폐한 땅 사하라 사막은 가라만테스 문명이 있던 곳으로, 5000년 전만 해도 호소湖沼를 낀 초원과 숲이 흔한 곳이었습니다. 우기에는 빗물이 강을 이루고 흘렀습니다. 이를 증명하는 유적과 유물이 리비아 영내 사하라 바위산에서 여럿 발견되었습니다. 사막 한가운데 우뚝 솟은 바위산의 암벽에는 신석기인들이 그려놓은 그림이 곳곳에 남아 있습니다. 습지동물인 하마와 초원동물인 누와 양, 그리고 농경에 사용된 낫과 같은 것들이 등장해 이곳이 농경이 가능한 초원지대였음을

사하라는 불모지라는 뜻입니다. 사하라는 남한의 86배에 달하는, 세계 최대이자 최악의 사막입니다. 일부 모래사막이 있지만, 대부분 돌사막입니다. 사막 한가운데 솟은 바위산 암벽에는 코끼리와 기린 같은 초원동물의 그림이 다수 발견되었습니다. 기원전 1500년 전만 해도 사하라는 초원과 숲이었음을 보여줍니다.

말해줍니다. 이 그림은 1만 년 전의 것입니다. 2000년 전의 것으로 보이는 우물과 이 우물을 연결한 지하 수로水路, 그리고 이 도시의 주인이었던 가라만테스 족이 사용했던 다양한 문양의 질그릇도 발견됩니다.

고고학자들은 이렇게 고증합니다.

"1만 2000년 전 사하라 곳곳에 호수와 강이 있었고, 구석기 인류가 농경을 시작했다. 7000년 전 인구가 급속히 늘면서 초원을 농지로 개간하고 숲을 파괴하고 도시를 건설했다. 5000년 전 땅이 메마르기 시작했고, 2000년 전 가라만테스 족이 거대 도시를 세울 즈음 강과 호수는 바닥을 드러냈다. 우물을 파 식수를 얻었고, 지하수로를 연결하여 어렵게 농사를 지어야 했다. 지하수마저 바닥나자 사막화는 급속히 진행되었고, 심각한 식량난에 부딪혔다. 다행히 이들은 로마제국과 중국을 잇는 초원길과 비단길의 중계무역을 통해 부를 축적했고, 식량을 수입하여 왕국을 유지했다. 결국 식수마저 귀해지자 도시도 문명도 급속히 몰락하였다. 사하라의 농경민족이 유목민으로 변한 것도 이 때문이다."

리비아는 오늘날도 지하수를 남용하는 대표적인 국가입니다. 한국의 동아건설이 건설한 대수로는 남부 사하라 사막의 지층수地層水를 퍼올려 지중해 쪽의 도시로 하루 650만 톤을 공급합니다. 리비아 전체 인구의 3분의 2인 400만 명이 이 물을 소비합니다.

1,000만 서울시민이 2013년 2월 기준으로 하루 평균 사용한 수돗물이 322만t입니다. 1인당 사용량을 비교하면 리비아가 다섯 배나 많습니다. 이 물로 농사까지 짓기는 하지만 과소비는 틀림없어 보입니다. 어쨌든 지층수도 한계가 있게 마련입니다. 대수로는 리비아 국민에게 당장 축복일지 몰라도 언젠가는 더 심각한 재앙이 될 게 뻔합니다. 가라만테스 문명의 몰락이 그 증거입니다.

구름과 비를 만드는 숲과 초원을 지켜야 합니다

중동 지중해 연안국인 요르단의 고대 도시 페트라는 기원전 6세기 나바테아 족이 세운 왕국의 수도입니다. 영화 〈인디아나 존스〉에 등장한 뒤 세계적인 관광지로 각광받은 곳이지요. 1.5km의 협곡 사암砂岩 벽면은 햇빛에 따라 시시각각 신비한 빛을 발합니다. 암벽을 수직으로 깎아 만든 알카즈네는 궁전이 아니라 왕의 무덤입니다.

오늘날의 페트라는 발굴 끝에 드러낸 모습입니다. 페트라는 로마제국 말기 대지진이 두 차례 덮쳐 송두리째 매몰되었습니다. 역사책 속의 기록과 구전으로만 전해지던 페트라는 1812년 스위스의 한 탐험가에 의해 발견되었습니다. 발견된 지 한 세기가 지난 1910년대부터 발굴은 시작되었고, 이후 한 세기 동안 발굴했지만, 고대 도시 페트라의 10%만 빛을 봤을 뿐입니다.

발굴작업이 진행될수록 놀라운 사실이 속속 드러났습니다. 페트라 협곡 상류에서 발견된 거대한 댐 유적이 그 가운데 하나입니다. 발굴 팀은 댐 유적임을 확인하고도 고개를 연신 갸우뚱했습니다. 반지름 25km 넓이의 저수지에 물을 가둘 수 있는 엄청난 규모 때문이었습니다. 당시 이 댐을 채울 만큼 많은 비가 내렸을까요? 왜 이렇게 큰 댐이 필요했을까요? 물을 어떻게 도시와 농지로 끌어갔을까요? 고고학자들은 의문을 하나씩 풀어나갔습니다.

페트라는 기원전 4세기 이후 중동과 인도를 잇는 실크로드의 기착지로 번성했습니다. 106년 로마제국이 이곳을 정복한 뒤 전략 요충지로 삼으면서 상주인구 3만 명 이상의 거대 도시로 거듭났습니다. 로마제국이 점령할 즈음, 이곳에는 우기에 제법 많은 비가 내렸고, 협곡 상류에는 초원과 울창한 숲이 있었다고 합니다. 로마 점령군은 인구가 급증하자,

식량을 조달하기 위해 초원과 숲을 농지와 목축지로 개간했습니다.

농업용수가 부족해지자 원주민을 동원해 댐을 쌓고 우기에 물을 채 웠습니다. 그리고 협곡 절벽을 따라 암벽을 파내 수로를 만들어 도시와 농지에 댐의 물을 공급했습니다. 우기에도 강수량이 점차 줄자 댐을 더 높게 보강해 물을 채웠습니다. 이마저도 한계에 이르자 페트라 협곡 사 암 바닥에 홈을 파서 만든 수로를 이용해 벽면을 타고 흘러내리는 빗물 까지 받아 쓰기에 이르렀습니다. 우기에도 강수량이 줄어든 것은 비를 만드는 수증기의 공급원인 숲과 초원이 사라진 탓입니다.

로마제국은 장원莊園을 조성하고, 원주민과 노예를 이용해 대규모 농 업을 일으켜 점령지에 도시를 건설하면서 인근 초원과 숲을 농지로 개 간하여 식량을 조달합니다. 로마제국이 정복한 곳은 이런 환경파괴를 피할 수 없었습니다. 만약 페트라가 매몰되지 않았다면 이후 몰아닥친 사막화와 모진 풍화로 흔적도 없이 사라졌을지도 모르겠습니다. 멋진 페트라 협곡을 보면, 대지진을 당한 게 오히려 다행이란 생각을 떨칠 수 없습니다.

인류문명의 씨앗인 농업도 지나치면 공멸의 씨앗으로 변합니다

카리브 서인도 제도의 보석 히스파니올라 섬은 농업의 두 얼굴을 보 여주는 본보기입니다. 이 섬은 1492년 콜럼버스가 인도라고 착각한 신 대륙의 첫 기착지입니다. 이후 에스파냐는 이 섬의 동쪽에 기지를 설치 했지만 이내 방치합니다. 금과 향료가 없었기 때문입니다. 식민지 쟁탈 전에 뒤늦게 뛰어든 프랑스가 1697년 이 섬의 서쪽 땅을 차지하고 프랑 스 서인도회사를 세웁니다.

서인도회사는 열대밀림을 개간한 뒤, 주로 설탕·커피·향료를 생산합

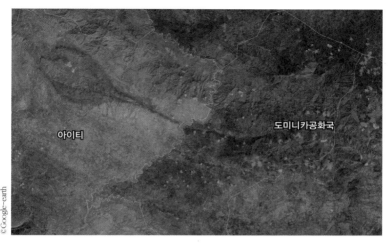

위성에서 본 아이티(왼쪽)와 도미니카공화국(오른쪽)의 국경은 색깔로 명확히 구분됩니다. 짙은 녹색인 도미니카공화국은 지상 낙원의 관광국이지만, 숲이 사라진 아이티는 최대 빈곤국가입니다. 푸른빛이 바랜 곳곳에 사막화의 흔적인 노란 점이 무수히 나타납니다.

니다. 농장 주변에는 가공공장과 마을이 들어서면서 전대미문의 농공단지가 출현합니다. 이게 인류 최초의 산업기지입니다. 오늘날 산업기지를 '플랜트'라 부르게 된 것은 이곳 농장을 뜻하는 플랜테이션Plantation에서 비롯한 것입니다.

노동력은 아프리카에서 붙잡아온 흑인으로 해결했습니다. 플랜테이션이 번성할수록 흑인 노예의 착취는 심해졌습니다. 흑인이 전체 인구의 95%에 이르자 백인에게 대항했습니다. 때마침 등장한 걸출한 지도자는 '흑인 나폴레옹'이라 부르는 투생 루베르튀르입니다. 그는 당시 유럽대륙을 봉건체제에서 해방시킨 나폴레옹을 흉내 내 독립전쟁을 벌였지요. 이즈음 괴질이 발생했는데, 백인에게 치명적인 황열병이었습니다. 노예 무역선에 흑인과 함께 실려온 아프리카 모기가 주범이었습니다. 결국 프랑스인은 모두 철수했고, 숱한 희생과 독립혁명 끝에 1804년 라틴아메리카 최초 독립국인 아이티공화국이 탄생했습니다.

독립 후에도 내전과 세습 독재정권 치하에서 숲은 더욱 파괴되었고, 대형 허리케인이 두 차례 덮치면서 농지는 급속히 피폐해졌습니다. 한때 번성했던 이 나라는 흙을 뭉쳐 만든 '진흙쿠키'를 먹는, 세계에서 가장 가난한 나라로 전락했습니다. 이곳의 참상은 2010년 아이티 지진으로 세상에 널리 알려졌습니다.

하늘에서 본 히스파니올라 섬의 동쪽은 서쪽과 정반대입니다. 울창한 숲과 여러 갈래 강, 그리고 은빛 해변이 어우러진 동쪽은 지상낙원이자 세계적인 관광·휴양국가인 도미티카공화국입니다. 에스파냐가 방치한 동쪽의 원주민은 전통 농업을 지키며 숲과 상생했고, 숲은 지상낙원으로 보답했습니다. 히스파니올라 섬의 동과 서는 인류에게 어떤 농업을 선택해야 하는지를 보여주는 지침서입니다. 안타깝게도 서인도 제도 대부분의 섬에서는 지금도 무절제한 개간과 식민지형 플랜테이션이 계속되고 있습니다.

숲을 잃어버린 인간에게는 재앙이 찾아옵니다

무분별한 초지 개간이 부른 최악의 재앙은 1936년 북미 대륙을 덮친 흙폭풍Black Storm입니다. 이 폭풍은 미국 남서부에서 시작하여 중부를 휩쓸고 동부의 끝 뉴욕까지 덮쳤습니다. 불과 2시간 동안 3억t의 흙먼지가 하늘로 솟구쳤고, 여름 낮 기온이 46℃까지 치솟았습니다. 무려 3년 동안 흙먼지 탓에 태양을 제대로 볼 수 없었고, 미국 국토의 3분의 1이 초토화되었습니다.

폭풍이 잦아진 뒤에도 참상은 이어졌습니다. 폐렴 등 호흡기질환에 시

1 북미대륙을 덮친 최악의 환경 재앙인 흙폭풍.
2 영화 〈자이언트〉의 한 장면. 1920년대 미국 서부 대초원이 가뭄으로 황막화할 즈음을 무대로 그린 명작입니다.

달렸고 기근과 식량난으로 굶어 죽은 시체가 길거리에 널렸습니다. 교통은 마비되고 산업시설도 멈췄습니다. 이변도 속출했습니다. 메뚜기와 지네 떼가 인간을 공격하고, 자동차와 풍차의 동력장치에 긴 모래의 마찰로 강력한 정전기가 발생하여 감전 사고를 일으켰습니다. 사망자는 100만 명 이상, 재산 피해는 추산 조차 불가능했습니다.

흙폭풍의 징후는 4년 전인 1932년 오클라호마 주와 텍사스 주에서 나타났으나, 1929년 최악의 경제공황에 빠져 있던 연방정부는 강 건너 불 보듯 했습니다. 설령 관심을 보였다 하더라도 속수무책이었을 겁니다.

이 흙폭풍 역시 초원과 숲의 파괴 탓입니다. 진원지는 마지막 개척지였던 텍사스 주와 뉴멕시코 주였습니다. 1820년대 이곳 광활한 초원이 소떼 방목지로 개발되면서 시작되었습니다. 철도는 개발 열기에 기름을 붓는 격이었습니다. 소를 키우는 사람들에 의해 크고 작은 마을이 생겨 났습니다. 목재 수요가 늘어난 만큼 산림은 줄었고, 소떼가 많아질수록 초원은 빛을 잃었습니다. 서부 대초원은 급속히 말라갔습니다. 풍차와 펌프로 퍼올린 지하수로 소를 키워야 했습니다. 할리우드 서부영화에 단골로 등장하는 장면이지요.

메마른 땅은 약한 바람에도 흙먼지가 날립니다. 흙먼지가 햇빛을 가리면, 지표면의 수분 증발이 줄어듭니다. 하늘에 수증기가 모이지 않으면 구름이 생기지 않고, 구름이 없으면 비를 기대할 수 없습니다. 가물면 바람이 더 거세집니다. 거센 바람은 더 많은 흙먼지를 일으키지요. 이 흙먼지는 인근 초지를 덮고, 흙에 묻힌 초지의 풀도 죽습니다. 사막화는 이렇게 악순환을 거듭하며 급속히 확대됩니다.

흙폭풍의 또 다른 진원지인 캔자스 주 역시 1850년대만 해도 초원이었지만 농지 개간 열풍이 닥쳐왔습니다. 사람들은 초원을 갈아엎고 옥수수와 밀을 심었습니다. 불과 20~30년 만에 드넓은 초원은 가없는 농지로 바뀝니다. 대규모 농업에 필요한 농기계 산업과 종자 산업이 급성장했고, 미국은 갑자기 식량 대국이자 식량 수출국으로 바뀝니다. 1910년대 미국의 경제호황은 이렇게 무르익었고, 돈이 넘치자 투기 바람이 가세했습니다. 1929년, 뉴욕증시의 붕괴와 함께 세계 경제공황이 닥쳤고, 뒤이어 흙폭풍이 덮쳤습니다. 재앙은 또 다른 재앙을 부르게 마련인가 봅니다.

다행히 1939년부터 흙폭풍은 잦아듭니다. 광대한 대지를 빗자루로 말끔히 쓸어낸 듯 지표면에 흙과 모래가 사라진 뒤에야 햇빛이 드리우기 시작했습니다. 지표면의 수분이 증발하면서 구름이 생기자 비가 조금씩 내립니다. 난세에 영웅이 나타나는 법이지요. 연방정부 농무부 직원 휴 베넷이 등장합니다. 그는 초지 복원만이 흙폭풍을 막을 수 있으며, 초원을 복원하기 위해 먼저 나무를 심어야 한다는 내용의 보고서를 제출합니다.

당시 루스벨트 대통령은 그의 계획을 수용했고, 인류역사상 최대 규모의 조림 사업이 시작됩니다. 10년 뒤 숲과 초원은 되살아났고, 대부분은 보호구역으로 지정됩니다. 오늘날 야생동물이 한가로이 뛰노는 북미 대륙 남서부의 초원은 대부분 재앙 끝에 복원한 자연경관입니다. 루스벨트 대통령의 탁월한 선택과 뉴딜 정책 덕분입니다. 막대한 국·공채 발행을 감수한 투자는 자연 환경과 농촌을 한꺼번에 회생시켰습니다. 만약 루스벨트 대통령의 결단이 없었다면, 오늘날 강대국 미국은 없었을 것입니다.

한 나라의 숲을 보면 그 나라의 국력을 알 수 있습니다

네덜란드는 초지와 숲을 조성해 자연재해를 줄인 모범국가입니다.

이 나라는 이름 그대로 저지대Nether-land 국가이지요. 가장 높은 곳이 해발 321m이며, 국토의 3분의 2가 해수면보다 낮습니다. 유럽 대륙을 관통하는 세 개의 큰 강 라인·마스·스헬더가 이 나라로 흘러왔다가 북해로 흘러나갑니다. 그렇기 때문에 상류 지역에 큰 비가 오면 홍수를 피할 수 없습니다. 만약 만조나 해일이 겹치면 작은 홍수에도 큰 피해를 입습니다.

홍수는 네덜란드의 피할 수 없는 숙명처럼 보였습니다. 역사상 최대 홍수로 알려진 1421년 성聖 엘리자베스 축일의 홍수 때 1만 명이 숨졌습니다. 1953년에는 암스테르담 시가 송두리째 물에 잠겨 1,800명이 사망하고 10만 명의 이재민이 발생했습니다.

네덜란드 정부는 이때 제방 높이기와 강바닥의 준설에 매달렸던 홍수 대책을 전면 수정합니다. 이른바 '유수流水 공간 프로젝트'Room for the river project입니다. 하류의 강폭을 넓히고 상습 범람지역에 넓은 유수 공간을 확보하는 한편, 댐 통제 시스템을 구축하여 수위를 시시각각 조절하고 범람 지역에 초지와 녹지를 조성하는 것입니다. 녹지에는 뿌리를 깊이 내리는 풀과 관목을 심었습니다. 풀과 나무는 홍수의 흐름을 늦춥니다. 그리고 표토를 보호합니다.

이런 노력이 결실을 맺어 1995년 라인 강과 마스 강 범람 때 덕을 톡톡히 보았습니다. 25만 명의 주민과 100만 마리의 가축을 소개疏開하는 데 필요한 시간을 벌었고, 토양은 더욱 비옥해졌습니다. 네덜란드 사람들은 이렇게 말합니다.

"신이 세상을 만들었다. 그러나 네덜란드는 네덜란드인이 만들었다."

이들의 자부심이 하늘을 찌를 듯하지만, 강과 녹지를 관리하는 그들의 지혜를 보면 부러울 뿐입니다.

숲을 파괴하면 강이 보복합니다.

찬란했던 문명도, 거대 도시도 속절없이 당했습니다.

예나 지금이나 숲은 인류 문명의 근원입니다.

지구는
말기 암환자다

아프리카 남서부 나미브 사막은
세상에서 가장 아름다운 사막 중 하나입니다.
크고 작은 70여 개의 모래언덕은 바람과
햇빛이 시시각각 연출하는 대자연의 걸작이지요.
유려한 곡선의 모래 너울에 비친 빛과 그늘의 명암이 관광객의
카메라 셔터를 멈출 수 없게 합니다. 특히 카메라 초점을 놔주지 않는
것은 사막 군데군데 보이는 고사목枯死木입니다. 풀 한 포기 없는
사막에는 낯선 풍경이니 그럴 만하지요. 그리 멀지 않은
과거 이곳에 나무가 살았고 물이 있었다는 증거입니다.

사막도 한때는 초원이었습니다

고운 모래는 큰 비와 거센 물길 없인 만들어지지 않습니다. 바람의 풍
화만으로 어렵기 때문이지요. 기원전 1000년 즈음, 이곳은 매년 우기이
면 많은 비가 쏟아져 낮은 구릉은 호소를 이루었고, 때로는 넘쳐 강을
만들었습니다. 수많은 오아시스가 드넓은 초원을 품었고, 사람들이 마
을을 이루고 살았습니다. 짧게는 수십 년 전까지만 해도 간간이 쏟아붓

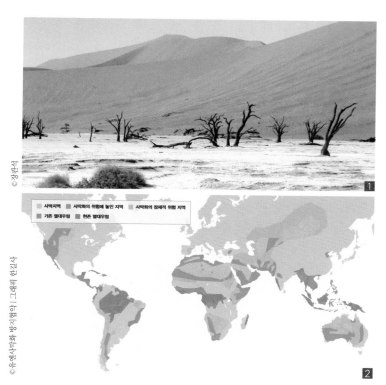

© 장권석

© 유엔사막화방지협약 / 그래픽 환경신사

1 나미브 사막은 해안을 따라 생긴 사구이기 때문에 아름답습니다. 고사목은 폭우 때 생긴 물줄기나 호소 주변에서 생명을 지탱했지만, 지구온난화와 내륙 산악지대의 사막화가 겹치면서 비가 내리지 않자 말라죽은 것입니다.
2 유엔사막화방지협약이 발표한 세계 사막화 현황. 사막과 사막화 지대의 급속한 확대도 심각하지만 열대우림의 파괴와 황폐화가 더욱 심각합니다.

는 폭우 덕분에 저지대에는 풀과 나무가 연명할 수 있었습니다. 그러나 지금은 전혀 다릅니다.

아무리 아름답다 해도 사막은 죽음의 땅입니다. 그러나 사막은 살아 움직입니다. 쉼 없이 꿈틀거리고 영토를 넓힙니다. 사막과 암세포는 이런 점에서 닮은 구석이 참 많습니다. 둘 다 초기에는 인식하지 못하고 대수롭지 않게 생각합니다. 하지만 터를 잡으면 주변을 급속히 잠식하며 번집니다. 악화되면 엄청난 고통과 함께 생명을 앗아갑니다. 완치가 어렵고, 치유된다 해도 크나큰 고통과 대가를 지불해야 합니다. 둘은 왜곡된 생태환경에서 발생하는 것도 닮았습니다. 오늘날 지구가 말기 피부암환자와 다를 바 없는 이유입니다.

사막은 점점 넓어지고 있습니다

오늘날 지구 육지의 35%가 사막입니다. 사막화는, 2만 년 전 최후의 빙하기를 멈추게 한 기온상승에서 시작되었습니다. 3000년 전까지만 해도 기온상승은 속도가 아주 느려서 전혀 문제가 되지 않았습니다. 2000년 전부터 속도가 점점 빨라지더니, 지난 40~50년 사이 급상승하면서 자연재앙을 불러오고 있습니다. 이 기간의 사막화 속도는 인류문명 발전 시기와 자연 파괴의 확산 속도와 거의 맞아 떨어집니다. 인류문명이 대개 삼림과 초원의 파괴를 대가로 치르고 발전하기 때문이지요.

유엔사막화방지협약UNCCD이 제작한 세계사막지도를 보면 심각성을 한눈에 볼 수 있습니다. 노란색은 사막이 정착한 지대며, 짙은 갈색과 옅은 갈색 부분은 사막화의 징후가 나타났거나 진행 중인 지대입니다. 빨간색은 이런저런 이유와 핑계로 파괴된 열대우림 지대입니다.

식물은 햇빛에너지를 흡수하여 대기온도의 상승을 막습니다. 대기온도를 높이는 탄소를 흡수하는 한편, 구름과 비를 만드는 수증기를 산소와 함께 내뿜습니다. 열대우림의 파괴가 지구온난화를 가속하고 사막화를 부채질하는 이유입니다. 매년 남한 땅만 한 열대우림이 사라지고, 그곳은 농지로 개간되거나 버려집니다. 우기에 많은 비가 내리면 토양유실과 홍수를 피할 수 없습니다. 방치하면 불과 3~4년 내 토사土沙 지

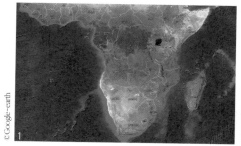

©Google-earth

2014년 9월 위성에서 촬영한 아프리카의 사막화. 1 남아프리카, 2 북아프리카.

대로 변하고, 10년 내 사막의 또 다른 이름인 황막荒漠으로 변합니다.

사막화가 가장 심각한 대륙은 아시아와 아프리카입니다. 아시아는 37%, 아프리카는 32%가 사막이거나 사막화 지대입니다. 아시아는 중국 동북부에서 중앙아시아를 거쳐 지중해 연안까지, 아프리카는 북부의 사하라와 남부 곳곳에서 빠르게 진행되고 있습니다. 그 밖에 북아메리카는 미국 남서부에서, 중·남아메리카는 북단의 멕시코에서부터 남단의 칠레에 이르는 모든 고원지대에서, 오세아니아는 오스트레일리아의 전역에서 확산되고 있습니다.

지구의 육지는 매년 남한의 절반이 넘는 면적인 600만ha가 사막으로 변합니다. UNCCD는 현 상황이 지속되면 2030년까지 사막화로 인해 7억 명의 기후난민이 발생하고, 또 다른 11억 명이 식량난으로 죽거나 고통을 겪게 되며, 수자원을 놓고 인접 국가 간 전쟁이 끊이지 않을 것이라 경고합니다. 여기까지는 사막화 지역에 국한된 비극일 수 있겠지만, 기상 이변은 그렇지 않지요. 지구촌 구석구석 피할 길이 없습니다. 이미 우리가 보고 겪고 있는 고통인데도 너 나 할 것 없이 사막화를 강 건너 불구경하듯 합니다.

사막화는 자연생태가 인류에게 내린 준엄한 경고입니다

아프리카의 사막화는 자연의 최후 통첩과 같습니다. 지금 아프리카 대륙은 거대한 기후난민 수용소 같습니다. 북부에는 세계에서 가장 큰 사하라 사막이, 남쪽에는 네 번째로 큰 칼리하리 사막이 있습니다. 이웃한 크고 작은 사막이 합세하여 점점 면적을 넓혀가며 대륙을 바싹 말리는 형국입니다. 사하라는 이미 11개국을, 칼리하리는 4개국을 죽음의 땅으로 바꾸었습니다. 사하라는 매년 10km씩 사막을 확장하며 지중해를 건너 유럽 대륙까지 삼키려는 기세입니다. 그나마 니제르·콩고·잠베지처럼 큰 강을 낀 중부아프리카는 밀림과 대초원의 풍광을 그런대로 지키고 있습니다. 그러나 언제까지 버틸 지 장담할 수 없습니다. 북부와 남부의 사막화로 피난해온 난민의 숫자가 급속히 늘면서 벌목과 개간이 한창이기 때문입니다.

2000년대 들어 맹수의 잦은 마을 습격은, 난민들의 숲 파괴가 한계에 이르렀다는 징조입니다. 야생동물이 최소 영역을 잃자 마을을 습격한 것입니다. 특히 차드 난민의 대거 유입으로 벌어진 초지와 숲 파괴는 지구온난화와 맞물리면서 사막화를 가중하고, 수단 서쪽 니제르와 말리에도 수년째 가뭄이 계속되면서 모래폭풍이 초원 지대를 덮치고 있습니다. 이대로 두면 2030년에는 아프리카 대륙이 온통 사막화될지도 모릅니다.

차드 호수는 중부아프리카 대륙의 사막화가 어떻게 시작되었고, 그 끝이 어떠할지를 생생하게 보여줍니다. 아프리카 대륙에서 네 번째로 큰 호수이자 중부아프리카의 생명수였던 차드 호수의 저수량은 지난 40년 새 10분의 1로 줄었습니다. 지구온난화로 사하라 남단 사헬 벨트의 사막화가 남하한 데다, 가축 방목의 확산 탓에 초지가 무참히 파괴된 결과입니다. 드넓은 초지가 어떻게 파괴되었는지를 알면, 생태계 보호의

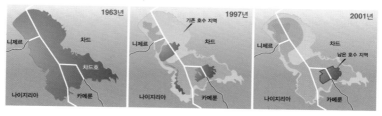

아프리카에서 네 번째로 컸던 차드 호수는 이제 메말라버려 더 이상 호수가 아닙니다.

중요성을 깨달을 성싶습니다.

차드 호수의 비극은 이렇게 시작되었습니다. 1970년대 호수가 마르기 시작할 즈음부터 모기가 극성을 부렸습니다. 밤이면 모기가 떼를 지어 사람과 가축을 공격했습니다. 가축이 모기에게 시달리면, 스트레스 탓에 젖이 줄고 새끼를 갖지 못하며 심하면 죽습니다. 원주민은 모기를 쫓기 위해 밤새 풀을 태웠습니다. 모깃불인 셈이지요. 밤마다 연기가 대초원 여기저기에서 피어 올랐습니다.

불탄 초원은 대지의 속살을 드러냈습니다. 우기에 쏟아진 큰 비는 붉은 흙탕물을 일으키고 초원을 덮쳤습니다. 토사가 차드 호수의 바닥에 쌓였습니다. 흙에 묻혀버린 호수 유역의 대초원도 점차 붉게 변했습니다. 초원이 사라지자 우기에도 비가 내리지 않았고 흙먼지가 지평선을 덮었습니다. 황막화의 전형입니다.

작은 모기가 바다처럼 거대했던 호수를 말렸다는 게 믿어지십니까. 모기는 왜 그렇게 급격히 많아졌던 걸까요? 서식처인 호수와 유역이 파괴되자, 모기가 종을 지키기 위해 왕성한 번식력으로 개체를 급격히 늘린 결과였습니다. 바로 '자연의 역습'입니다. 차드 호수의 건조는 2003년 이웃 종족과 나라끼리 물 분쟁을 일으켜 수천만 명의 난민을 발생시

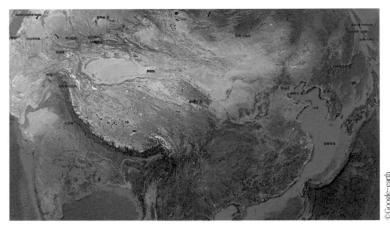

2014년 9월 위성에서 촬영한 아시아 대륙.

켰습니다. 차드와 수단 국경에는 지금도 35만 명의 난민이 천막에서 유엔 구호에 매달려 간신히 연명하고 있습니다.

모래사막뿐만 아니라 돌사막도 문제입니다

중앙아시아 대륙은 온통 돌사막입니다. 터키와 시리아에서부터 사우디아라비아·이라크·이란·인도·아프가니스탄·우즈베키스탄·카자흐스탄·몽골·중국에 이르는, 지구 북반부의 허리에 해당하는 광대한 땅입니다. 지구의 지각 활동 과정에서 융기하며 형성된 탓에 히말라야 산맥을 비롯한 수많은 고봉준령이 쏟아낸 암석투성이의 대륙입니다. 게다가 대부분의 호수는 융기 이전 바닷물과 해저의 염분이 잔류해 있는 염호鹽湖입니다. 중앙아시아 대륙은 식물이 자라기 어렵고 숲을 이룰 수 없는 환경입니다.

기원전 1000년까지만 해도 이 대륙 곳곳에는 숲이 울창했습니다. 고봉준령을 덮고 있던 만년설 덕분이었습니다. 만년설이 만든 빙하가 녹으며 흐르는 물줄기를 따라 울창한 숲을 이루었고, 그 사이 협곡이 강을 이루어 비옥한 초원을 펼쳤습니다. 중앙아시아 대륙에서 발생한 4대 인류문명 중 3대 문명이 발상할 만큼 비옥했습니다. 그러나 문명인류가 무분별하게 초원과 숲을 파괴하면서 지구온난화를 재촉했습니다. 만년설과 빙하가 줄어든 만큼 강은 바닥을 드러냈고 초원은 돌사막으로 변했습니다.

심지어 1970년대 이후 이곳 고산지대에 난데없이 '산악 쓰나미'가 덮칩니다. 고봉설산의 빙하가 급속히 녹으면서 곳곳에 해빙호수가 생겨났고, 점차 불어난 수압에 호수의 빙벽이 무너지면서 벌어지는 재앙입니다. 계곡을 따라 쏟아져 내린 물 폭탄은 일순간 계곡 하류를 초토화합니다. 해발 8,000m 이상의 고봉 14좌를 품은 히말라야 산맥의 해발 4,000~5,000m 곳곳에 해빙호수가 생겨났습니다. 이런 해빙호수는 핵폭탄에 맞먹는 파괴력을 갖고 있습니다. 1980년대 이후 히말라야를 품고 있는 5개국에서 발생한 산악 쓰나미는 중국에서 29차례, 네팔에서 22차례, 파키스탄에서 9차례 그리고 부탄에서 4차례 발생했습니다. 2000년대 이후 지구온난화의 가속화 탓에 해빙호수는 급증하고 있습니다. 네팔 딩보체해발 4,410m에만 무려 144곳의 해빙호수가 계곡 하류 주민을 위협하고 있습니다.

산악 쓰나미는 하류 주민의 생명과 농경지를 앗아가는데 그치지 않습니다. 쏟아져 내린 흙탕물과 바위는 하류 산림과 초원을 덮칩니다. 뒤이어 해빙수가 갑자기 줄어들면서, 계곡은 바닥을 드러내고 광대한 땅은 바싹 말라 돌사막으로 변합니다. 히말라야 만년설과 빙하는 아시아 대륙의 생명줄인 5대 강, 황허 강·양쯔 강·인더스 강·갠지스 강·메콩 강의 수원입니다. 이들 5대 강의 상류 지대인 중앙아시아 대륙은 지구온난화의 직격탄을 맞은 셈입니다.

1960년대만 해도 만년설과 빙하가 품고 있던 물은 지구의 육상 담수의 75%에 달할 정도로 엄청난 양이었습니다. 지난 40년 새 히말라야의 빙하 면적을 비교하면 그 양은 절반 가까이 감소한 것으로 추정됩니다. 만년설과 빙하의 감소는 사막화의 가속 페달이라 해도 지나치지 않습니다. 오늘날 중앙아시아는 아프리카와 함께 사막화로 신음하는 최악의 대륙으로 변했습니다.

중국의 사막화는 결코 중국의 문제가 아닙니다

이웃나라 중국의 사막화는 북서부 신장위구르와 시짱을 넘어 네이멍구를 덮치고 북동부의 끝인 지린 성 남부와 한반도까지 위협하고 있습니다. 해마다 봄이면 수도 베이징은 황사로 도시가 마비되기 일쑤이고, 사막을 달리던 열차가 전복되기도 합니다. 2012년 현재, 중국 국토의 27%가 사막입니다. 황허 강 북쪽은 거의 사막이라 해도 과언은 아닙니다. 중국에서는 사막을 황막이라 부릅니다. 풀조차 살 수 없는 황폐한 땅이란 뜻입니다.

황사가 유독 봄철에만 찾아오는 불청객인 이유는 이렇습니다. 동절기 꽁꽁 얼었던 사막에 봄기운이 완연하면, 지표층이 부풀어 오릅니다. 땅속에 있던 습기가 겨우내 얼었다가 녹으면서 생기는 현상이지요. 이때 흙이 부서지면서 먼지처럼 작은 입자인 황사 알갱이가 만들어집니다. 이즈음 대기 온도가 급상승하면 기류가 상승합니다. 드넓은 사막 구릉을 따라 생성된 작은 바람이, 초원도 숲도 없는 사막을 거침없이 흐르다 모이게 되면 순식간에 강한 돌풍으로 변합니다. 황사 알갱이는 물론, 크고

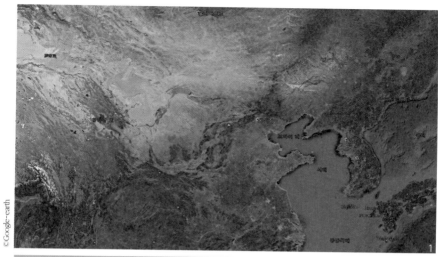

1 2014년 9월 위성에서 촬영한 중국과 몽골의 사막지대.
2 수분은 증발하고 염분만 남아 소금밭으로 변한 중국 네이멍구 텅거리 사막.

작은 돌멩이까지 닥치는 대로 날려 보냅니다. 거센 바람에 휩싸인 돌멩이가 서로 부대끼면서 더 많은 황사 알갱이가 생깁니다. 이렇게 만들어진 엄청난 양의 흙먼지가 해마다 봄이면 중국대륙과 서해 바다를 건너 한반도를 덮칩니다. 이게 황사입니다. 거셀 때는 일본 열도와 태평양을 건너 미국 서부 해안에 이르기도 합니다. 한반도는 황사 바람의 길목에 가로놓인 탓에 매년 엄청난 피해를 감수해야 했습니다.

그런데 2000년대 들어 황사는 죽음을 부르는 '황색 공포'로 돌변했습니다. 중국의 급속한 산업화로 인해 생성된 중국대륙의 대기 중 오염물질이 황사에 실려 날아와 벌어진 '마른 하늘의 날벼락'입니다. 오염물질은 물론이고 황사 알갱이가 미세먼지이기 때문입니다. 미세먼지 Particulate Matter는 입자의 크기가 10μm 이하인 것을 말하는데, 그 단위를 PM10이라 표기합니다. 입자가 2.5μm 이하이면 PM2.5이라 부르는데, 이를 극極미세먼지라고 부르기도 합니다.

이런 미세먼지를 노약자와 어린이가 장시간 흡입하면 치명적입니다. 주로 호흡기 질환을 일으키지만, 안과와 피부과 질환도 유발합니다. 특히 오염물질에 함유한 갖가지 중금속이 체내에 축적되면, 유전적 변이를 촉발하고 기형아를 출산할 수도 있다고 의학계는 경고합니다.

1948년 미국 펜실베니아 주 도노라에서 대기오염으로 인해 20여 명이 사망한 이후, 선진국에선 산업체와 자동차에서 발생하는 매연 속 미세먼지에 대한 위험 경고가 계속 있었습니다. 하지만 심각성을 깨닫지 못하던 한국정부는 2013년에야 미세먼지 측정과 경보 시스템을 갖추느라 수선을 떨었습니다. 이듬해인 2014년 봄부터 환경부가 황사주의경보를 발표하자 붐비던 도심이 썰렁해졌고, 한결같이 마스크로 얼굴을 가리고 다니는 낯선 풍경은 일상사가 되었지요. 매년 한국을 찾아오는

중국 정부가 '서부 대개발'을 위해 건설한 사막 공로. 공로를 따라 조성한 녹지대에 방치된 나무를 보면, 덩샤오핑이 장담한 '녹색장성'의 꿈이 무색할 뿐입니다.

봄철 '황색 공포'의 진원지는 사막입니다. 사막을 녹화하지 않고는 막을 길이 없습니다.

황사는 이른 봄 중국의 북서쪽 끝에 위치한 타클라마칸 사막에서 시작됩니다. 이곳은 이름 그대로 '돌아올 수 없는 땅'입니다. 중국 정부가 이 사막을 동서로 가로지른 산업도로 격인 공로公路를 건설했습니다. 이 도로를 따라가다 보면 양쪽에 풀과 나무가 듬성듬성 자라고 있습니다. 황사의 흙먼지가 도로를 덮치지 못하게 막겠다고 만든 방풍방사용防風防沙用 녹지대입니다.

중국 정부는 이 녹지대를 유지하기 위해 24km 간격으로 우물을 판 뒤 원주민을 상주시키고, 우물과 녹지 관리를 이들에게 맡겼습니다. 이 우물을 수정방水井坊이라 부릅니다. 원주민은 수정방에 딸린 숙소에 기거하면서, 우물과 연결된 점적배관點滴配管을 통해 물을 보내 나무를 보살핍니다. 이런 정성과 투자에도 녹지대는 부실하기 그지없습니다. 겨우 폭 10~30m의 녹지대로 대형 트럭마저 뒤집는 위세의 황사 바람을 막겠다는 발상부터 잘못입니다. 이런 행태의 녹지대로 사막녹화는 애당초 불가능하지요.

중국에서 벌어지는 이해할 수 없는 사막녹화 사업은 또 있습니다. 실크로드의 동쪽 요충지였던 카스에는 1990년대 사막녹화를 한다는 명분으로 군부대가 주둔했습니다. 원주민에게 생명줄인 강을 막아 댐을 건설하고 그 물로 녹화를 했습니다. 주둔 군인은 대부분 한인漢人이었고, 퇴역하면 이들을 정착시켰습니다. 녹지가 조성되자 대규모 목화 농장을 조성한 뒤 그들에게 경작권을 주었습니다. 주민의 80% 이상이었던 이슬람계 원주민은 40%로 줄었고, 한인이 50% 이상 늘었습니다. '황막 녹화'를 빙자한, 기묘한 한인 이주 정책이었습니다.

목화 농사는 많은 물을 소비합니다. 댐 저수량의 대부분을 목화 농장에 끌어댄 결과, 하류 지역의 지하수는 고갈되고 농업용수는커녕 식수조차 얻기 어렵게 되었습니다. 급기야 제한 급수를 시행하면서, 이슬람계 원주민에게 차별 공급하는 바람에 민족 분쟁을 촉발했습니다. 이 지역에서 반反중국 폭동이 잦은 이유 중 하나이며, 독립 투쟁의 빌미가 되기도 합니다. 게다가 2010년대 들어 지구온난화의 가속으로 댐의 저수량이 급격히 줄면서 황막화가 다시 심화되고 있습니다. 돈황 사막에 건설한 동강 댐의 형편도 비슷합니다.

바다 같았던 거대 호수가 10년 새 거북등 바닥을 드러낼 지경입니다

네이멍구의 사막화는 더 심각합니다. 2000년 이후 비가 거의 내리지 않습니다. 2009년 현재, 800여 곳의 강과 1만 2,000여 곳의 호수가 바닥을 드러냈습니다. 2002년까지만 해도 바다 같았던 차칸노르 호수의 바닥은 10년 새 거북등처럼 변했고, 인접 초원은 하루가 다르게 사막으로 변했습니다. 초원과 산림으로 둘러싸였던 오아시스 성곽도시 카라호투는, 불과 5년 새 모래에 묻힌 채 첨탑만이 보입니다.

네이멍구에 있는 중국 최대 사막인 바단지린은 아프리카 나미브 사막만큼 아름답습니다. 둘 다 사막이 아니라 사구沙丘이기 때문입니다. 해안이 아닌 내륙에 있는 사구는 흔치 않습니다. 바단지린은 한 세기 전만 해도 여름이면 수많은 호소와 강줄기가 잇닿아 바다처럼 넓은 수면을 드러냈습니다. 그 덕분에 초원을 낀 오아시스가 즐비했으며, 이곳에 유목민이 촌락을 이루고 살았습니다.

지구온난화와 중국의 급속한 산업화로 인한 기온상승은 지상낙원과 같았던 바단지린을 죽음의 모래땅으로 바꿔놓았습니다. 여름철 대기온도가 급상승하면 엄청난 양의 수증기가 드넓은 수면에서 하늘로 치솟고, 뒤이어 폭우가 쏟아지고 돌풍이 덮칩니다. 주먹만 한 돌멩이도 세찬 물줄기에 씻기고 바람에 날리면서 잘게 부서져 밀가루처럼 부드러운 모래로 변해 쌓입니다. 이런 모래는 약한 바람에도 쉽게 날려 이웃 초원과 오아시스를 덮칩니다. 이렇게 만들어진 것이 바단지린의 내륙 사구입니다. 그 넓이가 대한민국 면적의 절반에 가깝습니다.

바단지린에는 지금도 144개의 호소가 남아 있지만, 대부분 수분 증발로 염도가 높아 사람도 가축도 먹을 수 없는 염호鹽湖입니다. 그나마 먹을 수 있는 샘물이 솟는 몇몇 호소 주변에는 원주민이 살고 있지만, 이들의 주업主業은 유목이 아니라 이곳을 찾는 관광객을 안내하는 일입니다. 이들은 관광객을 낙타나 지프에 태워 사구의 절경 구석구석을 보여줍니다. 관광객은 감탄하지만, 이곳이 어쩌다 죽음의 땅이 되었는지, 그리고 초원과 오아시스를 어떻게 되살릴 지에는 관심이 없습니다. 그러나 사막화는 강 건너 불이 아니지요. 매년 봄 자기 나라의 수도 베이징을 마비시키고, 황해 건너 한국까지 덮치는 황사의 60%가 이곳 네이멍구 고원과 고비사막에서 발생한다는 사실을 모를 리 없을 텐데 말입니다.

마크 엘빈의 저서 『코끼리의 후퇴』는 중국 환경 역사서로 평가됩니다. 이 책은 4000년 전 상나라와 촉나라의 유적지에서 출토된 코끼리 유골을 근거로, 당시 중국 대륙이 울창한 산림과 드넓은 초원이었고 코끼리가 무리 지어 살았음을 입증했습니다. 또한 전국시대에 "코끼리를 보기 힘들다"고 탄식한 한비자의 기록을 근거로 기원전 200년대 양쯔강 이북의 산림과 초원은 파괴되었으며, 소설 『삼국지』의 무대인 200년대에 이르면 대륙의 남쪽 끝인 남만南蠻까지 파괴가 확산되었음을 고증했습니다. 중국 대륙의 사막화는 기원전 600년 춘추시대 이후 2,500년간 무분별한 농지 개간과 대규모 건축·토목 사업에서 비롯했습니다. 1980년대 개방 이후 중국의 사막화는 급속한 산업화·도시화와 맞물려 새로운 국면을 맞고 있습니다.

무분별한 농업과 목축업도 사막화를 재촉했습니다

몽골의 사막화는 한마디로 인재人災입니다. 1900년대 몽골은 남서부의 고비 사막을 제외하면 90%가 초원과 삼림이었습니다. 여름철 우기에 많은 비가 내리면 수많은 구릉지는 거대한 호수와 강줄기로 변했고, 갈대밭과 초원과 산림으로 장관을 이루었습니다. 지금은 국토의 70%가 사막이거나 사막화 지대입니다. 나머지 30%가 사막화의 마수가 닿지 않은 북부 지방입니다. 세계 최대 담수호인 바이칼 호수와 맞닿은 이곳은 지금도 초원과 숲이 어우러진 풍광을 유지한 덕에 세계적인 관광

중국 네이멍구 바단지린 사구에는 이런 호수가 144곳이 남아 있습니다.

지로 세계인의 사랑을 받고 있습니다.

사막화의 재앙은 1950년대 구릉지에 울창했던 갈대를 마구 베면서 시작되었습니다. 가축 사료를 만들기 위해서였습니다. 생계형 유목이 산업형 정착목定着牧으로 바뀌면서 벌어진 일입니다. 더 많은 돈을 벌기 위해 너도나도 가축을 늘렸고, 풀이 부족하자 양들은 풀뿌리까지 뽑아 먹었습니다. 초원은 급속히 황막화됩니다. 수출 효자 상품이던 사료용 갈대가 동이 나자, 숲을 태워 초지와 농지를 조성했습니다. 지천에 널렸던 갈대가 멸종되었습니다.

불과 20년 새, 몽골 대초원은 누렇게 변해버렸습니다. 초원과 삼림이 품고 있던 수분이 사라지면, 구름이 만들어지지 않습니다. 1970년대 가뭄에 강 887곳과 호수 1,166곳이 바닥을 드러냈습니다. 몽골어로 '노

바다 같았던 차칸노르 호수는 2002년 이후 10년 사이에 바닥을 드러낸 채 흉물로 변했습니다.

르'는 호수라는 뜻입니다. 몽골 지명 중에는 끝이 '노르'인 게 무척 많습니다. 모두 큰 호수를 끼고 있던 지역입니다. 요즘 이곳은 대부분 사막입니다. 안까리노르는 호수 수위가 급속히 낮아지는 바람에 출항했던 선박이 귀항하지 못하고 호수 한가운데 묶여 있습니다.

1990년대 갑작스런 기온 상승은 몽골 초원의 황폐화를 재촉했습니다. 이웃 중국의 급격한 산업화와 맞물린 지구온난화 탓입니다. 2000년대 광산 개발 붐은 얼마 남지 않은 초원까지 사막화로 내몹니다. 2010년 현재, 개발 중인 광산은 무려 6,000여 곳에 이릅니다. 광산 개발은 초지를 파괴하는 것은 물론 지하수를 남용하기에 유목민의 식수원까지 빼앗습니다. 유목민은 고향 초원을 떠나 줄줄이 도시로 향했고, 이들은 몽골 수도 울란바토르 외곽에 최악의 빈민가를 만들었습니다.

2014년 9월 위성에서 촬영한 인더스 강 유역과 펀자브 평원.

인도의 사막화는 무분별한 농업의 폐해를 여실히 보여줍니다. 1960
년대 인도 정부는 식량 자급자족 정책에 따라 광대한 펀자브 평원을 구
획·정리하고 관개시설을 갖추었습니다. 자연 농지는 바둑판처럼 질서정
연하게 바뀌었고, 농부 대신 농기계가 분주했습니다. 오로지 주식인 쌀
과 밀 증산에 매진했습니다. 불과 20년 만에 토양의 잔류염류殘留鹽類
가 급증했습니다. 화학비료를 남용한 결과입니다. 1990년대 들어 생산
량이 급감하자 더 많은 비료와 농약을 뿌렸습니다. 농업용수로 사용해
온 지하수까지 바닥을 드러냈고, 이어 마을 우물물이 말랐습니다.

2000년대 들어 펀자브 평원은 급속히 황폐화되고 있습니다. 40년 새
식량 자급자족은커녕 마실 물조차 부족한 사막화 지대로 변했습니다.
농촌에선 집집마다 부녀자들이 먼 곳에서 물을 길어오는 노역에 시달립

초원과 산림이 잘 보존된 몽골 북부의 멋진 여름 풍광. 산악지대의 울창한 숲과 세계 최대의 담수호인 바이칼 호가 만든 풍부한 수증기와 비 덕분입니다. 이 멋진 풍경을 지켜야 합니다.

니다. 우물이 마르면 오염된 하천 물을 먹을 수밖에 없고, 전염병은 일상사가 됩니다. 무분별하게 농약을 사용한 탓에 이유 없이 시름시름 앓는 사람이 늘었습니다. 펀자브는 한 해 2,500여 명이 자살하고 인구의 절반 이상이 도시로 이주하는 환경재해 지역입니다. 방치할 경우, 펀자브는 연중 흙바람에 휩싸여 있는 황사 발원지로 변할 겁니다.

인접 방글라데시는 히말라야의 만년설 덕분에 세계에서 가장 깨끗한 물이 가장 풍족했던 나라였습니다. 만년설이 사라진 데다 무분별한 산림 파괴로 강과 호수가 마르자, 1,600만 인구 중 35%가 먹을 물을 찾아 고향을 떠났습니다.

중·남아메리카의 고원의 사막화는 악화일로에 있습니다

중·남아메리카 대륙은 중앙아시아 대륙과 마찬가지로 지구의 지각 활동의 결과로 오늘날의 모습을 갖추었습니다. 남아메리카 대륙에는 태평양판이 대서양판과 충돌하면서 태평양 연안을 따라 남북으로 길고 험준한 안데스 산맥이 형성되었습니다. 충격이 상대적으로 약했던 대서양 쪽은 드넓은 평원을 유지하며 최대의 열대우림과 최장의 아마존 강을 비롯한 수많은 강줄기가 만들어졌습니다.

이 대륙의 사막화는 안데스 산맥의 고원지대에 집중되어 있습니다. 태평양판과 대서양판이 충돌할 때 그 사이에 끼어 안데스 산맥을 따라 남북으로 길게 형성된 해발 1,500~2,500m의 고원입니다. 이 지대에는 비가 거의 오지 않습니다. 태평양에서 생성된 구름 속의 많은 수증기는 안데스 산맥에 가로막혀 연안의 저지대에 비를 뿌리기 때문입니다. 안데스 서쪽의 광활한 열대우림의 비구름은 대서양 쪽으로 흘러 이 지대에 미치지 못합니다.

세상에서 가장 건조한 곳인 아타카마 사막은 '지구의 화성'이라 불립니다.

이 고원지대에 비는 잘 내리지 않지만, 모든 생명체는 안데스 산맥의 정상 양쪽으로 길게 뻗은 고산준령 만년설의 눈석임물에 의존해 살아왔습니다. 950년부터 1250년까지 지속된 '중세 온난화'가 오기 전까지만 해도, 이 지대에는 풍부한 눈석임물 덕분에 협곡은 마를 날이 없었고 고원은 숲을 이루었습니다. 이런 자연환경이 찬란한 잉카 문명을 일으켰습니다. 1950년대 페루 남부 고원지대에서 발견된 나스카 유적과 그들의 문명 흔적이 그 증거입니다. 유적지 곳곳에 남아 있는 고랑은 세찬 물줄기가 흘렀음을 보여줍니다. 그리고 1948년 이후 발견된 지상화地上畵에는 이곳에서 살았던 갖가지 동물 형상이 여럿인 것을 보면, 짙은 숲과 초원이 있었음을 알 수 있습니다. 또한 나스카인은 당시 신기에 가까운 기하·측량술을 가질 정도의 문명인이었습니다. 나스카인의 잉카 문명이 융성하였을 9세기 이전, 이 고원지대는 낙원이었을 법합니다.

낙원이 불모의 땅으로 변한 이유는 잉카 족의 숲 파괴에 이어 불어닥친 중세 온난화 때문이었습니다. 13세기 후반부터 중세 온난화가 물러가고 대기 온도는 회복되었지만, 초원과 숲이 사라진 고원에는 구름을 만들 수분이 없었기 때문에 사막화를 피할 수 없었습니다. 남아메리카 대륙의 사막화는 지구온난화로 인해 1970년대 이후 최악으로 치닫고 있습니다. 지난 30년 새 30%가 녹아내려 만들어진 페루 안데스 산맥의 블랑카 빙하의 거대 호수가 이를 대변합니다. 안데스 고원지대의 사막화는 남쪽으로 갈수록 더 심각합니다. 칠레 아카타마 사막과 아르헨티나 파타고니아 사막은 세상에서 가장 건조한 땅입니다.

남아메리카 대륙의 열대우림 파괴는 이 대륙을 넘어 지구온난화의 불길에 기름을 붓는 격입니다. 1980년대부터 가속화한 열대림의 벌목과 개간은 상상을 초월합니다. 광활한 숲을 몇 달에 걸쳐 태워 없애고, 그 자리에 옥수수·콩 같은 사료작물을 심습니다. 아마존 등 큰 강 유역의 열대우림은 인간의 접근을 거부한 덕택에 그런대로 보존되고 있지만, 지류 숲은 속절없이 무너지고 있습니다. 개간지의 토양은 잦은 비에 씻겨 급속히 모래땅으로 변하고, 그 끝은 황막화입니다.

급증하는 육류 소비 때문에 치솟은 사료값이 산림 파괴의 주범입니다. 세계인의 기호 식품 햄버거도 한몫을 톡톡히 합니다. 햄버거 한 개를 먹을 때마다 열대우림의 나무 한 그루가 사라진다는 경고를 새겨 들어야 하는 이유입니다. 햄버거가 숲만 파괴하는 건 아니지요. 비만을 촉진하고 지나치면 건강까지 해칩니다.

열대우림 지대인 동남아시아도 남아메리카와 다를 바 없습니다. 중국의 식용유 수요가 급증하면서 이런 현상이 나타나기 시작했습니다. 인도네시아 등 동남아시아 국가에선 앞다투어 밀림을 파괴하고 대규모 야자 농장과 팜 농장을 건설합니다. 개간으로 파헤쳐진 토양은 우기 때 빗물에 씻기면서 토사와 홍수를 일으켜 저지대 밀림의 황폐화를 촉발합니다. 야자와 팜, 이 두 식물은 단일 품종을 밀식密植 재배 시 토양을 심각하게 피폐해지도록 만듭니다. 그렇기 때문에 10년 단위로 새로운 농장을 조성하기 위해 또 다른 밀림을 파괴하는 악순환이 사막화의 확산을 피할 수 없게 만듭니다.

사막화는 선진국이라고 비켜가진 않습니다

세계 최강국 미국도 사막화에서 자유롭지 못합니다. 서부의 끝인 캘리포니아에서 동쪽으로 네바다·콜로라도, 남쪽으로 애리조나·뉴멕시코·텍사스에 이르기까지 미국 국토의 40%는 사막이거나 사막화 지역입니다. 미국은 세계 8번째와 9번째로 큰 사막인 그레이트베이슨과 그레이트치와완 그리고 세계적인 사막 관광 명소인 모하비와 콜로라도를 품고 있는 사막 대국입니다.

1930년대 흙폭풍Dust bowl 피해를 경험한 미국은, 대부분의 사막을 자연공원으로 지정하고 생태환경을 보호하는 한편 사막화 속도를 늦추는 데 정책을 집중하고 있습니다. 그러나 대부분의 사막은 인접한 대도시의 물 남용으로 악화일로에 있습니다.

캘리포니아 주 로스앤젤레스LA 카운티는 서부 지역의 사막화를 점점 빠르게 만드는 거대한 엔진과 같습니다. LA 카운티에는 LA 시를 비롯해 80여 개의 위성도시에 1,500만 명이 삽니다. LA 카운티에서 소비되

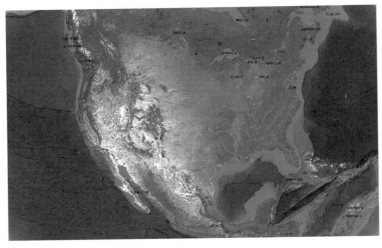

2014년 9월 위성에서 촬영한 북아메리카 대륙.

는 천문학적 용수는 모두 300~400km 떨어진 오언스 강을 비롯한 콜로라도 강과 새크라멘토 강에 건설한 댐에서 대형 송수관을 통해 끌어온 것입니다.

록키 산맥의 만년설이 녹아 만든 콜로라도 강에만 댐이 24개나 있습니다. 이 바람에 이들 강 하류의 유수량이 급격히 줄면서 캘리포니아 주의 사막화를 가속화하고 있습니다. LA 카운티 당국이 대수로를 확장해서 용수를 더 끌어오겠다는 발상을 바꾸지 않는 한, 20년 내 캘리포니아 전역이 불모의 땅으로 바뀔 게 분명합니다. 유일한 대안은 인구 유입을 억제하고 위성도시를 축소하는 것입니다.

하지만 현실은 정반대입니다. 이른바 선벨트Sun-belt라 불리는 지역인 캘리포니아·네바다·유타 주에는 지난 20년 새 인구가 1.5~2배나 증가했습니다. 강한 햇빛과 건조한 기후지대로 이주하는 부유한 자산가와

©조태오

LA 대수로. 미국 서부 최대 도시 LA 카운티는 대수로를 통해 캘리포니아의 평원을 적셔야 할 강물을 송두리째 끌어다 씁니다.

은퇴자가 급증하기 때문입니다. 이들은 으레 집 안에 넓은 정원과 수영장을 갖추고 물을 그야말로 물쓰듯 합니다. 지방정부는 가뭄 때면 정원의 스프링클러와 수영장의 사용은 물론 자동차 세차를 금지하지만, 근본적 대책인 이주 억제에는 눈길을 돌립니다. 부유한 주민이 내는 세금에 더 큰 관심을 갖기 때문입니다.

2014년 미국 농업부 산하 기관인 '미국 가뭄 모니터'는 미국 남서부 지역이 130년만의 가뭄 피해를 겪고 있다고 발표했습니다. 2013년 가뭄이 심했지만 강수량을 감안하면 식수난까지 겪을 정도는 아니었습니다. 이 지역의 지하수가 고갈되었다는 징후이자, 사막화가 심화되고 있다는 경고입니다. 한편 물이 풍부한 샌프란시스코에서 2014년 들어 "마실 물이 없다"며 시위를 벌이는 낯선 풍경이 자주 벌어집니다. 오바마 정부가 2011년부터 셰일가스 개발을 재촉하면서 벌어진 일입니다.

셰일가스 유정 1개를 뚫을 때마다 750만ℓ의 물을 사용합니다. 자갈 속 기름을 분리하기 위해 고압의 물을 분사하는 '워터 제트 공법'이 주범입니다. 2년 남짓한 기간에 뚫은 유정의 숫자가 무려 4만을 넘었으니, 샌프란시스코 시민들이 피켓을 들고 나올 법도 합니다. 향후 10년 내 셰일가스 유전지대는 개발에 따른 환경 파괴와 함께 지하수의 고갈로 사막화를 피할 수 없을 것입니다.

남유럽 국가들은 북아프리카의 사막화 탓을 할 처지가 아닙니다

유럽 대륙의 남부 지중해 연안도 심각하긴 마찬가지입니다.

유럽 최고의 관광국가인 에스파냐는 놀랍게도 환경난민 국가입니다. 국토의 20%가 사막입니다. 본디 에스파냐는 내륙 곳곳에 만년설산이 치솟은 덕에 크고 작은 강줄기가 광활한 평원을 적셨던 곳입니다. 울창한 숲과 비옥한 땅은 에스파냐가 중세 이후 유럽의 강국으로 번성한 토대였습니다. 그러나 오늘날 에스파냐에 강다운 강은 시에라네바다 산맥에서 금융도시 시빌을 관통하고 지중해로 흐르는 과달키바르 강뿐입니다. '눈으로 덮인 산맥'이란 뜻의 시에라네바다의 만년설이 그나마 남은 덕분입니다. 지구온난화가 지속되면 10년 후 이 강도 바닥을 드러낼지 모릅니다.

지중해에 접한 안달루시아는 관광·휴양 도시가 많기로 유명합니다. 그러나 도시를 벗어나면 최악의 황막지대가 펼쳐집니다. 1970년대만 해도 오렌지와 레몬 나무로 둘러싸인 전형적인 전원이었습니다. 지금은 민둥산과 메마른 땅에서 솟구친 흙먼지로 인해 빠르게 사막화하고 있습니다. 무분별한 농업이 부른 환경 재앙입니다.

안달루시아의 주도州都 알메리아는 400년 전, 이웃 강줄기를 끌어들

©Google-earth

2014년 9월 위성에서 촬영한 유럽 대륙. 지중해 연안의 누런 빛깔의 띠가 남유럽의 사막화 지대입니다. 아래쪽 온통 누런색은 북아프리카와 중동의 사막지대입니다.

여 대규모 농지를 조성하여 밀과 채소를 주로 생산했습니다. 그 덕에 안달루시아의 식탁은 풍요로웠지요. 제2차 세계대전 후, 에스파냐가 유럽의 농업국으로 부상하는 데에도 한몫을 톡톡히 했습니다. 그러나 지나치면 오히려 화가 되는 법이지요. 1980년대 들어 강물이 줄고 땅은 메말랐습니다. 에스파냐 사람들은 환경변화에 대응하기 위해 건조한 토양에서도 잘 자라는 오렌지와 레몬 나무로 바꿔 심었습니다. 얼마 후 강바닥이 드러나자, 가뭄에 더 강한 올리브 나무로 수종을 바꿉니다. 평지에는 앞다퉈 비닐온실이 들어섰고, 작물을 키우기 위해 지하수를 퍼올렸습니다.

안달루시아 평원은 올리브 나무와 온실로 덮여 하늘에서 맨땅을 보기 어려울 지경입니다. 대규모 농업을 위해 지하수를 남용하면서, 사막화의 페달은 점점 빨리 돌아가고 있습니다. 에스파냐의 대표적인 전원

사막화로 치닫는 에스파냐의 안달루시아 평원. 한때 농업 대국의 터전이었고 세계적인 관광지였던 안달루시아의 명성은 빛을 잃어가고 있습니다.

관광 지역인 안달루시아의 영광은 이제 옛말이 되었습니다. 관광객의 발길도 줄었습니다. 에스파냐 농민들은 지중해 너머 사하라의 사막화가 자신의 농장을 덮쳤다며 남의 탓이나 하고 있습니다.

　에스파냐에서 프랑스·이탈리아·크로아티아·불가리아·알바니아·그리스·터키에 이르기까지 지중해의 유럽 연안국은 한결같이 사막화에 전전긍긍하고 있습니다. 이 지역은 기온 상승과 가뭄에다 산불까지 잦아 산림이 잿더미로 변하기 일쑤입니다. 그런데 산불이 났던 곳을 자연 산림으로 복원하는 경우는 거의 없습니다. 올리브·사과·포도 같은 고소득 과수를 심습니다. 이런 과수 아래에서는 풀이 잘 자라지 못하는 데다 부지런한 농민이 잡초를 그냥 두지도 않습니다. 잡초가 과일에 갈 영양분을 빼앗기에 보이는 족족 뽑아버립니다. 풀이 없으면 땅의 수분이 쉽게 증발되기에 지하수는 더욱 고갈됩니다. 이런 악순환의 끝은 사막화입니다.

프랑스가 사막화 국가라고 한다면 쉬이 이해되지 않을 성싶습니다. 유럽 최대의 농업국가인 프랑스 국토의 절반은 농지입니다. 특히 중부에 위치한 광활한 모스 평원은 유럽의 곡창이라 해도 과언이 아닙니다. 끝없는 밀밭은 한마디로 장관입니다. 1980년 이후 수확량이 급속히 줄면서 농민들은 아우성입니다. 한 품종을 연이어 심은 데다 생산량을 늘리려 농약과 비료를 무분별하게 사용한 결과입니다. 수확량이 줄어드는 것은 토양이 이미 노쇠화를 넘어 황폐화되고 있음을 드러내는 현상입니다. 이런 현상은 모스 평원만이 아닙니다. 프랑스의 포도주 명성이 예전같지 않은 이유도 맥을 같이합니다. 유럽 대륙은 지금 지중해 건너 사하라를 남의 집 불구경하듯 할 처지가 아닙니다.

로마제국은 사막화의 원죄를 뿌린 장본인입니다

오늘날 이탈리아도 사막화 위험 국가입니다. 고대 로마인은 도시 건설에 탁월한 재능을 보였습니다. 로마제국이 번성할수록 이탈리아 반도의 산림은 건축재와 땔감으로 속절없이 베어졌고, 푸른 산은 바위산으로 바뀌었습니다. 오늘날 이탈리아의 헐벗은 바위산은 기원전 1세기 이전에 만들어진 살풍경입니다. 이 시기 정치가 마르쿠스 키케로가 산림 파괴를 보다 못해 "나무를 심어 다음 세대가 득 보게 하라"라고 원로원에서 역설했다는 기록도 있지요.

산림 파괴는 로마제국의 지배 아래 있던, 유럽에서부터 아프리카와 중앙아시아에 이르기까지 모든 도시에서 나타납니다. 로마제국의 도시

로마 관광의 명소인 트레비 분수는 시민의 생활용수를 위한 대형 수조였습니다.

는 주변 산림과 암석을 제물로 건설되었고, 초지는 장원형 농지로 개발
하여 식량 공급원이 되었지요. 산림과 초지를 무분별하게 파괴했는데도
로마가 천년 제국을 유지한 비결은 바로 상수도였습니다. 산림 파괴에
따른 물 부족을 상수도로 해결했지요.

　기원전 4세기 제국의 수도 로마에만 무려 16km의 지하수도가 건설되
어 있었습니다. 제국의 번성기에는 고가수도 11개를 포함한 총 578km
의 수로를 통해 150만 명에게 생활용수를 공급했습니다. 로마시민은 집
앞 수조水槽에서 언제든 맑은 물을 구할 수 있었는데, 1인당 하루 0.5m³
의 물을 사용했다고 합니다. 1980년대 서울시민의 하루 사용량 0.47m³
보다도 많습니다. 게다가 공짜였으니 그야말로 물 쓰듯 했을 겁니다.
476년 반달족의 침략과 약탈로 상수도 시설이 파괴되면서, 로마는 순식

간에 도시 기능을 잃었습니다. 그 후 몇 차례 대지진을 겪고는 1,000년 간 폐허의 도시로 방치됩니다. 농촌이든 도시든 물이 없으면 모든 게 끝 장입니다. 화려했던 천년 제국의 수도도 예외일 수는 없습니다.

오늘날 이탈리아 수도 로마는 16세기 르네상스 시대에 복구된 도시 입니다. 복구는 당연히 상수도부터 시작되었습니다. 1485년 교황 니콜 라우스 5세는 교황청의 상수도를 복구하면서 시민을 위해 대형 수조를 만듭니다. 이 수조를 1732년 조각가 니콜로 살비가 로코코 양식으로 다시 만들었는데, 이게 오늘날 트레비 분수입니다. 영화 〈로마의 휴일〉에 서 공주오드리 헵번와 특종을 노리는 기자그레고리 팩가 만난 곳이지요. 고 도 로마의 기품을 더하는 이 분수의 원형은, 로마제국 때 시민의 생활용 수를 공급하기 위해 만든 대형 수조였습니다.

어쨌든 교황청의 배려로 물 공급이 원활해지자, 로마는 인구가 늘고 점차 활기를 되찾았습니다. 교황청의 독려와 재력가의 기부는 로마 유 적의 복구와 도시 기능 회복에 결정적인 기여를 했습니다. 예나 지금이 나 이탈리아는 물 부족 국가입니다. 이탈리아 반도의 중부 이남은 온통 돌사막입니다. 그나마 알프스 산맥에 기대고 있는 북부는 아직 남은 만 년설 덕분에 울창한 숲과 멋진 호수를 끼고 있어 번영을 누리고 있습니 다. 경제적으로 번성한 이탈리아의 북부와 상대적으로 빈곤을 겪고 있 는 중남부를 비교하면, 풍부한 녹지와 수자원이 삶의 질뿐 아니라 빈부 까지 결정한다는 사실을 보여줍니다.

한반도도 사막화의 걱정에서 예외는 아닙니다

북한 이야기입니다. 북한의 산림 면적은 1990년 총면적의 68%였으 나 2010년에는 47%로 떨어져, 20년 새 무려 21%가 감소했습니다. 매년 서울 면적의 약 두 배에 해당하는 12만 7,000ha의 산림이 사라진 셈입니다. 1970년 이후 식량난을 덜기 위해 농지 개간을 장려하고 땔감용 벌목을 한 때문입니다. 그 대가는 혹독했습니다. 1980년부터 2010년까지 모두 19차례 대홍수로 1,800명 이상이 사망·실종되었고, 1,500만 달러의 재산 피해를 입었습니다.

홍수는 재앙의 시작에 지나지 않습니다. 진짜 재앙은 뒤따르는 가뭄과 사막화입니다. 큰 비와 홍수로 식물이 자랄 수 있는 근토층이 유실되면, 대지는 속살을 드러냅니다. 이런 재해가 잇따르면, 토양은 건조와 함께 풍화되는 속도가 점점 빨라집니다. 이게 사막화의 시작입니다. 평안도와 자강도의 산악지대를 제외한 북한의 대부분이 이 지경입니다. 북한은 더 이상 금수강산이 아닙니다.

다행히 한국은 UNCCD가 인정한 산림녹화 모범국가입니다. 1972년부터 박정희 대통령의 강력한 의지로 시행한, 이른바 산림녹화와 그린벨트 정책 덕분입니다. 이 정책이 탄생한 배경에는 북한이 있습니다.

1970년 박대통령이 광복절 기념사에서 남북대화를 제의한 뒤, 남·북 정부의 핵심인사가 비밀리에 서울과 평양을 왕래했습니다. 이즈음 한반도의 남쪽은 산림이 훼손되어 온통 민둥산인 반면, 북쪽 산은 그렇지 않았습니다. 나라 살림살이도 북한이 한국보다 나았습니다. 서울을 방문하기 위해 통일로를 달리던 북한 대표가 창밖의 헐벗은 산을 보고 은근히 비꼬았다고 합니다.

이 소식을 들은 박 대통령은 산림녹화계획을 세웁니다. 특히 1973년부터 5년간 전투하듯 녹화한 경북 영일 사방沙防 사업은 어떤 황무지도 숲으로 바꿀 수 있음을 보여주었습니다. 그 후 30년 새 남과 북의 산은 정반대로 바뀌었습니다. 오늘날 국력을 따지자면 북한은 한국과 비교할

1 1973년 경북 영일 의창읍 오조동 특수 사방 사업 현장의 모습입니다.
2 5년 뒤 1977년 같은 장소입니다. 1970년대 초만 해도 영일군 내의 산은 온통 민둥산이었지만 이렇게 변했습니다. 세계식량기구는 이곳을 최단시간에 가장 성공적인 산림녹화를 이룬 사례로 꼽습니다.

수 없습니다. 숲은 바로 국력입니다.

한편 한국이 주목해야 할 사막이 있습니다. 중국 지린 성과 랴오닝 성 사이에 있는 커얼친 사막입니다. 이 사막은 5만 600km²로 작지만, 신의주 북서쪽 500km에 위치한 데다 사막화 속도가 매우 빠릅니다. 이곳은 1950년대 이전까지만 해도 구릉지대의 초원이었습니다. 1980년대 중국 정부가 대규모 개간 사업을 벌인 뒤 사막화로 치닫고 있습니다. 2000년대 이후 이 지역의 급속한 산업화와 기후온난화가 겹치면서 사막화 속도가 더욱 빨라진 데다 미세 흙먼지가 많은 토질이어서 새로운 황사 발원지로 꼽힙니다. 그렇기 때문에 UN은 이곳을 유동流動사막 재해지역으로 선포했습니다.

이대로 가면 2020년 즈음, 압록강을 넘어 북한을 덮칠 기세입니다. 커 얼친 사막을 우리가 주목해야 하는 이유는 북한 산악의 토사화土砂化와 맞닿을 경우 일으킬 사막화의 상승작용 때문입니다. 북한이 사막화될 경우 한국도 결코 안전하지 않습니다. 우리가 중국의 사막화에 긴장을 늦춰서는 안 되는 이유입니다.

사막녹화는 쉽지 않지만 불가능한 것도 아닙니다

이스라엘은 사막을 옥토로 바꾼 유일무이한 국가입니다. 이스라엘의 생명수는 우기에 집중된 빗물과 국토 북단 헤르몬 산 만년설의 눈석임 물입니다. 이 물이 갈릴리 호수를 채우고, 요르단 강과 인공 수로를 통해 남쪽 네게브 사막 지대까지 공급됩니다. 1970년대 이후 지구온난화로 강수량과 만년설이 줄면서 이스라엘 역시 사막화의 위기가 찾아왔습니다. 그러나 이스라엘은 다른 나라처럼 어리석지 않았습니다. 제한된 물을 효율적으로 사용하는 방안을 찾았습니다. 철저한 물 관리와 과학 농업이었습니다.

대형 지하 수로를 매설해 자연 증발과 유실을 막고, 비닐 관管을 이용한 점적관주點滴灌注 방식의 농업으로 한 방울의 물도 아꼈습니다. 그런 덕에 사막 곳곳에 과수원과 숲을 가꿀 수 있었습니다. 고품질 토양을 담은 비닐봉지Soil bag에 농작물을 심고 최소적량의 물을 주고 생장환경을 제어하는 첨단 온실농업도 개발했습니다. 이 온실에서 채소는 물론 열대 과일까지 재배합니다. 사막 국가가 농업 국가로 변모했고, 농산물

사단법인 미래숲 등 한국 민간단체가 봄이면 중국과 몽골 사막에 많은 나무를 심고 있습니다.
한국은 산림녹화 모범 국가에 이어, 사막녹화 선도국가로 거듭나고 있습니다.

수출국으로 부상했습니다. 이스라엘 농업기술이 초일류로 대접받는 이
유입니다. 게다가 사막에 녹지가 생기자 사막화의 속도에도 제동이 걸
렸습니다. 2000년대 들어 위성사진에 찍힌 이스라엘 국토의 남쪽은 거
의 푸른색입니다.

중국은 이스라엘과 딴판입니다. 중국 정부의 사막녹화 정책은 크게
다섯 가지입니다. 첫째, 유목민을 초원에서 내쫓거나 가축 수를 줄여 초
지를 되살리려는 퇴경환초退耕還草 정책입니다. 당장 초원을 보호하는
데는 도움이 되지만, 장기적으로는 더 심각한 폐해를 피할 수 없습니다.
유목민의 도시 빈민화 등 새로운 사회 문제를 낳은 것입니다.

둘째, 원주민을 이주시킨 뒤 이들에게 묘목을 주고 심도록 합니다. 매

중국 네이멍구 사막녹화 현장에서 이런 광경은 쉽게 볼 수 있습니다. 사막녹화가 얼마나 어려운 일인지 실감하지만, 식목 후 관리할 수 없는 곳에 나무를 심는 것부터 잘못입니다. 중국 정부의 녹색장성 정책을 근본적으로 바꾸지 않는 한 사막화의 기세를 꺾지 못할 것입니다.

년 생존한 나무 숫자만큼 성과급을 지급합니다. 원주민의 생계를 담보한 중국식 실적 정책입니다. 그나마 원주민이 심은 뒤 지속적으로 돌보는 덕택에 나무를 심고 나서 3년 뒤 살아남는 비율이 70% 이상입니다. 그러나 국토의 4분의 1이 사막인 경제대국이 취한 정책치고는 옹색하기 그지없습니다.

셋째는, 군대를 주둔시켜 단기간 내 녹화하는 정책입니다. 군사 작전을 방불케 하는 공격적인 사막녹화이지만, 앞서 지적했듯이 한인 이주를 위한 꼼수라는 비난을 피할 수 없습니다.

넷째는, 사막에서 자생하는 잡초인 감봉 씨를 뿌리는 것입니다. 명아주과 염생鹽生식물인 감봉은 황폐한 땅에서도 뿌리를 내리면 6개월 새 50cm 이상 자랍니다. 감봉은 단기간 내 사막에 녹색을 입히는 데는 무척 효과적입니다. 그러나 성장과 번식이 빠른 데다 밀집 서식하는 생태 때문에 향후 사막녹화에 골칫거리가 될 수 있습니다.

마지막은, 녹색장성綠色長城 사업입니다. 1978년 등소평이 사막화와 황사 피해를 줄이기 위해 네이멍구 사막에 2074년까지 총연장 4,480km의 방풍방사림을 만리장성처럼 조성하는 계획입니다. 중국 정부는 이 사업을 추진하고 있으나 투자도 성과도 기대 이하입니다. 한국과 일본이 이 사업에 협력하고 있습니다. 매년 묘목을 심고 있지만 대부분 보살피지 않아 이듬해 살아남은 묘목은 30% 이하입니다. 이마저도 3년 내 절반 이상이 죽습니다.

적어도 3년간 보살펴 70% 이상을 살려야 스스로 숲을 이룰 수 있습니다. 지난 30년 새 중국 정부가 광대한 대륙에 고속도로를 거미줄처럼 건설한 것에 비하면, 수도 베이징을 위협하고 이웃 나라에까지 피해를 주는 황사를 막을 사막녹화에는 인색하기 그지없습니다.

©아마 네, 「사막에 숲이 있다」(서해문집)

인위쩐과 바이완상 두 사람의 노력으로 20년 만에 황폐한 사막 마을이 울창한 숲 속 마을로 바뀌었습니다.

우리는 어떤 방법으로 사막을 푸르게 만들 수 있을까요

사막녹화의 비법은 뜻밖에 중국에 있었습니다. 중국 네이멍구 마오우쑤 사막에서 20년 동안 나무를 심고 가꿔 47km²(1,400만 평)의 숲을 일군 인위쩐과 남편 바이완샹이 그 비법을 보여줍니다. 두 사람은 세계 유수의 언론에 소개된 저명 인사입니다. 1985년 봄 20세의 처녀 인위쩐은 황사 진원지인 이 사막에 버려지듯 바이완샹에게 시집왔습니다. 남편은 이웃과 함께 황폐한 마을을 떠나자고 했습니다. 인위쩐은 오히려 남편을 설득했지요.

양 한 마리를 판 돈으로 600그루의 묘목을 사서 심었습니다. 이게 시작이었습니다. 이듬해 이 중에서 300그루의 묘목에서 싹이 트자 희망을 보았습니다. 이 나무가 자라면서 주변에 풀이 돋았습니다. 바닥을 드러냈던 우물에 물이 고였습니다. 나무 사이에 밭을 일궈 옥수수·밀·콩·

수박 그리고 갖가지 채소를 심었고, 우물 물로 키웠습니다. 부부는 해마다 더 많은 나무를 심고 풀씨를 뿌렸습니다.

7년째가 되자 폐허였던 마을은 작은 숲으로 둘러싸였습니다. 떠났던 친척과 마을 사람들이 하나둘 씩 돌아왔고, 15년 뒤 이 부부의 이야기가 한 기자에 의해 세상에 알려졌습니다. 현장에 도착한 취재 기자는 숲 사이로 뻗은 길을 따라 과수와 채소가 탐스럽게 자라는 밭을 보며 입을 다물지 못했습니다. 서울 여의도의 58배에 해당하는 사막이 숲으로 바뀐 것입니다. 세계가 힘을 합하면, 세상의 모든 사막을 푸르게 만들지 못할 것도 없습니다.

인위찐 부부만큼 극적이지는 않지만 사막을 넉넉한 오아시스 녹지로 가꾼 곳은 많습니다. 알제리 바하마르 사막에 사는 한 부족은 맨손으로 수십 킬로미터의 지하수로를 뚫고 그 물로 대추야자 숲을 조성했습니다. 이들의 지혜와 노고는 눈물겹습니다. 10~20m 깊이의 샘을 20~30m 간격으로 무려 800여 개를 판 뒤, 작은 삽으로 굴을 뚫어 지하로 연결한 것입니다. 3대에 걸쳐 만들었습니다. 지하수로의 물이 고갈될 것을 우려해 지금도 공사는 계속되고 있습니다.

세계에서 가장 건조한 칠레 아타카마 사막의 알로에 농장은 인간이 어떤 한계도 극복할 수 있음을 보여줍니다. 안데스 고산지대인 이곳은 돌사막입니다. 그래서 샘을 팔 수도 없습니다. 비는 연중 한 방울도 내리지 않습니다. 50년 전만 해도 여름이면 안데스 만년설의 눈석임물이 흘러 구릉지는 호수를 이뤘으나, 온난화 탓에 황무지로 변한 것입니다. 대부분의 원주민은 떠났지만, 고향을 지키려는 이들은 선인장 가시의 털에 맺힌 이슬을 모아 갈증을 해결합니다.

그러나 식량을 구할 길이 없습니다. 이들은 밤이면 태평양의 다습한

단기간에 넓은 사막을 녹화하려면 전력이 필요합니다. 지하수를 퍼올리고 나무에 물을 공급하기 위해서입니다. 태양광발전이 안성맞춤이지요.

공기가 산을 넘으면서 맺히는 많은 이슬을 모으기로 합니다. 먼저 선인장의 가시털로 대형 그물을 만든 뒤 산허리 곳곳에 설치합니다. 그리고 그물 아래에 집수통을 단 뒤, 이를 관으로 연결하여 마을까지 끌어왔습니다. 그 물을 식수로 사용하고, 나머지는 알로에를 키워 내다 팝니다. 이것으로 생계를 잇고 있습니다.

사막화는 더 이상 피할 수 없는 자연의 최후통첩입니다

사막녹화는, 대단한 기술과 우수한 인력을 요구하는 일이 아닙니다. 지구 북반부 허리띠를 형성하고 있는 '사막 벨트'는 북극권의 영구동토대永久凍土帶를 녹이는 화덕과 같습니다. 온난화의 기세를 감안하면, 더 이상 머뭇거릴 겨를이 없습니다.

관건은 막대한 비용입니다. 2004년 인도네시아 쓰나미 때 모금된 국제 구호성금은 40억 달러였습니다. 이 성금의 100분의 1인 4,000만 달러의 종잣돈만 마련하면 첫 단추를 꿸 수 있습니다. 종잣돈은 당연히 G20의 몫입니다. 유엔은 G20을 설득할 강력한 수단을 찾아야 합니다. 이 종잣돈으로 국제사막녹화실천기금을 설립하면 사막녹화는 성공한 것과 다름없습니다. 인위쩐 부부의 종잣돈은 불과 양 한 마리였으나, 나무를 심은 다음 해에 희망을 보았습니다. G20이 마련할 종잣돈이면 훨씬 큰 희망을 볼 수 있습니다.

사막녹화의 관건은 지층수원 찾기와 관주灌注 시스템의 확보입니다. 그리고 황사의 진원지에 가급적 넓은 면적의 조림을 집중하며 확대해 나가는 것입니다. 사막 구릉지의 대부분은 지표면과 달리 지하에 많은 물을 품고 있습니다. 지층수입니다. 수십 년 전만 해도 이곳은 호수나 강줄기였기 때문입니다. 이런 곳에 관정管井을 박고 급수관을 깐 뒤, 태양광발전을 이용해 자동 점적관주 시스템을 작동시키면 반경 1km 이상의 사막을 숲으로 바꿀 수 있습니다.

나무를 심고 3년만 보살피고 생존하는 것을 도와 성공시키면 됩니다. 그 이후에는 물을 주지 않아도 식물은 스스로 자라고, 주변에는 풀이 자연스레 돋습니다. 6년 후에는 숲다운 모습을 갖춥니다. 식물의 위대한 생명력 덕분입니다. 이때면 오아시스가 여기저기 생겨나고, 떠났던 원주민이 돌아와 숲과 함께 삶터를 가꿀 것입니다. 이들은 G20 국가와 국민에 대한 고마움을 영원히 잊지 못할 것입니다. 10년 후 지구촌은 사막 녹화의 효과를 피부로 느낄 것입니다. 북반부의 대기온도가 낮아지고, 북극권의 해빙 속도가 줄고, 지구온난화의 자연 재앙도 줄어들 것입

니다. 국제사막녹화실천기금은 더욱 튼실해지고, 국제협력 또한 탄탄해
질 것입니다.

대한민국은 2001년 이후 '아시아산림협력기구'를 통해 사막에 나무
를 심고 있습니다. 중국 세 곳, 몽골 한 곳 그리고 미얀마 한 곳입니다.
산림청을 비롯한 사단법인 미래숲 등 많은 민·관단체가 참여하고 있습
니다. 대한민국은 자국 산림녹화뿐 아니라 이웃나라 사막녹화에도 모
범 국가입니다. 사막녹화의 성패는 지하수 개발과 지하 송수관 매설에
달렸습니다. 한국인은 중동 열사에서 대규모 토목공사를 훌륭히 해낸
저력을 갖고 있지요. 대한민국이 국제사막녹화실천기금 조성에 앞장서
야 하는 이유입니다.

지구온난화와 사막화는 70억 지구촌의 생존을 위협하고 있습니다.

사막녹화는 지구온난화와 사막화라는 두 마리 토끼를 한꺼번에 잡
을 수 있는 가장 유효한 방법이자 정책 수단입니다.

'온난화의 핵폭탄'
지층 메탄이
꿈틀거리다

카메룬 북부 고원지대 열대우림은 한마디로 장관입니다.

지평선을 이룬 숲 사이로 여기저기 솟은

30개의 화산과 분화구의 짙푸른 호수는,

한라산 30개가 펼쳐진 제주도의 풍광과 비견할 수 있을 성싶습니다.

아름다운 자연이 한순간에 무서운 폭탄으로 변한다면 어떨까요

1986년 8월 21일 해질녘, 카메룬 니오스 호수 50m 아래 마을 주민들은 저녁밥을 서둘러 먹고 잠자리에 들었습니다. 이날이 장날이라 힘들었기 때문입니다. 목동 하다리는 잠자리에 들다, 으르렁거리는 굉음을 듣고 놀라 뛰어나옵니다. 호수 쪽에서 거대한 구름 기둥이 하늘로 솟구치더니 이내 안개처럼 가라앉아 계곡 따라 강물처럼 흘러가는 것을 목격합니다. 이 목동은 본능적으로 뒷산으로 도망칩니다. 곧이어 후끈한 온기와 썩은 달걀 냄새가 덮쳤고, 이내 정신을 잃었습니다. 그 순간, 이 마을 주민 1,200명도 귀신에 홀린 듯 줄줄이 쓰러집니다. 조금 뒤, 계곡 아래 3개 부락의 주민 500명에게도 똑같은 일이 벌어집니다.

간신히 살아난 하다리가 『내셔널 지오그래픽』 기자에게 증언한 당시

한국 극지연구소가 있는 다산기지에서 멀지 않은 뉘올레순 베스트레벤. 빙하가 녹아 곳곳에 담수 호소를 만들었고, 산골짜기에만 간간이 빙설이 남아 있습니다. 지구온난화의 영향으로 빙하 호수는 더 늘고 커지고 있습니다.

상황은, 악마의 저주 외에는 달리 설명할 길이 없다고 했습니다. 시신은 한결같이 엎드린 채였고, 가축은 여기저기 널브러졌습니다. 순식간에 사람도 가축도 떼죽음을 당한 것입니다. 구름 기둥의 정체는 순도 100%의 이산화탄소CO_2 가스였습니다. 그 양은 무려 160만 톤으로 이산화탄소 배출량 세계 9위인 한국의 하루 배출량과 맞먹는 양입니다. 이산화탄소는 공기보다 두 배나 무겁기 때문에 호수 아랫마을을 덮친 뒤, 계곡을 따라 아래로 16km나 흘러 내리며 대참사를 잇달아 일으킨 겁니다.

니오스 호수의 이산화탄소 가스는 지구의 지각운동 과정에서 호수 바닥에 퇴적된 유기물에서 생성된 것입니다. 카메룬 지진대의 갑작스런 요동으로 수압에 의해 갇혀 있던 퇴적층의 이산화탄소 가스가 수면 위로 분출한 것으로 지질학자들은 추정했습니다. 그런데 2년 전인 1984

년 8월, 니오스 호수의 남쪽 94km에 있는 모노운 호수에서도 가스가 분출하여 37명이 숨졌습니다. 나머지 호수에서도 폭발의 징후가 나타나고 있었습니다.

기후학자들은 왜 1980년대 들어 갑자기 가스 분출이 집중되는지 궁금했습니다. 지진대의 요동은 그 이전에도 수없이 있었기 때문입니다. 이들은 가스 분출이 연중 가장 더운 8월에 집중된 점을 감안하여, 지구온난화에 의한 기온 상승 때문인지 의심합니다. 급속한 기온 상승이 호수의 수온을 높이면, 수압이 낮아져 가스 분출을 촉발했을지 모른다는 추측이었습니다. 물론 지질학자들은 기온이 급상승한다고 분화구 호수의 수온도 따라서 급상승할 수는 없다고 반박합니다.

지층가스의 대량 유출이 인류를 위협합니다

니오스 호수 사건은 호수는 물론 해저 가스에 대한 학계의 관심을 불러일으키기에는 충분했습니다. 그러나 이내 시들해졌습니다. 막대한 연구 자금을 대겠다는 정부도 기업도 없었기 때문이지요. 그런데 화학공학 전공자인 미국 노스웨스턴대학교 그레고리 라이스킨 교수가 해저 메탄가스의 대폭발 가능성을 제기합니다. 그는, 2억 5000만 년 전 최악의 페름기 대멸종이 지층의 메탄가스 대폭발에 의해 촉발된 것임을 기억해야 한다고 경고했습니다. 그러나 학계와 언론의 관심을 끌지 못합니다.

그런데 2004년 인도네시아에서 무려 50만 명 이상의 인명을 앗아가는 쓰나미가 발생하자, 라이스킨 교수의 경고가 새삼 부각되었습니다. 미국 미시건 주 수력연구소는 미국 서부 해안의 쓰나미 위험성을 파악하기 위해, 태평양 해저 화산과 메탄층의 연쇄 폭발 상황을 가상 실험했습니다. 연쇄 폭발은 쓰나미를 지속적으로 발생시켰고, 100m 이상의 높은 파도가 잇달아 미국 본토와 하와이를 강타하여 불과 하루 사이에 초토화시키는 것으로 나타났습니다. 그 파괴력은 2005년 미국 남서부를 휩쓴 허리케인 카타리나의 수십 배였습니다. 이 실험 결과가 보도되자, 미국민은 인류의 종말이 멀지 않은 듯 여겼습니다.

지질학계와 해양학계의 반론은 곧바로 제기됩니다. 해저 화산과 메탄층의 연쇄 폭발은 가능성이 없으며, 발생한다 해도 거의 동시에 폭발한다는 것입니다. 더욱이 화산 폭발의 충격으로 생긴 메탄가스는 기포 형태로 분산되고 바닷물과 용해되면서 쓰나미의 위력을 오히려 감쇄시킬 수도 있다는 주장이 제기되었고 설득력도 얻습니다.

라이스킨 교수의 '대멸종 가설'은 힘을 잃었습니다. 그러나 그의 가설은 지구 북극권을 뒤덮고 있는 영구동토층永久凍土層에 매장된 천문학적 양의 메탄가스 위협을 일깨우기에는 충분했습니다. 이 메탄층은 지구의 마지막 빙하기인 4만 년 전에 생성된 것입니다. 당시 매몰된 동식물의 사체에 있던 탄소가 초기에는 유입된 산소 덕분에 이산화탄소로 변했지만, 산소가 고갈되자 메탄으로 변한 것입니다. 영구동토층에 갇힌 메탄은 결빙되는데 이것을 메탄하이드레이트라고 합니다. 한국의 동해 해저 동토층에서 발견된, 이른바 '불타는 얼음'이 이것입니다.

메탄가스는 지구온난화에 치명적입니다

북반구 영구동토층의 메탄가스를 결코 가볍게 봐서는 안 됩니다. 메탄가스는 온실 효과에서 이산화탄소보다 무려 21배나 강하며, 매장량과 용출량이 천문학적으로 예상되기 때문입니다. 2007년 미국해양대기청NOAA은 "지난 10년 새 세계적으로 대기 중의 메탄가스 농도가 0.5% 증가했으며, 특히 북극권 일부 지역의 메탄가스 농도는 다른 지역

에 비해 평균 두 배 이상 증가했다"고 발표했습니다. 유엔환경계획UNEP
은 「지구환경 전망보고서」에서 2007년 현재 대기 중 메탄가스 총량은
4,850테라그램Tg인데, 이보다 훨씬 많은 양을 해빙호수에서 용출할 수
있다고 경고했습니다. 테라그램은 1조 그램g입니다. 해빙호수는 영구동
토권의 빙하가 녹아 생긴 거대한 웅덩이입니다.

이게 끝이 아닙니다. 북극권 바다 지층에 해빙호수의 그것과 맞먹을
만한 크기의 메탄층이 있다고 합니다. 스톡홀름대학교의 오르얀 구스타
프슨 교수는 "러시아의 동시베리아 해와 북부 라프테프 해의 광대한 해
저대륙붕에서 영구동토대보다 100배나 응축된 메탄층을 발견했으며,
이 지역의 해저에 얼마나 많이 분포하고 있는지는 아무도 모른다"고 밝
혔습니다.

지난 100년간 지구 전체 평균온도가 0.74℃ 상승했지만, 북극권
은 무려 4~5℃ 상승했습니다. 지난 20~30년 새 알래스카·캐나다·
시베리아 그리고 북유럽을 잇는 이른바 '북극권 영구동토층'의 기온이
0.5~2℃ 상승했습니다. 일본 해양지구과학기술청JAMSTEC의 분석을 보
면, 지표에서 1.2m 아래 땅의 온도가 1998~2004년 사이에는 연간 평
균 영하 2.4℃였으나 2005년에는 영하 1.4℃, 2006년에는 영하 0.4℃
로 빠르게 상승하고 있는 것으로 나타났습니다. 1980년대 이후 북극권
의 온난화가 상대적으로 높아졌고, 영구동토대도 빠르게 녹고 있음을
뜻합니다. 영구동토대가 녹으면 여기저기에 큰 호수가 생깁니다. 해빙
호수입니다. 호수의 수온 상승과 압력 저하로 지층에 묻혀 있던 엄청난
양의 메탄CH4이 가스로 변해 수면 위로 솟구칩니다. 심하면 마치 끓는
물처럼 부글거립니다.

캐나다 북부의 툰트라 지대에도 1990년대 이후 곳곳에 해빙호수가

1 미국 알래스카 툰트라 지대에 풀들이 무성하고 무지개가 피었습니다.
2 노르웨이령 스피츠버겐 섬 내 한국 극지연구소의 북극 다산기지 부근 돌 틈에 꽃이 피었습니다. 지구온난화를 걱정하면 마냥 좋아할 일은 아닙니다. 사진 속 꽃은 범의귀과Saxifraga에 속한 극지식물입니다. 빙하가 녹아 드러난 땅바닥이 마치 채석장처럼 보입니다.
3 웅덩이가 생겨났습니다. 이처럼 북극권 영구동토대가 녹으면 지층 메탄이 가스로 분출합니다. 분출한 지층 메탄가스의 양이 70억 인류가 배출하는 온실가스효과보다 더 많다는 주장도 있습니다.

ⓒ극지연구소

생기고 있습니다. 수면에 끊임없이 기포가 솟구치고, 라이터 불을 들이대면 불꽃이 튈 정도입니다. 거의 100% 순도의 메탄가스입니다. 가공할 온실 효과는 기온을 급속히 끌어올리고, 영구동토층의 해빙을 가속합니다. 이런 악순환은 지층 메탄층의 대량 용출을 더 빠르게 만들고 있습니다. 국토의 대부분이 메탄층 위에 놓인 러시아는 문제가 더 심각합니다. 광활한 시베리아에는 영구동토층의 해빙으로 거대한 늪지와 해빙호수가 곳곳에 생기고, 기포가 분출하고 있습니다. 북유럽의 영구동토대에도 이런 현상이 나타났습니다.

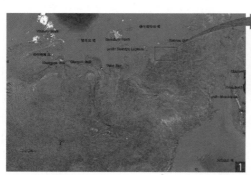

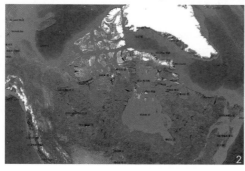

2014년 9월 위성에서 찍은 북극권 영구동토대의 해빙. 9월이면 결빙기이지만 온통 녹색이며, 북극권의 설빙雪氷만 흰색으로 보입니다. 1과 2인 시베리아와 캐나다 북부 영구동토대는 더 이상 영구동토대가 아닙니다. 사진 1의 시베리아 동북부 사카 지역을 확대하면, 해빙호수가 무수한 점3으로 나타납니다.

지층 메탄은 지구의 핵폭탄입니다

지층 메탄은 원자폭탄 수만 개보다 더 강력합니다. 전문가들의 예상 시나리오는 끔찍합니다. 만약 지층 메탄이 용출하면, 기온이 급상승하면서 곳곳에서 기상 이변과 천재지변이 발생합니다. 계절이 순식간에 뒤바뀌고 지역에 따라 가뭄과 폭우, 폭서와 한파가 교차됩니다. 북극 빙하가 급속히 녹으면 대부분의 해안은 물에 잠깁니다. 런던의 3분의 2가 물에 잠기고 베네치아는 완전히 수몰됩니다. 한반도의 해안도 잠기게 됩니다. 이 지경이면 농작물의 흉작과 식품 부족으로 약탈과 폭동이 발생합니다. 지구촌은 무정부 상태에 빠지고, 인접 국가간 전쟁이 빈발합니다. 이런 상황이 지구촌 곳곳에서 벌어진다면, 핵폭탄으로 초토화 될 제3차 세계대전과 다를 게 없을 것입니다.

네덜란드 에라스무스대학교 게일 화이트맨 교수 등의 연구진은 북극 빙하가 녹고 해저 메탄가스가 방출되면 60조 달러 규모의 경제적 피해가 발생할 것이라는 연구 결과를 2013년 7월 『네이처』지에 발표했습니다. 2015년부터 10년간 500억 톤의 해저 메탄가스가 방출된다는 가정에서 계산한 액수로, 2012년 세계 경제 규모와 맞먹는 금액이라고 합니다. 2012년 대한민국 본예산 342조 원의 195배에 해당하는 돈이라면 실감할 수 있을지 모르겠습니다.

정작, 북유럽 국가들은 지구온난화와 북극권의 해빙을 은근히 반기고 있습니다. 해빙 덕에 세계 매장량의 13%에 해당하는 북극권의 석유와 각종 자원의 개발이 쉬워지고, 북극항로가 열릴 경우 경제 효과까지 기대하고 있기 때문이지요. 북극권에 광대한 영토를 지닌 러시아는 2013년 북극해에서 프리라즈롬니야 해저 원유를 채굴하는 데 성공했습니다. 매장량은 한국이 7개월간 사용할 수 있는 양인 7,200만 톤입니다. 러

한국 극지연구소 쇄빙선 아라온 호 선상에서 연구원들이 북극 해저 메탄하이드레이트를 시험 채굴하는 모습.

시아는 북극권에서 이런 유전 개발을 29곳에서 착수했습니다. 미국은 2013년 알래스카를 전초기지로 한 북극 개발 계획을 발표한 뒤 개발에 나섰고, 캐나다는 국가 미래를 북극권에 두고 개발 계획을 짜는 데 골몰하고 있습니다. 아이슬란드는 중국을, 덴마크령領인 그린란드는 일본을 끌어들여 자원 개발에 박차를 가하고 있습니다. 향후 30년간 세계 석유 시장은 공급 과잉 시대를 맞을 것이란 전망도 예사롭지 않습니다.

이뿐만이 아닙니다. 2010년 북극항로를 통과한 선박은 네 척이었지만, 2013년에는 71척으로 늘어났습니다. 파나마 운하를 통과할 선박이 북극항로를 이용할 경우, 운항 시간과 비용을 최대 절반으로 줄일 수 있다니 세계 해운업계가 요동칠 수밖에 없지요. 세계 10위권 무역국가이자 세계 1위의 조선산업국인 한국도 북극항로의 수혜자입니다.

한국 극지연구소의 쇄빙선 아라온 호가 얼음판을 깨며 북극항로를 개척하는 광경.

지구온난화의 무풍지대였던 남극에도 기후변화가 나타나고 있습니다.

그러나 마냥 좋아할 일만은 결코 아닙니다. 북극권에 자원개발 바람이 거세질수록, 북극항로의 통행 선박이 늘어날수록 지구온난화의 페달은 더 세게 돌아갈 것입니다. 북극권의 얼음은 속절없이 사라질 것이며, 그 자리에는 지구 생태계를 통째로 말릴 만한 수준의 가공할 '온난화의 핵폭탄'이 솟구칠 것입니다. 한마디로 소탐대실小貪大失의 극치입니다.

메탄은 지구 북반부 지층에 몰려 있습니다. 그 위에 세계 인구 90%가 살고 있습니다. 남극권 영구동토대도 녹고 있지만, 온실가스는 거의 없는 곳입니다. 남극권에는 인류의 온실가스 배출도 매몰된 유기물도 없기 때문입니다. 그러나 2000년 이후 남극 빙산과 빙원이 줄고 있습니다. 남극권이 지구온난화의 가속화로 인한 기후변화 영향을 받고 있음을 보여주는 증거입니다. 그렇기 때문에 북극권 영구동토층의 보존이 시급합니다. 북극권 해빙의 주범은 지구 북반부의 허리를 덮은 광활한 사막의 열기입니다.

이 열기를 단기간에 식히는 길은, 오로지 사막녹화뿐입니다.

녹색성장은
허풍이다

지구온난화의 진실은 정말 '불편'합니다.

과연, 온실가스 탓인가요?

대다수 과학자의 답은 "아니다"입니다. 그러나 환경운동가와 녹색
운동을 지지하는 정치인들은 온실가스를 주범으로 몰아세웁니다.

늘 이렇게 맞서니, 불편할 수밖에 없습니다.

이산화탄소가 정말 지구온난화의 주범일까요

먼저 지구온난화를 유발하는 온실가스를 정확히 이해해야 할 듯합니
다. 온실가스는 종류가 여럿인 데다 발생원源도 다양합니다. 요약하면
다음과 같습니다. 화석연료에서 배출되는 이산화탄소, 매립폐기물과 농
축산업에서 발생하는 메탄, 석탄과 비료의 생산에서 배출되는 아산화질
소N_2O, 냉매에서 나오는 프레온CFCs과 수소불화탄소HFCs, 전자제품의
반도체와 도금 공정에서 생기는 과불화탄소PFCs, 전기제품의 절연체에
서 발생하는 육불화유황SF6입니다.

정부간기후변화위원회IPCC의 1995년 자료에 따르면, 대기 중 온실가
스 중 1위는 이산화탄소점유율 55%입니다. 그다음은 메탄15%, 아산화질

지구온난화를 걱정한다면 육식부터 줄여야 합니다. 가축의 트림과 방귀가 온실가스이기 때문입니다. 축산업은 사료 생산과 제조 공정에서부터 사육 중의 트림과 방귀, 분뇨의 분해에 이르기까지 이산화탄소를 대량 배출합니다.

소6%, 과불화탄소 등 나머지합계 24% 순입니다. 점유율을 보면, 이산화탄소는 온실가스의 주범입니다.

그런데 가스마다 실제 온실화를 유발하는 효과는 큰 차이를 보입니다. 예를 들면 메탄의 유발 효과는 같은 양이라 해도 이산화탄소의 21배입니다. 그렇기 때문에 이산화탄소의 점유율은 가장 높지만, 실제 온실화에 미치는 효과는 메탄에 비할 바 못됩니다. 그래서 이산화탄소 감축 무용론이 제기되는 것이지요.

온실가스는 아무리 많아도 대기의 1% 미만입니다. 나머지 99% 이상은 질소와 산소입니다. 질소와 산소는 열을 방출하는 적외선 에너지를 흡수하지 못하기 때문에 비非온실가스로 분류됩니다. 환경론자의 주장

수증기는 지구온난화의 해결사입니다. 수증기는 구름을 만들고, 구름은 햇빛을 차단하고 비를 뿌립니다. 사막에 수증기를 만들 수만 있다면, 지구온난화도 사막화도 걱정거리가 안 되겠지요. 숲은 수증기를 만드는 녹색 공장입니다. 사막녹화가 절실한 이유입니다.

대로라면, 1% 미만의 온실가스가 지구온난화를 일으키는 셈입니다. 과학자들은 이 점을 주목합니다. 더욱이 1% 미만에 불과한 총 온실가스 가운데 95% 이상은 화산 활동이나 해저 메탄가스 용출, 동물의 트림과 방귀, 유기물의 부패와 같이 자연에서 발생한 것입니다. 나머지 5% 미만이 인간의 활동을 통해 배출된 것입니다.

인류가 배출하는 온실가스를 100% 감축해도 대기 중 온실가스 감소량은 전체 대기의 0.05%에 불과한 셈입니다. 과격한 환경론자들의 요구대로 2012년 현재 전 세계 총 배출량의 30%를 2020년까지 감축한다 해도, 전체 대기 중 온실가스는 불과 0.015%를 감소하는 데 그치는 겁니다. 총 배출량의 30% 감축은 현실적으로 언감생심입니다. 이 정도의 온실가스를 줄인다고 지구온난화를 막을 수 있을까요? 과학자들은 한마디로 "난센스"라고 말합니다.

제임스 콜만 미국 스탠포드대학교 교수는 저서 『내추럴리 데인저러스』에서 "지구온난화는 태양 흑점의 활동 결과"이며 "태양의 폭발로 생긴 햇빛에너지의 변화에 따라 대기온도도 오르내릴 수밖에 없다"고 설명합니다. 흑점 활동으로 생긴 우주방사선의 산물인 '탄소-14' 동위원소를 화석化石 속 나무의 나이테에서 검출하면, 흑점 활동의 주기와 지구 대기온도의 변화가 거의 일치합니다. 흑점 활동이 소멸된 1640~1720년 사이 지구는 소빙하기를 맞았으며, 1880년 이후 흑점 활동기에 기온이 상승했습니다. 또한 해저 퇴적핵의 탄소를 방사선으로 연대 측정한 결과, 기후변화는 대략 1,500년 주기로 찾아왔는데 그 끝에서 100년간 소빙하기를 맞았습니다. 이 주기대로라면 지금은 소빙하기를 앞둔 시점이며, 오히려 온난화를 반겨야 할 때라고 합니다.

콜만 교수는 "대기 온도에 가장 크게 작용하는 기체는 수증기"라고 주장하며, 환경론자는 물론 언론까지 왜 수증기의 효과를 외면하는지 이해할 수 없다고 말합니다. 수증기는 햇빛의 적외선 에너지를 흡수하여 대기를 따뜻하게 하지만, 구름을 이루면 햇빛을 차단하여 대기를 시원하게 합니다. 구름이 비가 되어 내리면 대지의 온도를 낮춰 더 시원해집니다. 만약 수증기의 양을 늘려 구름을 만들 수 있다면 지구온난화 문제는 자연스레 해결되는 셈입니다. 이처럼 그 수증기가 대기 온도에 미치는 영향은 결정적입니다.

그러나 수증기는 계절과 날씨에 따라 변화무쌍한 데다 변수도 많습니다. 그렇기 때문에 과학자들은 모든 실험에서 수증기를 제외하고 분석합니다. 대부분의 환경단체와 운동가들이 수증기 효과를 아예 무시하는 것은 몰랐거나 고의적으로 왜곡했거나 둘 중 하나일 법합니다.

지구온난화와 온실가스가 무관하다는 역사적 근거도 있습니다

중세 중기에 해당하는 950~1250년에 지구온난화가 나타났습니다. '중세 온난기'라고 부릅니다. 이 시기는 18세기 산업혁명 이전으로 화석연료 사용이 거의 없을 때입니다. 당시 기온은 과학자들이 '기후 정상기'로 생각하는 1931~1960년 사이 평균기온보다 1~2℃가량 높았습니다. 기후학자들이 남극 빙핵氷核에 연대별로 층층이 갇힌 성분을 분석한 결과입니다.

역사 기록도 이를 입증합니다. 중세 온난기에 북극권의 얼음이 거의 녹는 바람에 바이킹 족은 북극 대륙에 들어가 농사를 지으며 그 땅을 푸른 땅 '그린란드'라고 불렀고, 지중해 온대식물인 포도가 한대지역인 스코틀랜드에서도 자랐으며, 중국 대륙에선 강남의 감귤이 강북에서 생장하는 등 지구 전역에 걸쳐 식생대植生帶의 변화를 겪었습니다. 이런 역사적 사실을 감안하면, 오늘날의 지구온난화도 기후변화의 과정중에 나타난 것이며, 온실가스가 영향을 미쳤다면 극히 일부에 지나지 않는다는 주장이 더 설득력을 얻습니다.

미국해양대기청NOAA이 2013년 5월 전 세계 대기 중 이산화탄소 농도가 인류역사상 처음으로 400ppm을 넘었다고 발표하자, 이산화탄소의 '온실 효과'에 대한 관심이 다시 높아졌습니다. 이 수치는 300년 전 산업혁명이 일어나기 직전인 270ppm, 1958년 3월의 313ppm과 비교하면 급상승한 것입니다.

이산화탄소의 대기 중 농도 400ppm은 공기 분자 100만 개당 이산화탄소 분자가 400개라는 뜻입니다. 공기 분자 1만 개당 이산화탄소 분자가 4개인 셈입니다. 그렇기 때문에 이산화탄소는 미량 기체 중 하나로 분류됩니다. 1800년대에는 280ppm대를 유지하던 이산화탄소 농도가 산업화와 함께 가파르게 상승하고 있지만, 그 속도는 5년마다 10만 개의 공기 분자 가운데 이산화탄소 분자 1개를 추가하는 정도입니다. 이산화탄소의 농도가 좀 높아졌다고 지구온난화의 재앙이 곧 닥쳐올 것처럼 요란을 떨 이유는 없습니다.

『기후 커넥션』의 저자 로이 스펜서 미국 앨라배마대학교 수석 연구원은 "이산화탄소 농도가 산업화 이전보다 2배540ppm 늘어도 지구온실화 효과는 1% 정도 증가한다"고 말합니다. 지표면 온도로 따지면 0.5℃ 올라가는 정도입니다. 그리고 온실가스 총량 중 이산화탄소의 비중은 3.618%이며, 이 중 인류가 발생시키는 것은 0.117%에 불과하다는 것입니다. 스펜서 교수의 주장을 종합하면, 이산화탄소 감축이 지구온난화를 낮추는 데 그다지 현명한 선택은 아닌 셈입니다.

과학자들의 주장을 요약하면 이렇습니다. 첫째, 지구온난화는 태양

활동과 관련된 기후변화의 자연 현상입니다. 둘째, 온실가스를 감축해도 대기온도를 낮추는 데 별 도움이 되지 않습니다. 셋째, 특히 이산화탄소는 온실화 유발 효과가 낮아 지구온난화 억제에 그다지 도움이 되지 않는다는 것입니다.

그렇다면 왜 세계가 온실가스를 줄이는데 매달리는 걸까요

콜만 교수는 『내추럴리 데인저러스』에서 "환경보호주의자들과 이에 동조한 일부 정치인이 지구온난화를 정치적인 이슈로 만드는 데 성공"한 결과라고 꼬집습니다. 1992년 178개국이 참가한 리우 지구환경정상회담은 그야말로 정치인과 환경론자가 만든 사상 최대의 정치 쇼인 셈입니다. 이후 갖가지 환경회의가 줄을 이었고, 회의의 내용은 주로 화석연료 사용을 획기적으로 줄이기 위한 방안을 마련하는 데 골몰했습니다. '지속 가능한 개발' '탄소 감축세' '녹색성장' 같은 신조어도 이렇게 만들어졌습니다.

요란했던 국제회의에 비하면, 성과는 미미하거나 아니면 제자리걸음입니다. 1997년 채택한 '교토 의정서'가 그 전형입니다. 이 의정서는 1차로 2008~2012년 사이 온실가스 배출량을 1990년 수준보다 평균 5.2% 감축하기로 합의했지만 흐지부지되었습니다. 최대 배출국인 미국·중국·인도는 의회의 비준 거부로, 캐나다는 탈퇴로, 일본은 정부의 거부로 약속을 내팽개쳤습니다. 무산 위기에 놓였던 2012년 12월, 가까스로 2020년까지 연장하기로 합의했지만 '배출량 빅4'인 미국·중국·러시아·일본이 막판 불참을 선언했고, EU 등 나머지 34개국이 0.5~20%씩 감축하기로 합의했습니다. 이 약속도 지켜질지 의문입니다. 일각에선 주연도 관객도 없는 조연들의 정치 쇼라고 조롱했습니다. 70억 인류가 유

온난화에 무너지는 북극 빙벽. 북극 육상의 거대한 얼음 덩어리가 중력에 견디지 못해 바다로 흘러내려 붕괴하면 빙벽이 생깁니다. 이 광경을 보기 위해 관광객이 몰리지만, 2000년대 들어 지구온난화 때문에 빙벽을 구경하기 어렵다고 합니다.

엔기후변화협약에 대해 '불편'할 수밖에 없는 이유입니다.

환경론자들은 인구가 밀집한 지구 북반부에서 대기온도의 상승이 두드러진 점을 강조합니다. 인류의 화석연료 남용이 지구온실화를 가중시키고 있다는 주장의 근거이기 때문입니다. 인간이 발생한 온실가스가 지구온난화에 '어느 정도' 영향을 미치고 있다는 데는 과학자들도 동의합니다. 그런데 '어느 정도'라는 표현이 70억 인류를 또 '불편'하게 만듭니다. '어느 정도'를 누구는 '그 정도쯤'이란 뜻의 안도로 받아들이지만, 다른 누구에겐 '무시할 수 없을 정도'의 뜻으로 불안감을 안깁니다.

지구온난화의 '불편한 진실'을 더욱 불편하게 했던 사람 가운데 하나가 엘 고어 전 미국 부통령일 성싶습니다. 그가 제작한 다큐멘터리 〈불편한 진실〉 때문입니다. 미국인에게 이 다큐멘터리는 충격이었고, 종말적 공포심까지 일으켰습니다. 이 다큐멘터리는 플로리다 주의 많은 지역이 6m 깊이의 물속으로 가라앉는 충격적인 장면을 보여줍니다. 이 정도의 수위가 되려면 북극의 모든 빙하가 녹아도 불가능한 수치입니다. 게다가 빙하가 녹으면 태양 복사열의 감소와 수증기 증가로 기온이 떨어져 기온 상승을 상쇄하게 되는 상식까지 무시했습니다. 그러나 대통령 선거 낙선 후 환경운동가로 변신한 전직 부통령이 쓰고 출연했기에 미국민은 믿을 수밖에 없었습니다.

저서 출간에 이어 다큐멘터리로 방영될 때까지만 해도 방관하던 과학계가 그의 노벨상 수상에 발끈했습니다. 이 다큐멘터리의 과장과 왜곡이 조목조목 드러나, 엘 고어의 신뢰는 땅에 떨어졌습니다. 노벨위원회도 질타를 피할 수 없었지요. 환경 문제에 관한 한 과장과 왜곡을 당연시하는 환경운동가와 정치인이 많습니다. 환경에 대한 지나친 관심과 잘못된 열정 탓입니다. 이런 지나침이 아주 엉뚱한 일을 일으킵니다. 바로 녹색성장입니다.

2010년대 들어 세계는 녹색성장의 환상에 사로잡혔습니다

녹색성장은 바이오-오일·태양광발전·풍력발전·조력발전·전기자동차·고속철도와 같은 화석연료를 대체하거나 적게 사용하는 새로운 산업을 일으켜 성장동력을 창출하려는 정책입니다. 온난화를 유발하는 온실가스를 줄이면서 성장을 이룬다면 분명 일석이조의 좋은 정책입니다. 그렇다고 박수만 칠 수 없는 '불편한 진실'이 숨어 있습니다.

첫째, 녹색산업화가 당장 100% 실현된다 해도 온실가스 유발 총량 중 감축에 기여할 몫은 스펜서 교수의 분석대로 0.117% 수준입니다. '2012년 교토 의정서'의 목표치를 달성하여 5%를 줄이기도 어렵지만, 설사 이 정도로 초과 달성된다 해도 0.00585%밖에 줄이지 못합니다.

ⓒ군산시청

녹색성장의 아이콘으로 떠오른 풍력발전소.

심지어 2020년까지 10년간 온실가스를 절반으로 줄인다고 해도 우리가 기대할 수 있는 효과는 0.06%에 불과합니다. '어처구니없다'는 말이 이를 두고 나온 말인 성싶습니다.

둘째, 녹색성장은 몇몇 선진국과 글로벌 기업을 위한 독과점 잔치가 될 게 뻔합니다. 녹색제품은 한결같이 첨단 기술과 막대한 투자 없인 개발도 상용화도 어렵기 때문이지요. 녹색성장 정책이 냉전시대 군·산·정軍·産·政복합체를 연상시키는 이유입니다.

셋째, 새로운 자원 개발과 자연 파괴를 야기합니다. 희토류 광물을 둘러싼 강대국 간의 자원 전쟁이 그 예입니다.

속 다르고 겉 다른 녹색성장이 어떻게 지구환경을 되살릴 대안으로 둔갑했을까요! 미래의 막연한 '불안'을, 멋진 '녹색상품'으로 포장하는 네 박자가 맞아떨어진 결과입니다. 첫 박자는, 딱딱한 과학적 논거보다

'어쨌든 좋을 성싶은' 녹색의 이미지에 혹하는 대중의 우매함입니다. 둘째는, 환경 재앙을 과장하고 불안감을 자극하여 여론을 움직이려는 일부 환경운동가의 잘못된 열정입니다. 셋째는, '녹색' 탈을 쓴 정치인의 여론 부추기입니다. 마지막 박자는, '녹색'이란 미명 하에 새로운 시장을 선점하려는 글로벌 기업의 장삿속입니다. 하이브리드-자동차와 전기자동차가 그 예입니다.

사실 하이브리드-자동차나 전기자동차나 따지고 보면 화석연료와 환경파괴 없이는 굴러가지 못하는 자동차일 뿐입니다. 휘발유 대신 전기를 쓰는 것뿐이지요. 전기는 친환경 연료가 아닙니다. 전기 역시 석탄을 태우거나 원자로를 가동하거나, 아니면 큰 강의 상류 생태계를 파괴하여 댐을 건설해야 얻을 수 있습니다.

자동차회사는 하이브리드-자동차와 전기자동차가 경제적이라고 광고합니다. 차 값의 30~40%에 달하는 배터리를 3~5년마다 교체해야 하는 비경제성과 사용자의 부담은 애써 숨깁니다. 단지 기름값에 비해 전기요금이 너무 싸기 때문에 경제적이라 느끼는 착시 현상에 불과합니다. 전기요금이 오르면 이마저도 사라질 신기루이지요. 둘 다 녹색성장의 대안이라 할 수 없습니다.

자동차회사도 속으로는 마뜩찮아 합니다. 기술 개발을 위해 막대한 돈을 쏟아부어야 하기 때문입니다. 그런데도 왜 자동차회사는 하이브리드-자동차와 전기자동차를 개발하는 데 열을 올리는 것일까요. 세계 자동차시장의 치열한 경쟁에서 뒤지지 않을까 하는 우려에다, 녹색성장의 친환경 이미지를 얻기 위한 것입니다. 이를 부추긴 당사자는 '녹색신앙'에 홀린 정치인과 관료입니다. 하이브리드-자동차나 전기자동차에는 국민세금이 10~30% 포함되어 있습니다. 자동차 메이커의 이윤을 국가가 세금으로 보전한 것입니다. 이런 특혜는 과연 누구를 위한 것인지 그들에게 되물어야 합니다.

한마디로 녹색성장은 허풍입니다

"지구온난화의 진짜 재앙은 가뭄이다." 영국 출신의 고고학자 브라이언 페이건은 역작 『뜨거운 지구, 역사를 뒤흔들다』에서 이렇게 경고했습니다. 이 책은 중세 온난기에 인류가 겪은 자연재앙을 통해 당면한 기후 온난화의 대처 방향을 제시합니다. 중세 온난기의 지구는 한쪽에선 따뜻해진 날씨 덕에 풍요를 구가한 반면, 다른 쪽에서는 극심한 가뭄 탓에 찬란했던 문명이 속절없이 스러졌습니다.

전자는, 북극권의 해빙으로 훌륭한 초지와 농지를 얻어 목축과 농업이 번성했던 북유럽·북아시아·북아메리카대륙의 평원이었습니다. 북유럽의 고질적인 식량난이 해결되었고, 곳곳에 멋진 왕궁과 성당이 건립되었지요. '그린란드'란 이름도 이때 탄생했습니다. 북아시아 유목민은 드넓어진 초원 덕분에 당唐의 중국 대륙을 넘보았고, 뒤이어 몽골 족이 거대 제국 원나라를 세웠지요. 북아메리카에는 베링 해협을 넘어온 시베리아 부족의 대이동이 한창이었습니다.

반면, 후자인 중·남아메리카 고원지대와 북아프리카 초원지대는 죽음의 땅으로 변했습니다. 중·남아메리카의 가뭄은, 원주민을 만년설의 맑은 물과 울창한 산림이 있는 고원지대로 내몰았습니다. 그러나 산림 파괴에다 온난화가 덮치면서 고원의 생명수인 우물까지 바닥을 드러냈습니다. 마야·티와나쿠 등 안데스 고대 문명은 이리하여 전설 속으로 사라진 것입니다. 북아프리카의 사하라 초원은 사막으로, 실크로드의 초원길은 사막길로 변했습니다. 한번 사막화되면 자연 복원은 사실상

그린란드는 700년 만에 다시 '그린'이라는 이름을 되찾았습니다. 지구온난화 덕분에 빙원이 초원으로 바뀌었습니다.

어렵습니다. 사막의 지표면이 너무 건조한 탓에 식물이 뿌리를 내릴 수 없기 때문입니다.

그렇다면 우리가 할 수 있는 일은 무엇일까요? 지구온난화의 악순환을 끊는 최상책은 대기 습도를 높이는 것입니다.

대기 습도가 높으면 구름이 생기고 비가 옵니다. 구름과 비는 강한 햇빛 에너지와 지표의 복사열을 원천 차단합니다. 대기 가운데 수증기의 주 공급원은, 바다·강·습지 그리고 녹지입니다. 대기 중 수증기의 70%는 바다에서, 나머지는 내륙의 강과 습지 그리고 녹지에서 발생합니다. 그러기 때문에 내륙일수록, 녹지가 부족할수록 그 지역은 건조합니다. 사막화는 이런 곳에서 생깁니다.

만약 사막에 수증기 공급원인 바다나 강을 만들 수만 있다면, 사막화와 지구온난화는 걱정할 게 못됩니다. 그렇지만 불가능한 일이지요. 하지만 녹지는 인간의 힘으로 만들 수 있습니다.

우리가 실현할 수 있는 최상의 선택은 사막녹화입니다

사막녹화는 북반부의 대기 중 수증기를 지속적으로 그리고 획기적으로 높일 수 있는 유일하게 실현가능한 대안이기 때문입니다. 식물은 땅속 수분을 빨아올려 광합성을 한 뒤, 산소와 수증기를 내뿜습니다. 모든 식물은 살아 있는 한 생장하면서 지속적으로 더 많은 양을 내뿜습니다. 몇 그루의 나무가 모여 작은 숲을 이루면, 주변은 풀밭으로 변하고 더 큰 숲을 일굽니다.

사막에 숲과 초원이 되살아나면 이렇게 변합니다.

첫째, 기온이 뚝 떨어집니다. 식물의 잎이 햇빛에너지를 흡수하고 복사열을 차단하기 때문이지요.

둘째, 따가운 햇살이 부드러워집니다. 식물에서 증산한 수분으로 생긴 구름이 햇빛의 강력한 자외선을 완화해주는 결과입니다. 적절한 자외선은 미생물과 곤충류의 증식을 도와 숲 생태를 다양하고 풍요롭게 만들어 줍니다.

셋째, 비가 내립니다. 초지와 숲이 구름을 만든 결과입니다. 비가 오면 초지와 숲은 더 짙어지고, 더 많은 구름과 잦은 비가 대지를 급속히 푸르게 바꿉니다. 사막녹화는 발등의 불인 지구온난화와 기상 재해를 막을 수 있는 최상의 수단입니다. 또한 그렇게 살아난 초지는, 급증하는 세계 인구를 먹여 살릴 소중한 옥토가 됩니다. 중동 산유국 아랍에미리트가 벌이는 사막녹화 사업이 바로 이런 것들을 얻기 위한 녹색 투자입니다. 부유한 산유국만 가능한 것도 아닙니다. 중국 네이멍구 마오우쑤

1 중국 네이멍구 고비사막에 사는 원주민 가족이 만든 텃밭. 나뭇가지 울타리가 방풍림 구실을 한 덕에 주변에 풀이 무성합니다. 오아시스는 말랐지만 땅속에는 많은 물이 고여 있습니다. 사막은 물이 없는 곳이 아닙니다. 강한 햇빛과 지열 때문에 지표층이 말랐을 뿐입니다.

2 아랍 에미리트 연방(UAE)의 아부타비는 사막국가답지 않게 국토의 82%가 녹지입니다. 사막에 야자수와 관목과 잔디를 심고 담수화한 바닷물을 지하배관을 통해 키웁니다. 반면 이웃한 두바이는 연안과 사막에 호화별장과 초고층 빌딩을 짓는데 열중합니다. 두 나라의 엇갈릴 미래가 불 보듯 훤합니다.

사막의 인위쩐 부부가 가꾼 숲이 그 예입니다.

마지막으로, 숲과 초원이 있으면 사람이 모입니다. 인구가 증가하면 새로운 문명과 문화가 싹틉니다.

사막은 물이 없는 곳이 아닙니다. 식물이 없는 곳일 뿐입니다. 중국 네이멍구와 몽골 사막의 절반만 초원과 숲으로 바뀌어도 북극권 해빙의 절반을 멈출 수 있습니다. 사하라 사막의 3분의 1을 더 녹화하면, 지구 온난화의 가속 페달은 멈춥니다.

이산화탄소 감축과 녹색성장은 그다음에 해도 늦지 않습니다.

메소포타미아 키쉬 유적

기원전 3000년 즈음 메소포타미아 문명이 번성했던 시기, 수메르 제국의 수도 바빌론에서 불과 12km 떨어진 큰 도시 키쉬에 있던 사원 유적입니다. 기단은 불에 구운 벽돌로 쌓았습니다. 땅속에서 무려 5,000년간 묻혀 있었는데도 벽돌 윤곽이 뚜렷한 것이 그 증거이지요. 이후 수백 년에 걸쳐 기단 윗부분을 증·개축한 것으로 보이는데, 굽지 않은 흙벽돌로 지은 듯 더 많이 부서졌습니다. 증·개축을 거듭할 즈음, 땔감에 쓸 산림이 황폐화되면서 흙벽돌을 쓴 듯합니다. 수메르 제국은 유프라테스 강물을 운하로 끌어들여 농경지를 넓혔고, 운하를 따라 많은 도시가 번창했습니다. 큰 도시가 여기저기 생기면, 대대적인 삼림 벌채는 피할 길이 없겠지요. 상류의 숲 파괴로 유프라테스 강은 홍수와 건조를 반복했고, 결국 수메르 제국은 물론 메소포타미아 문명까지 흙먼지에 덮여 묻혔습니다.(p.299)

나일 강

이집트는 피라미드를 건설한 기원전 2700~2500년에도 사막 왕국이었습니다. 마르지 않는 나일 강 덕분에 농업이 번창하고 찬란한 문명을 꽃피웠지요. 나일 강은 경부고속도로 16배에 해당하는, 세계에서 두 번째로 긴 강입니다. 나일 강 위성사진에서 노란색 부분은 온통 사막으로 이집트 땅이고, 아래 녹색 부분은 상류 열대우림 지대인 수단과 에티오피아 땅입니다. 맨 아래 청색 부분이 앨버트 호수와 빅토리아 호수이지요. 맨 위 녹색 삼각형 모양이 지중해와 접한 나일 강 하구 삼각주이며, 중간에 강폭이 조금 넓어져 볼록한 녹색 부분이 아스완 댐으로 생긴 나세르 호수입니다. 아스완 댐 하류 강변 양측은 광활한 농지입니다. 나일 강은 농업대국 이집트의 밑천입니다. 대규모 농업과 비료 남용이 댐 하류를 녹색으로 만들었습니다. 위성사진에서도 보일 정도이니, 녹조가 얼마나 심각한지 알 만하지요. 녹조가 나일 강을 죽음의 강으로 내몰고 있습니다.(p.301)

나미브 사막

나미비아에 있는 나미브 사막은 해안을 따라 생긴 사구沙丘이기 때문에 더욱 아름답습니다. 사구는 주로 세찬 바닷바람 때문에 지표가 건조한 데다, 가끔 쏟아지는 억수 같은 폭우가 내륙 산악지대의 흙과 돌멩이를 쓸어내려 쌓이면서 생깁니다. 그렇기 때문에 해안이나 넓은 호소 지대에서 볼 수 있는 지형입니다. 중국 네이멍구 바단지린과 베트남 남부 무이네 역시 사구입니다. 쌓인 흙과 돌멩이가 바람에 휩쓸리면, 잘게 쪼개지고 비에 씻겨 연마한 듯 반짝이는 모래알로 변합니다. 나미브 사막의 변화무쌍한 장관은 이렇게 생겨났습니다. 한편, 나미브 사막의 고사목이 이채롭습니다. "사막에 웬 나무"냐고 관광객들은 고개를 갸우뚱합니다. 사막화가 되기 전 폭우 때 생긴 물줄기나 호소 주변에서 자랐던 자생식물입니다. 지구온난화와 내륙 산악지대의 사막화가 겹치면서 보슬비 정도의 비만 가끔 내리자 말라죽은 것입니다. 나미브 사막 곳곳에 이런 고사목이 있습니다. 30년 전만 해도 곳곳에 오아시스와 숲이 있었음을 보여줍니다. 하루빨리 대서양 연안에 대규모 방풍림을 조성하지 않는 한 나미비아의 미래는 없습니다. 유일한 돈줄인 다이아몬드 광산조차 바닥을 드러내기에 더욱 그러합니다.(p.319)

북극과 남극 구별법

사진이나 영상으로만 보고 남극인지 북극인지 알기 어렵습니다. 구별하는 방법은 간단합니다. ①펭귄이 있으면 남극, 흰곰이 보이면 북극입니다. ②빙산이 물에 떠 있고 순백색이면 남극, 빙산이 절벽을 이루고 깨끗하지 않으면 북극입니다. 북극의 빙산은 암석으로 이뤄진 지반에서 미끄러져 바다로 흘러내리는 빙하의 유빙流氷이기 때문입니다. ③부근에 산이나 육지가 보이면 북극, 망망대해만 보이면 남극입니다. ④볼 수는 없지만 남극이 북극보다 훨씬 추워서 관광도 불가능합니다. 남극은 바다에 둘러싸인 반면, 북극은 세 개 대륙에 둘러싸여 남극보다 따뜻하지만 지구온난화에 취약합니다. 지구온난화를 막기 위해 북반구 영구동토층의 보호가 절실한 이유입니다. (p.363, 372)

사람이 식물을 닮으면 좋겠습니다

• 글을 맺으며

식물을 통해 본 인류문명은 너무나 동물적입니다. 문명사라기보다 전쟁사이고, 문화사라기보다 투쟁사 같더군요. 그래서 인류역사를 "승자가 패자의 피로 쓴 기록"이라고 혹평했나 싶습니다.

인류가 새로운 5000년 문명사를 쓰려면, 식물을 닮았으면 좋겠습니다. 인구가 늘수록 지역·인종·종교 간 갈등은 첨예할 것입니다. 한정된 자원을 놓고 벌이는 분쟁도 더 치열해지겠지요. 그렇기 때문에 한정된 자원을 효율적으로 사용하지 않는 한 인류의 미래는 없습니다. 이해利害를 넘어 상생하고 공존해야 합니다.

식물은 경쟁하지만 다투지 않고 타협하고 상생하며 공존합니다. 그래서 식물세계에는 절대 강자도 절대 약자도 없습니다. 식물생태가 풍요로운 이유입니다.

언제부터인가 저는 세상사 답답하면 숲을 찾습니다. 그리고 풀과 나무와 대화합니다. 가끔 이렇게 묻기도 합니다. "이럴 때 넌 어떡하니?"라고. 이 책을 쓰게 되면서 얻은 버릇입니다. 본문 중「자녀는 농작물이 아니다」「숲에서 자본주의 4.0을 찾다」등 몇몇 장은 이런 식물과의 대화에서 얻은 생각을 담은 글이기도 합니다.

숲만큼 완벽한 생태계는 세상에 없더군요. 인류가 숲에서 미래의 길을 찾아야 하는 이유입니다.

인문계 출신이 자연과학 분야의 글을 쓰는 일이 쉽지 않았습니다. 특히 암호 같았던 전문용어가 수시로 저를 괴롭혔습니다. 이때마다 형님박중춘 경상대학교 농업생명과학대 명예교수을 괴롭혔지만 늘 자상하셨습니다. 인생의 스승이기도 한 형님께 새삼 다시 감사를 드립니다.

졸저에 빛을 더한 것은 훌륭한 사진의 이미지 덕분입니다. 멋진 작품 사진을 내주신 형님과 이숙희 님글쓴이의 장모님이자 사진작가, 강호철 교수 님국립 경남과학기술대학교 건설환경공학대학 조경학과과 식물 생장장애 분야의 권위자인 정범윤 선생님원예마을 대표 그리고 '대한민국 오지 레이스 1호' 로 알려진 유지성 님에게 따뜻한 마음으로 감사를 올립니다. 특히 생면 부지의 글쓴이가 보낸 메일과 댓글을 읽고 소중한 사진의 원본을 흔쾌히 보내준 많은 분에게 뭐라 감사의 뜻을 표해야 할지 모르겠습니다. 졸저가 출간되면 한 분 한 분에게 따끈따끈한 신간을 전하는 것으로나마 보답하고 싶군요.

이 책은 전문서적이 아니기에 인용 자료 목록 대신 가급적 본문에 출처를 밝혔습니다. 널리 이해하여 주시길 바랍니다. 끝으로, 졸저가 독자와 만나도록 길을 열어준 도서출판 한길사와 출간까지 수고를 아끼지 않은 편집부에게 고맙다는 인사를 전합니다. 글쓴이와는 이메일hhogg@naver.com을 통해 소통할 수 있습니다. 관심과 편달을 기대합니다.

감사합니다.

숲이 인간에게 들려주는 이야기

식물의 인문학

지은이 박중환
펴낸이 김언호

펴낸곳 (주)도서출판 한길사
등록 1976년 12월 24일 제74호
주소 10881 경기도 파주시 광인사길 37
홈페이지 www.hangilsa.co.kr
전자우편 hangilsa@hangilsa.co.kr
전화 031-955-2000 **팩스** 031-955-2005

부사장 박관순 **총괄이사** 김서영 **관리이사** 곽명호
영업이사 이경호 **경영이사** 김관영 **편집주간** 백은숙
편집 박희진 노유연 이한민 박홍민 김영길
관리 이주환 문주상 이희문 원선아 이진아 **마케팅** 정아린
디자인 창포 031-955-2097
인쇄 예림 **제책** 예림

제1판 제1쇄 2014년 10월 30일
제1판 제6쇄 2023년 7월 10일

값 22,000원
ISBN 978-89-356-6924-0 03480

● 잘못 만들어진 책은 구입하신 서점에서 바꿔드립니다.
● 소장처나 저작권의 출처를 밝히지 않은 사진의 저작권은 저자에게 있습니다.
● 저작권자와 연락이 닿지 않아 계약이 체결되지 않은 일부 도판에 대해서는 연락주시면
정당한 인용허락의 절차를 밟겠습니다.

이 도서의 국립중앙도서관 출판시도서목록(CIP)은 e-CIP홈페이지(http://www.nl.go.kr/ecip)와
국가자료공동목록시스템(http://www.nl.go.kr/kolisnet)에서 이용하실 수 있습니다.
(CIP제어번호: CIP2014029810)